Michael Krause
Wo Menschen und Teilchen aufeinanderstoßen

Michael Krause

Wo Menschen und Teilchen aufeinanderstoßen

Begegnungen am CERN

WILEY-VCH

Verlag GmbH & Co. KGaA

Autor

Michael Krause
Knesebeckstraße 92
10623 Berlin

Umschlagbild
Die Gestaltung erfolgte auf der
Grundlage von Bildern von Fotolia.

Alle Bücher von Wiley-VCH werden sorgfältig erarbeitet. Dennoch übernehmen Autoren, Herausgeber und Verlag in keinem Fall, einschließlich des vorliegenden Werkes, für die Richtigkeit von Angaben, Hinweisen und Ratschlägen sowie für eventuelle Druckfehler irgendeine Haftung

Bibliografische Information
der Deutschen Nationalbibliothek
Die Deutsche Nationalbibliothek verzeichnet diese Publikation in der Deutschen Nationalbibliografie; detaillierte bibliografische Daten sind im Internet über http://dnb.d-nb.de abrufbar.

© 2013 WILEY-VCH Verlag GmbH & Co. KGaA, Boschstr. 12, 69469 Weinheim, Germany

Print ISBN 978-3-527-33398-1
ePDF ISBN 978-3-527-67009-3
ePub ISBN 978-3-527-67008-6
Mobi ISBN 978-3-527-67007-9

Umschlaggestaltung Simone Benjamin
Satz le-tex Publishing Services GmbH
Druck und Bindung CPI Ebner & Spiegel, Ulm

Gedruckt auf säurefreiem Papier.

Über den Autor

Michael Krause, geboren 1956, studierte Geschichte. Er arbeitet heute als Autor, Regisseur und Schauspieler. In seinen Büchern über Naturwissenschaft
und Technik interessiert er sich vor allem für die Menschen, die hinter bahnbrechenden Entdeckungen, spektakulären Misserfolgen oder auch kleinen,
aber wichtigen Fortschritten stehen und
die, von der Öffentlichkeit weitgehend
unbemerkt, mit ihren Forschungen zu
einem besseren Verständnis dessen bei-
tragen, was die Welt im Innersten zusammenhält. Von Michael Krause ist bei Wiley auf Deutsch außerdem erschienen: »Wie Nikola Tesla
das 20. Jahrhundert erfand«.

Inhaltsverzeichnis

CERN – In den Kathedralen der Technologie

Auf der Suche nach dem, was die Welt im Innersten zusammenhält

Die moderne Welt erfüllt die Zeit der Menschen mit immer mehr Ereignissen, Aufgaben und Informationen. Alles ist schnelllebiger geworden und es gibt kaum noch Freiräume zum Innehalten und Nachdenken. Doch gerade die kontemplative Reflexion, die eigene Suche nach den Antworten auf die wichtigsten Fragen des Lebens ist eine der Grundlagen des menschlichen Daseins. Der Mensch sucht und forscht, er findet und erfindet – Neugier ist ein großer Teil seines Wesens. Diese ewige Suche des Menschen nach dem Grund des Daseins, dem Beginn der Welt und dem Ursprung aller Materie ist Thema dieses Buches, das sich den Menschen am CERN widmet. Wie, was und warum sucht der Mensch – und was bringt manche Menschen dazu, ihr gesamtes Leben nach der faustischen Frage auszurichten: Was ist es, das die Welt im Innersten zusammenhält?

CERN ist eines der größten wissenschaftlichen Forschungszentren der Welt. Der stärkste jemals gebaute Teilchenbeschleuniger, der Large Hadron Collider (LHC) ist hier seit Ende 2008 in Betrieb. In einem Tunnel in 100 Metern Tiefe unter der Erdoberfläche, die Staatsgrenze zwischen Schweiz und Frankreich durchquerend, werden mit dieser riesigen Maschine Zustände erzeugt, wie sie kurz nach dem Big Bang, dem Beginn des Universums geherrscht haben. Die Experimente am CERN – ATLAS, CMS, ALICE, LHCb und mehrere Dutzend weitere – sind darauf ausgerichtet, unser momentan gültiges Modell des Universums in Frage zu stellen, zu vervollständigen und möglicherweise zu erweitern. Das allgemein gebräuchliche und anerkannte sogenannte Standardmodell der Physik hat nämlich fundamentale Lücken. In diesem physikalischen Gesamtbild unserer Welt sind unter anderem zwei Fragen bisher ungeklärt:

- Welcher Mechanismus und welches Teilchen verleiht den bislang bekannten kleinsten Bausteinen der Welt, den Elementarteilchen, ihre Masse?
- Welcher Mechanismus und/oder welches Teilchen ist für die Schwerkraft verantwortlich?

Im Standardmodell gibt es auf diese beiden Fragen auch schon Antworten, zumindest teilweise. Überträger der Masse eines Teilchens ist demnach das unter anderen vom schottischen Physiker Peter Higgs theoretisch vorhergesagte Higgs-Boson. Für die Schwerkraft wiederum sucht man nach einem noch nicht nachgewiesenen »Graviton«. Bei der Suche nach dem Higgs-Boson ist man sich am CERN inzwischen relativ sicher, dass es wirklich existiert. Die Schwerkraft und das damit verbundene Graviton ist bis jetzt nur innerhalb eines weitgehend ungesicherten »Anbaus« an das Standardmodell skizziert, aber keineswegs theoretisch und schon gar nicht praktisch nachgewiesen.

Neben diesen beiden fundamentalen Eigenschaften (Masse, Schwerkraft) des uns umgebenden Kosmos fehlen in der gängigen wissenschaftlichen Erklärung die mit Abstand größten Anteile des Massen- und Energiegehalts des Universums: Dunkle Materie und Dunkle Energie. Die Dunkle Materie ist dafür verantwortlich, dass rotierende Systeme wie zum Beispiel Galaxien nicht auseinanderfliegen. Sie ist so etwas wie ein zäher Brei, der diese Systeme zu umgeben scheint. Dunkle Energie wiederum soll dafür verantwortlich sein, dass sich unser Universum seit einigen Milliarden Jahren immer schneller ausdehnt. Was diese allergrößten Anteile des Universums, immerhin 96 Prozent, ausmacht, ist nach dem jetzigen Stand der Physik noch völlig unbekannt. Was die Welt also – außer selbstverständlich der für die Menschen so wichtigen Liebe – im Innersten zusammenhält bzw. auseinandertreibt, ist weiterhin und immer noch größtenteils Terra incognita. Der LHC, der größte und energiereichste Teilchenbeschleuniger der Welt, wurde erbaut, um dieses bis heute unbekannte Terrain zu erkunden. Mit der hohen Arbeitsenergie des LHC, dieser riesigen, komplexen physikalischen Arbeitsmaschine, wird man die Türen zu diesem Neuland aufstoßen und Licht in das dahinterliegende neue physikalische Gebiet bringen können.

Allerneueste Technologien, wissenschaftliche Monster-Maschinen und die abenteuerliche Reise jenseits der uns bekannten physikalischen Welt sind die spannenden Ingredienzien – doch der Mensch, Triebfeder, Initiator und staunender Beobachter steht im Mittelpunkt dieses Buches. Nicht die Technologie ist wichtig, sondern derjenige, der sie beherrscht. Nicht alles ist wichtig, sondern das, was man versteht. Unter diesen beiden Maximen entstand dieses Buch, das hauptsächlich anhand von Interviews mit den am CERN arbeitenden Menschen ein Bild des CERN-Kosmos liefern soll – das Bild des modernen Wissenschaftlers in der bahnbrechend innovativen Epoche des beginnenden 21. Jahrhunderts. Diese Epoche scheint ähnliche Bedingungen wie zu Beginn des vorigen Jahrhunderts zu erfüllen, als die Welt um 1900 gesellschaftliche, politische und wissenschaftliche Quantensprünge erlebte: Atomphysik, politische Krisen und gewaltige gesellschaftliche Umbrüche – und die unendliche Neugier des Menschen an der Schwelle eines neuen Zeitalters zu immer weitergehenden Entdeckungen anspornte.

Die Protagonisten dieses Buchs sind am CERN arbeitende Wissenschaftler. Sie leiten Projekte und Experimente, erforschen bisher Unbekanntes, verfolgen neue Theorien und scheinen doch alle Teil eines Ganzen zu sein, das sich zielgerichtet und dabei dennoch unspezifisch mehreren spannenden Fragen annähert: Was ist es, das die Welt im Innersten zusammenhält? Wie sieht das Terrain, zu dem der LHC die Tür aufschlägt, aus? Was sind die nächsten Fragen, um die nächsten wichtigen Antworten zu erhalten? In den über einen Zeitraum von mehreren Jahren entstandenen Interviews geht es dabei in erster Linie um die Person und die Persönlichkeit der Menschen, anhand derer wir durch die einzigartige Welt des CERN geführt werden. Ihre beruflichen und menschlichen Erfahrungen, Wünsche und Überlegungen sollen uns die Welt dieser manchmal »kuriosen Spezies des Menschen« (New York Times) näher bringen und einen Einblick in die menschlichen Voraussetzungen für fundamentale Forschungen und neue Entdeckungen ermöglichen.

Die Interviews sind darüber hinaus Anlass und Leitfaden für inhaltliche Einschübe, die bestimmte Begriffe erklären, historische Beispiele benennen und thematische Zusammenhänge und grundsätzliche Fragen erläutern. Die historischen Einschübe bestehen zu einem gewissen Teil aus Zitaten. Es sind grundlegende wissenschaftliche Aussagen oder Sentenzen, die ihre Kraft und Bedeutung als Grundlage des wissenschaftlichen Denkens und Forschens bis heute behalten haben. Sie behandeln die Grundlagen und Methoden der wissenschaftlichen Forschung im Lauf der Jahrtausende. Dabei ist erstaunlich, wie sich der menschliche Geist im Lauf seiner Entwicklung immer mehr zu Klarheit und gesicherter Eindeutigkeit hin entwickelt. Die moderne Forschung spekuliert nicht, sie rechnet – immer auf den Schultern ihrer Vorgänger stehend, die schon seit der Vorzeit an der Erforschung und wissenschaftlichen Erklärung des uns umgebenden Kosmos arbeiten.

Dieses Buch begibt sich auf eine spannende Reise, um anhand des CERN und der dort forschenden Menschen Lauf, Sinn, Ziel und Zweck der ewigen menschlichen Suche nach dem Innersten der Welt darzustellen. Es interessiert uns alle, woher wir kommen und wohin wir gehen. Was ist es, aus dem wir geschaffen sind? Wie ist diese Welt wirklich, die uns umgibt? Gibt es Ewigkeit oder Endlichkeit? Was ist Energie? Welchen Platz nehme ich als Mensch im riesigen Weltrad von Kreation und Vergänglichkeit ein? All diese Fragen, die Ur-Fragen der Menschheit werden in diesem Buch angesprochen und vielleicht zu einem kleinen Teil beantwortet werden können.

»Wo Menschen und Teilchen aufeinanderstoßen« dokumentiert darüber hinaus einen historischen Moment in der Geschichte der Menschheit. Die Wissenschaftler am CERN suchen nach eindeutigen Beweisen für die Existenz des Higgs-Bosons, das von Leon Lederman, dem ehemaligen Direktor der amerikanischen Konkurrenz-Anlage Tevatron, als »Gottesteilchen« bezeichnet wurde, und seitdem in der Presse weiterhin gerne so genannt wird. Das Higgs-Boson ist der letzte fehlende Baustein des Standardmodells, in dem alle fundamentalen Teilchen und Kräfte der uns bekannten Natur beschrieben sind. Das Higgs-Boson hat der Theorie nach die Funktion, den Elementarteilchen Masse zu geben. Ob das Higgs-Boson wirklich existiert und ob es tatsächlich so ist, wie es theoretisch sein soll, ist bis jetzt nicht sicher nachgewiesen. Es ist auch möglich, dass noch weitere Mechanismen bei der Erzeugung von Masse und Gravitation gelten – oder, dass das Higgs-Teilchen nur ein Vertreter einer ganzen Reihe bisher unbekannter Teilchen ist.

»Wissenschaft ist menschlich und Menschen sind nie cool. Menschliche Dinge sind voller Emotionen und Tragödien.«

Victor Weisskopf (1908–2002, Generaldirektor CERN 1961–1966)

Danksagung

- Professor Dr. Rolf-Dieter Heuer, CERN Generaldirektor (DG CERN)
- Professor Dr. Tejinder Virdee, CMS Collaboration, Imperial College London, FRS (Fellow Royal Society London)
- Dr. Lyndon Rees Evans, LHC Project Leader, CBE (Commander of the British Empire), FRS
- Dr. Tara Shears, Reader University of Liverpool, LHCb Experiment
- Professor Dr. John Ellis, CERN Theory Division, CBE, FRS
- Dr. Rolf Landua, Leiter Education and Public Outreach, CERN
- Professor Dr. Masaki Hori, ASACUSA-Experiment, Max-Planck-Institut für Quantenoptik, Garching
- Professor Dr. Carlo Rubbia, Nobelpreis für Physik 1984, Wissenschaftlicher Direktor IASS Potsdam
- Dr. Sebastian White, ATLAS-Experiment, Zero-Degree-Calorimeter-(ZDC) Experiment, Rockefeller Universität, New York
- Professor Dr. Albert De Roeck, CMS-Experiment, Universität Antwerpen
- Professor Dr. Jonathan Butterworth, ATLAS-Experiment, UCL Group, Professor der Fakultät für Physik und Astronomie University College London (UCL)

Liste der CERN-Generaldirektoren
(CERN Director-General)

- Edoardo Amaldi 1952–1954 (Generalsekretär)
- Felix Bloch 1954–1955
- Cornelis Jan Bakker 1955–1960
- John Adams 1960–1961 (Interim)
- Victor Frederick Weisskopf 1961–1965
- Bernard Gregory 1966–1970
- Willibald Jentschke 1971–1975
- John Adams 1976–1980
- Léon van Hove 1976–1980 (Theorieabteilung)
- Herwig Schopper 1981–1988
- Carlo Rubbia 1989–1993
- Christopher Llewellyn Smith 1994–1998
- Luciano Maiani 1999–2003
- Robert Aymar 2004–2008
- Rolf-Dieter Heuer seit 2009

1

Geschichte des CERN

»Je weiter man zurückblicken kann, desto weiter wird man vorausschauen.«

Winston Spencer Churchill (1874–1965, Nobelpreis für Literatur 1953)

Die Gründungsgeschichte des CERN, der Europäischen Organisation für Kernforschung, enthüllt in vielen historisch und wissenschaftlich interessanten Details die Einzigartigkeit dieses Projekts. CERN ist das erste Joint Venture eines nach dem Zweiten Weltkrieg langsam wieder zusammenwachsenden Europa und ein Sinnbild für die Fruchtbarkeit des europäischen Gedankens, der sich in der Geschichte des CERN als eine der überzeugendsten Grundideen bewiesen hat. Viele der Strukturen des heutigen CERN lassen sich auf die Geschichte seiner Gründung zurückverfolgen und dadurch verständlich machen. In der Gründungsphase des CERN entsteht der Geist, der noch heute an diesem auf der ganzen Welt einzigartigen Wissenschaftsstandort zu verspüren ist.

Der Geist Europas – die Züricher Rede Churchills

Winston Churchill, seit dem Jahr 1900 Mitglied des englischen Unterhauses und Premierminister Englands ab 1940, war noch während der Potsdamer Konferenz, auf der wichtige Entscheidungen über das weitere Vorgehen der Alliierten USA, Russland und Großbritannien in Deutschland und gegen Japan entschieden wurden, bei den Wahlen zum britischen Unterhaus abgewählt worden. Er musste seinen Posten als Premierminister an den Labour-Politiker Clemens Attlee abgeben. Churchill blieb weiterhin politisch aktiv und präsentierte im März 1946 seine Idee vom Eisernen Vorhang, die während des Kalten Krieges das Bild Europas und die Politik zwischen Ost und West bestimmen sollte.

Am 19. September 1946 hielt Churchill vor Studenten der Züricher Universität seine berühmt gewordene Züricher Rede. Churchill skizzierte darin vor der akademischen Jugend der neutralen Schweiz

Wo Menschen und Teilchen aufeinanderstoßen. Erste Auflage. Michael Krause.
© 2013 WILEY-VCH Verlag GmbH & Co. KGaA.

seine Ideen für die Zukunft Europas. Unter dem wenig verheißungsvollen Titel »Über die Tragödie Europas« stellte Churchill den Weg
Europas in die Zukunft dann doch durchaus positiv und verheißungs-
voll dar. Churchills visionäre Skizze sollte seinen Realitätscharakter
bis heute behalten. Damals war sie überraschend, geradezu revolutionär. Churchill malt das Bild eines wiedererstarkenden Europa, das
im Kern weiterhin auf den beiden stärksten europäischen Staaten,
Frankreich und Deutschland beruhen sollte. Doch Churchill besteht
nicht nur auf der Wiederannäherung dieser beiden Staaten, die als
Kriegsgegner noch bis vor kurzem gegeneinander gekämpft hatten.
Er plädiert darüber hinaus für ein neues, höheres Ziel, die Errichtung
einer Art Vereinigte Staaten von Europa (»...a kind of United States
of Europe«).
Winston Churchill:

»Dieser edle Kontinent, der alles in allem die schönsten und kultivier-
testen Regionen der Erde umfasst [...] ist die Heimat aller großen Mut-
tervölker der westlichen Welt. Hier liegen die Quellen des christlichen
Glaubens und der christlichen Ethik, hier ist der Ursprung der meisten
Kulturen, Künste, der Philosophie und Wissenschaften sowohl des Al-
tertums wie auch der Neuzeit. Wäre Europa jemals darin vereint, dieses gemeinsame Erbe teilen zu können, wären Glück, Wohlstand und
Ehre seiner drei- oder vierhundert Millionen Einwohner keine Grenzen
gesetzt. [...]
Man muss die europäische Familie wieder erschaffen – oder so viel davon wie uns möglich ist – und ihr eine Struktur geben, in der sie in Frieden, Sicherheit und Freiheit bestehen kann. Wir müssen eine Art Vereinigte Staaten von Europa errichten. [...] Wenn wir die Vereinigten Staaten von Europa erschaffen wollen – welchen Namen oder welche Form
auch immer dazu nötig ist – dann müssen wir jetzt damit beginnen.«

(EU-Archiv, Übersetzung CVCE)

Churchills Züricher Rede wurde viel beachtet, sie wird oft zitiert
und sehr oft missverstanden. Im Kern beschäftigt sie sich mit der
Identität und der Basis Europas, die auf Gerechtigkeit, Freiheit und
Kultur beruht und nicht mit der Schaffung eines staatlich vereinigten
Europa. Als Churchill seine visionäre Rede hielt, lagen große Teile
Europas noch in Trümmern. Von den europäischen Tugenden hatte
die Kultur am ehesten und am meisten gelitten. Aber genauso wider-
standsfähig wie Kultur nun einmal ist kam sie auch am ehesten wieder zu Tage. Churchills Idee war, Europa kulturell in der Familie der

europäischen Völker wieder zu vereinen. Diesem grundlegenden Gedanken folgend reifte innerhalb der wissenschaftlichen Forschungsgemeinde Europas ein großes, gemeinsames europäisches Projekt heran.

CERN – die Vorgeschichte

Nach dem Ende des 2. Weltkriegs hatte die europäische Wissenschaft keineswegs mehr die führende Position wie vor dem Krieg. Ihre Vorrangstellung als ehemaliges Zentrum der Grundlagenforschung war verloren. Die Lage hatte sich durch den *brain drain*, den Exodus einer ganzen Generation von Wissenschaftlern vor dem Naziregime und aus Europa grundlegend geändert. Die Vereinigten Staaten von Amerika, die USA, gaben jetzt den Ton an, besonders in der Nuklear- und Teilchenphysik. Die Vereinigten Staaten von Europa – wie von Churchill ersonnen – existierten real nicht und waren politisch auch kaum vorstellbar.

Europas Physiker suchten dennoch einen Weg, um wieder Anschluss an die internationale Forschung zu bekommen. Die Ursprungsidee war, die europäische Wissenschaft wieder dorthin zu bringen, wo sie vor dem Zweiten Weltkrieg gestanden hatte. Man wollte – frei nach Churchill – die europäische Völkerfamilie wieder zusammenbringen und ein Zentrum für die Bündelung der kreativen Energie forschender Wissenschaftler erschaffen. Der Entschluss, sich zusammenzutun und eine gemeinsame, europäische Forschungsinstitution ins Leben zu rufen, war dazu der erste Schritt.

Initiativen

CERN geht auf die Initiativen zweier Kräfte zurück, die in der Phase der Neuorientierung Europas nach 1945 zusammenkamen: europäisch denkende Kulturpolitiker und aus ganz Europa stammende Teilchenphysiker. Die Kulturpolitiker suchten nach Ideen für den nötigen Wiederaufbau; den in eigener Sache oftmals sehr praktisch veranlagten Physikpionieren war klar, dass man die nationalen Kräfte bündeln musste, um die europäische Teilchenphysik auf ein Niveau zu heben, das sie gegenüber den Vereinigten Staaten wieder konkurrenzfähig machen würde. Nur eine gemeinsame, transnationale und politisch sanktionierte Anstrengung würde die hohen Investitionen aufbringen können, die für den Bau eines neuen Kernforschungslabors benötigt wurden.

Die Arbeiten von Werner Heisenberg, Niels Bohr, Erwin Schrödinger, Wolfgang Pauli und Paul Dirac zur Atomtheorie und Quantenmechanik hatten die wissenschaftliche Ausrichtung der Forschung schon vor dem Krieg festgelegt. Die neuen Theorien forderten neben den bekannten Elementarteilchen wie Protonen und Elektronen die Existenz einer Reihe bislang unbekannter Teilchen – und man war der Sache auch schon seit langem auf der Spur. Beim Zerfall von in die Erdatmosphäre eindringenden hochenergetischen Teilchen, der sogenannten kosmischen Strahlung, hatte man eine völlig neue, aber von der Theorie (Yukawa Hideki, 1907–1981, Nobelpreis für Physik 1949) bereits vorhergesagte Teilchenart entdeckt, die Mesonen. Allerdings: Die Mesonen (griechisch *meson* = das in der Mitte Befindliche) zerfallen sehr schnell und die Ereignisse (Kollisionen) innerhalb der Erdatmosphäre sind zu selten beobachtbar, um damit präzise wissenschaftliche Aussagen machen zu können. Zur Erforschung der beim Zerfall der kosmischen Strahlung (zumeist hochenergetische Wasserstoffkerne, deren Ursprung bis heute nicht genau identifiziert ist) entstehenden Mesonen und zum weiteren Studium des gesamten Atomaufbaus musste man also die Zerfallsprozesse während des Eindringens der hochenergetischer Teilchen in die Erdatmosphäre unter Laborbedingungen nachbauen. Im Prinzip wird dabei das gleiche Modell wie in der Natur angewendet, nur wird der Vorgang durch Maschinen induziert und im Labor kontrolliert. Forschungsrichtung und Forschungsgegenstand waren damit klar definiert, was sich knapp und eindeutig im Titel der ersten großen europäischen Physikkonferenz nach dem 2. Weltkrieg, der Solvay-Konferenz 1948, ausdrückt: »*Elementarteilchen*«.

Nach diesem und mehreren folgenden Fachtreffen reichte der französische Physiker Louis de Broglie (1892–1987, Nobelpreis für Physik 1929) schließlich im Dezember 1949 den ersten offiziellen Vorschlag für ein europäisches Kernforschungslabor zur Diskussion auf der *Europäischen Konferenz für Kultur (European Cultural Conference)* in Lausanne ein. Die Konferenz von Lausanne verfolgte die Fragestellung, wie man die friedliche Zusammenarbeit auf verschiedensten Gebieten innerhalb Europas befördern könne. Physiker, Diplomaten und Vertreter wissenschaftlicher Institutionen, insgesamt 170 Teilnehmer aus 22 Staaten, befassten sich intensiv mit den Möglichkeiten zur Zusammenarbeit und zur Lösung europäischer Fragen. Die Konferenz machte es möglich, dass in der Schweiz – auf neutralem Boden also – eine transnationale Ebene der Diskussion und des Gedankenaustauschs entstand.

In Lausanne traf die bereits bestehende Initiative der europäischen Kernphysik auf die zur Umsetzung nötigen politischen Kräfte, denn bis jetzt fehlte der Idee noch die Unterstützung offizieller Institutionen, von Staaten und Regierungen. Nach Lausanne, einem Initialmoment der europäischen Geschichte, waren auch deutsche Diplomaten und Physiker eingeladen worden, um die Kooperation mit ihnen wieder zu ermöglichen. Die Deutschen erkannten im gemeinsamen europäischen Projekt sicherlich die Chance, das durch die Vergangenheit stark geschädigte Ansehen aufpolieren zu können und sich so allmählich wieder in die zusammenfindende Völkergemeinschaft einzugliedern. Der deutsche Vertreter auf der Konferenz in Lausanne war Carlo Schmid (1896–1979), einer der Väter des Deutschen Grundgesetzes und des Godesberger Programms der SPD. Schmids Rede trug den programmatischen Titel: »Der kreative Geist ist europäisch!«

Der Initiator der Konferenz von Lausanne war der nach mehrjährigem Aufenthalt aus den USA zurückgekehrte Schweizer Schriftsteller Denis de Rougemont (1906–1985). Europa war für de Rougemont keine Utopie mehr, sondern eine Notwendigkeit, und er setzte sich in den folgenden Jahren unermüdlich für das Entstehen und die Weiterentwickelung einer neuen europäischen Identität ein. Auf seine Initiative hin wurde im Oktober 1950 das Centre Européen de la Culture (CEC, Europäisches Kulturzentrum) in Genf gegründet, das maßgeblich an der weiteren Entwicklung eines paneuropäischen Labors für Kernphysik, dem späteren CERN, beteiligt war. De Rougemonts tiefe Überzeugung für die europäische Idee und ihrer kulturellen Werte lässt sich mit seinen eigenen Worten am besten nachempfinden. Ein Hauch dieses europäischen Geistes ist bis heute am CERN zu verspüren.

»Zu welchem Zweck wollen wir diese Mittel für Kultur und eine Erziehung zu einem gemeinsamen europäischen Bewusstsein eigentlich? Seit ewigen Zeiten schon hat sich Europa der ganzen Welt geöffnet. Ob richtig oder falsch, durch Idealismus oder Unwissen, durch die Kraft seines

Geistes oder für imperialistische Ziele hat es seine Zivilisation immer als eine Ansammlung universeller Werte empfunden. Wir wollen keine europäische Nation als Gegner der großen Nationen in Ost und West und keine künstliche europäische Kultur, die nur für uns gilt und nur auf uns abgestimmt ist. Unser Ziel ist es, eine Union unserer Länder zu fördern, denn das wird die einzige Lösung sein: die Wiedergeburt unserer Kultur in der Freiheit des Geistes.«

Denis de Rougemont, Gesammelte Werke, 1994

Während der Konferenz in Lausanne wies de Rougemont auf die zunehmende Geheimhaltung innerhalb der Nuklearphysik hin. Die USA und das Vereinigte Königreich monopolisierten die Atomforschung. Nach der Entwicklung der Atombombe und den verheerenden Atombombenabwürfen auf Hiroshima und Nagasaki waren die europäischen Staaten in der Nuklearforschung weit abgeschlagen. De Rougemont plädierte ausdrücklich für ein gemeinsames europäisches Zentrum für Atomforschung, um den Anschluss auf diesem wichtigen Gebiet nicht zu verlieren. Als nächster Tagesordnungspunkt wurde der Vorschlag de Broglies von Raoul Dautry, dem Generalverwalter des Französischen Commissariat à l'Energie Atomique (CEA) vorgebracht. De Broglies Beitrag wies vor allem darauf hin, dass eine Kollaboration der europäischen Staaten Projekte ermöglichen würde, die auf rein nationaler Ebene nicht zu verwirklichen waren. Von dieser Tatsache konnte Dautry den ebenfalls an der Konferenz von Lausanne teilnehmenden französischen Nuklearphysiker Pierre Auger (1899–1993) überzeugen, der inzwischen Wissenschaftsdirektor der 1945 gegründeten UNESCO war.

Die UNESCO (United Nations Educational, Scientific and Cultural Organization, deutsch: Organisation der Vereinten Nationen für Erziehung, Wissenschaft und Kultur) bildete den internationalen politischen Rahmen, in dem eine gemeinsame europäische Atomforschungsinstitution möglich erschien, die von den USA und Großbritannien akzeptiert werden würde. Ein weiterer wichtiger Schritt in diese Richtung fand auf der fünften UNESCO-Generalversammlung im Mai 1950 in Florenz statt. Die weltweite politische Situation hatte sich seit der Konferenz von Lausanne radikal verändert: Im August 1949 hatte die UdSSR ihre erste Atombombe gezündet. Nachdem nun klar geworden war, dass die UdSSR ebenfalls über umfangreiches Knowhow in der Nuklearphysik verfügte, musste die Position der europäischen Nuklearforschung gestärkt werden – durch die USA.

»Ich denke, dass Physiker die Peter Pans der Menschheit sind. Sie werden niemals erwachsen und sie sind immer neugierig.«

Isidor I. Rabi

Auf der UNESCO-Generalversammlung in Florenz setzte der amerikanische Teilchenphysiker Isidor Isaac Rabi (1898–1988, Nobelpreis für Physik 1944) die von seinen europäischen Kollegen entwickelten Ideen für ein Labor für Teilchenphysik kurzerhand neu auf die Tagesordnung. Rabi hatte bei einem Treffen mit dem italienischen Experimentalphysiker Edoardo Amaldi (1908–1989) von den europäischen Plänen erfahren und sah in dem Vorschlag für ein europäisches Forschungszentrum eine unterstützenswerte Idee. Nach einem ähnlichen Modell wurde unter Rabis federführender Beteiligung der neue amerikanische Teilchenbeschleuniger (»Cosmotron«) in Brookhaven, dem amerikanischen Nuklearforschungszentrum in der Nähe von New York als Gemeinschaftsprojekt von neun wichtigen Universitäten des Landes (Columbia, MIT, Harvard etc.) gebaut. Rabi war maßgeblich am Manhattan-Projekt, dem Bau der amerikanischen Atombombe, beteiligt gewesen und hatte als Mitglied der amerikanischen Atomic Energy Commission immensen Einfluss im US-Wissenschaftsbusiness.

Pierre Auger, Edoardo Amaldi und Isidor Rabi verfassten einen schriftlichen Antrag an die UNESCO, der die Weltorganisation dazu aufforderte, »die Bildung und die Organisation regionaler Forschungszentren und Labore zu fördern, um die internationale Zusammenarbeit der Wissenschaftler zu steigern und ertragreicher zu machen, gerade wenn es um neues Wissen in Gebieten geht, deren Erforschung für ein Land nur unzureichend möglich wäre.« Dieser Antrag wurde von den Konferenzteilnehmern einstimmig verabschiedet – damit war der Idee eines europäischen Physik-Großlabors der politische Rahmen gegeben, der die nötige Stabilität für ein solches, noch nie dagewesenes Projekt geben konnte.

Rabis Motivation, europäischen Physikern in einem politisch so heiklen Bereich wie der Atomphysik mit Rat und Tat behilflich zu sein, liegt möglicherweise auch darin begründet, dass Rabi die Detonation der ersten Atombombe »Little Boy« über Hiroshima miterlebt

Isidor Isaac Rabi (Nobel Foundation 1944).

hatte und ihm die friedliche Grundlagenforschung wichtiger erschienen als die militärische Nutzung der Kernenergie. Rabi selbst hat seine tiefere Motivation später so ausgedrückt:

>»Das Recht des Menschen auf Wissen ist nicht dasselbe wie sein Recht auf die Luft, die er atmet. Wissen muss man sich erwerben, man muss es erlernen, man muss es für sich entdecken. Sogar Lernen ist eine Art von Entdeckung. Deshalb kann das Recht des Menschen auf Wissen nur bedeuten, dass er ein Recht darauf hat, zu lernen und zu entdecken.«

Das Recht des Menschen auf Wissen, (Engineering and Science, 17/1954)

Pierre Auger hatte vor seiner im Jahr 1948 angetreten Tätigkeit bei der UNESCO – wie Rabi und Amaldi – für die amerikanische Atomic Energy Commission gearbeitet. Auger und Amaldi kannten Rabi deshalb sehr gut. Auger hatte als ehemaliger Direktor der französischen Atomenergie-Kommission (CEA) gute Verbindungen sowohl in die europäischen und amerikanischen Fachkreise wie auch als UNESCO-Direktor umfassende politische Beziehungen, die er nun mit dem eindeutigen Auftrag der Konferenz von Florenz zu nutzen begann. Amaldi reiste in den folgenden Wochen in die USA, um den Bau des neuen Cosmotron in Brookhaven zu begutachten, einem Teilchenbeschleuniger mit einer bis dahin unerreichten Teilchenenergie von 3 Gigaelektronenvolt (GeV). Mit dieser Maschine würde man in Zukunft viele Phänomene innerhalb der Teilchenphysik erheblich einfacher untersuchen und bessere Einblicke in den inneren Aufbau der Kernteilchen (Nukleonen) bekommen können. Beim Besuch der mit 23 Meter Durchmesser imposanten Anlage in Brookhaven soll Amaldi nur mit einem Wort reagiert haben: »Kolossal!«

CERN-Vorgeschichte

- Ausgangspunkt: Fortschritt und Weiterentwicklung der Kernphysik benötigt große Teilchenbeschleuniger, die enorme Kosten verursachen.
- Europäische Physiker entwickeln Plan für ein europäisches Forschungszentrum zur Förderung der europäischen Zusammenarbeit, inklusive Deutschland.
- Gründerväter sind Isidor Rabi, Pierre Auger, Edoardo Amaldi, Raoul Dautry, Louis de Broglie und Lew Kowarski.
- Ziel ist das bessere Verständnis des Aufbaus der Atome und der Elementarteilchen.

Im Dezember 1950 organisierte das Centre Européen de la Culture ein weiteres Treffen in Genf, auf dem Pierre Auger einen noch nicht detaillierten Vorschlag zum Bau eines europäischen Labors für Elementarteilchenphysik präsentierte. Das neue Labor sollte nicht mit Atomreaktoren zur Erforschung der inneren Struktur der Atome arbeiten, sondern wie die Anlage in Brookhaven, die schwedische Anlage in Uppsala und die britischen Maschinen in der Nuklearforschungsanlage Harwell mit einem Teilchenbeschleuniger.

Großbritannien hatte zwar das nötige Knowhow, zeigte aber trotz zahlreicher inoffizieller Kontakte kein Interesse an der europäischen Initiative; britische Physiker nahmen bisher nicht an den gemeinsa-

Pierre Auger, Edoardo Amaldi und Lew Kowarski 1952 in Paris (© 1952 CERN, CERN-HI-5202016).

men Treffen teil. Im Inselreich favorisierte man Pläne mit eigenen Anlagen und war deshalb gegenüber dem UNESCO-Projekt skeptisch eingestellt. Herbert W. B. Skinner (1900–1960), Professor an der Universität von Liverpool und am Bau eines eigenen Beschleunigers interessiert, sprach sogar von »hochfliegenden und verrückten Ideen«. War die politische Haltung Großbritanniens zwar allgemein ablehnend, gab es aber auch genügend hochrangige englische Wissenschaftler, die Interesse an einem europäischen Großlabor für Teilchenphysik hatten. Sir John Cockcroft, Direktor der britischen Atomforschungsbehörde Atomic Energy Research Establishment (AERE), schickte sogar seinen jungen Kollegen Frank Goward (1919–1954) als Beobachter (Observer) nach Genf – Goward wurde später stellvertretender Leiter der Expertengruppe für das Proton-Synchrotron am CERN.

Trotz der britischen Gegenposition verfasste man in Genf eine Resolution, die die Errichtung eines neuen Labors zum Bau eines Teilchenbeschleunigers vorschlug, dessen Energie größer sein sollte als die der Anlage in Brookhaven – oder des sogar doppelt so leistungsstarken, ebenfalls im Bau befindlichen Beschleunigers in Berkeley (USA, »Bevatron«). Die Vertreter Italiens, Frankreichs und Belgiens gewährtem dem Projekt 10 000 Dollar Startkapital und legten damit den finanziellen Grundstein für die noch zu gründende europäische Institution für Teilchenphysik. Pierre Auger konnte mit Hilfe dieses Geldes ein kleines Büro bei der UNESCO einrichten, und im Mai 1951 rief er eine Expertengruppe zusammen, die einen detaillierteren Plan zur Vorlage auf der nächsten UNESCO-Konferenz ausarbeiten sollte. Mitglieder der Projekt-Beratergruppe (Board of Consultants) waren: Edoardo Amaldi (Italien), Paul Capron (Belgien), Odd Dahl (Norwegen), Frans Heyn (Niederlande), Lew Kowarski und Francis Perrin (Frankreich), Peter Preiswerk (Schweiz) sowie Hannes Alfvén (Schweden).

Odd Dahl (1898–1994), Zeit seines Lebens ein auf vielen wissenschaftlichen Gebieten forschender Pionier – er war Pilot bei Roald Amundsens Nordpol-Expeditionen gewesen, bevor er in den USA am Carnegie Institute arbeitete – unterstrich eine wichtige Funktion des geplanten Laboratoriums, das neben den großen Forschungsvorhaben noch andere wichtige akademische Aufgaben erfüllen werde. Diese Funktion innerhalb der akademischen Welt Europas erfüllt CERN noch heute:

»Ein modernes physikalisches Labor ist von seiner Auslegung her ein Universallabor, auch wenn das letztendliche Ziel sehr spezialisiertes Wissen ist. Das vorgeschlagene Labor wird deshalb als Trainingscenter koordinierter Forschung dienen [...] und damit eine Art Forschungsarbeiter ausbilden, der für die industrielle Forschung in seinem Heimatland eingesetzt werden kann.«

Die ambivalente britische Rolle

In Großbritannien favorisierte man den Ausbau eigener, kleinerer Anlagen in Zusammenarbeit mit dem Institut von Niels Bohr in Kopenhagen. Viele britische Wissenschaftler standen in engem Kontakt mit dem Kopenhagener Institut und die Pläne zu einer britisch-dänischen Zusammenarbeit nahmen immer konkretere Formen an. Der Plan der Gruppe um Auger (UNESCO) und das CEC traf deshalb hier auf skeptische Reaktionen. Die Idee eines gemeinsamen europäischen Labors fußte nach Meinung der offen um ihren Forschungsvorsprung besorgten britischen Fachleute nicht auf wirklicher Erfahrung und Expertise der Beteiligten, sondern man wolle diesen fachlichen Mangel mit »Mut zum Wagnis und Enthusiasmus« (Herbert W. B. Skinner) ersetzen.

Einer der Hauptfiguren auf britischer Seite war Sir James Chadwick (1891–1974). Chadwick hatte 1935 den Nobelpreis für Physik für seine Entdeckung des Neutrons erhalten. Diese Entdeckung war Grundlage der erfolgreichen Atomkernspaltung durch den deutschen Physiker Otto Hahn. Chadwick war während des Kriegs Mitarbeiter des Manhattan-Projektes gewesen. Er sah das Projekt der Gruppe um Auger auch durch die geplante Beteiligung Deutschlands äußerst skeptisch. Die britischen Forschungsanlagen für Nuklearphysik waren seiner einflussreichen Meinung nach »sowohl in ihrer Zahl wie auch ihrer Leistung nach durchaus angemessen, um unseren eigenen Forschern die gesamte Bandbreite an Forschungsmöglichkeiten innerhalb der Nuklearphysik zu gewährleisten.« In einem Brief an seinen Kollegen Dr. King, datiert auf den 23. April 1951, umreißt Chadwick klar die ambivalente britische Position bezüglich des europäischen Projekts:

[Es herrscht] »...Klarheit darüber, dass sich dieses Land nicht direkt an der Errichtung eines solchen Labors beteiligen und auch keine Unterstützung weder in personeller noch in finanzieller Hinsicht leisten sollte.

Doch es herrscht auch das Bedürfnis, sich nicht vollständig von diesem Plan zurückzuziehen. Wir sollten informelle Hilfe leisten durch Rat und Tat, wenn das angefordert werden sollte – speziell hinsichtlich vorläufiger Studien zur technischen Auslegung des Labors und zum Design der Maschinen.«

Chadwicks Bild der Situation macht das Verhalten der britischen Nuklearphysiker hinsichtlich der aufkeimenden europäischen Konkurrenz verständlich und bezieht durch die geplante Zusammenarbeit mit dem Niels-Bohr-Institut die ambivalente Rolle der dänischen Seite mit ein. Auf der Achse London-Kopenhagen wollte man durchaus einen eigenen Weg gehen, jedoch gleichzeitig die europäische Entwicklung nicht verschlafen – und die Kollegen nicht im Stich lassen. Dieser internationale Kodex der Wissenschaften hatte sich nach dem 1. Weltkrieg weltweit etabliert und manifestierte sich nach wie vor über alle Grenzen hinweg in umfassendem fachlichem Austausch, informellen Vereinbarungen und allgemeiner technischer Unterstützung.

Aber warum waren die Briten bis jetzt nicht wirklich bereit gewesen, über die fachliche, informelle Zusammenarbeit hinaus das europäische Projekt zu unterstützen? James Chadwick führt in seinem Brief an King weiter aus, dass es eben nicht im wissenschaftlichen Interesse Englands liegen könne, am Projekt Augers et al. teilzunehmen. In Harwell, der britischen Atomforschungseinrichtung in Oxfordshire, arbeitete man bereits mit einem 170 MeV (Megaelektronenvolt) Synchro-Cyclotron, einem Elektron-Synchrotron und einem Linearbeschleuniger. An anderen Universitäten des Landes, in Glasgow, Liverpool und Birmingham waren ähnliche Anlagen im Entstehen begriffen. Zu Recht sah man in England, dass die große Unterstützung Frankreichs für das gemeinsame europäische Projekt eher darauf zurückzuführen war, dass bis jetzt weder technologisches Knowhow noch in der Praxis funktionierende Anlagen zur angestrebten Atomkernforschung vorhanden waren.

Gründe für die britische Ablehnung der Idee eines gemeinsamen europäischen Labors für Teilchenphysik:

- Die englische Nuklearphysik war der auf dem Kontinent existierenden weit überlegen, und man wollte auf diesem wichtigen Forschungsgebiet führend bleiben: »Wenn die Franzosen ein For-

schungslabor für Nuklearphysik haben wollen, warum machen
sie dann nicht mit irgendeiner daran interessierten Nation weiter?« (Skinner)
- Innenpolitische Überlegungen: In England zog man es nach dem
  2. Weltkrieg weitgehend vor, mit existierenden, einheimischen
  Instituten zusammenzuarbeiten und nicht mit neuen, internationalen Institutionen. Der Faktor Tradition und Scheu vor fremden,
  nichtbritischen Kräften scheint hier Hauptmotivation gewesen zu
  sein.
- Die Labour Party hatte die Wahlen 1945 überraschenderweise gegen Winston Churchill gewonnen. Labour war europäischen Ide-
  en und europäischer Politik gegenüber sehr skeptisch. Darüber
  hinaus wollte man das während des Kriegs entstandene spezielle
  Verhältnis zu den USA aufrechterhalten, gerade was die nationalen Forschungen im Nuklearbereich betraf.

Die Idee nimmt Gestalt an

Die nächste Generalkonferenz der UNESCO fand im Juli 1951 in
Paris statt. Während der gesamten Konferenz favorisierte man deutlich den Auger-Plan vor dem Vorschlag aus Großbritannien und Dänemark. Die mit den UNESCO-Geldern finanzierte Studiengruppe
(Cornelis Bakker, Odd Dahl, Frank Goward u. a.) hatte zwischenzeit-
lich – und mit englischer Hilfe (!) – die bestehenden Pläne überarbei-
tet. Man hatte sich in Anbetracht der hohen Kosten darauf geeinigt,
nicht sofort den größten Teilchenbeschleuniger der Welt bauen zu
wollen. Nach den Plänen der Studiengruppe sollten jetzt zwei kleinere Maschinen gebaut werden, als mögliche Standorte wurden Kopenhagen und Genf genannt. Darüber hinaus schlug man die Gründung
einer Interimsorganisation vor, die die erforderlichen Konstruktions-
und Budgetpläne für das Laboratorium ausarbeiten sollte, um das
Projekt der UNESCO in angemessener Zeit wieder vorlegen zu können.

Niels Bohr (1885–1962, Nobelpreis für Physik 1922) war bisher
nicht an Treffen des UNESCO-Kreises unter Auger beteiligt gewesen.
Am 9. Juni 1950, kurz nach der Konferenz von Florenz, hatte Bohr
jedoch in einem offenen Brief an die UN Stellung bezogen und seine Skepsis und Hoffnung zum Ausdruck gebracht, »in vollkommen

eigener Verantwortlichkeit und ohne Hinzuziehen irgendeiner Regierung«:

>»Ich finde es schwierig die großen Hoffnungen nachzuvollziehen, dass der Fortschritt der Wissenschaften eine neue Ära harmonischer Kooperation zwischen den Nationen hervorbringen wird. [...] Das Ideal einer offenen Welt mit gemeinsamem Wissen über die sozialen Bedingungen und technischen Unternehmungen, auch militärischer Art, in jedem Land scheint nur eine weit entfernte Chance in der momentanen Situation der Welt zu sein. [...] Dennoch wird eine solche Beziehung zwischen den Nationen offensichtlich nötig sein, um den Fortschritt unserer Zivilisation in gemeinsamer Zusammenarbeit zu erreichen; sogar eine gemeinsame Erklärung zur Verpflichtung auf einen solchen Kurs würde einen sehr günstigen Hintergrund schaffen.«

Im Spätsommer 1951 reiste Pierre Auger zu Niels Bohr nach Kopenhagen, um den Doyen der europäischen Nuklearphysik »mit ins Boot« zu holen. Bohr äußerte prinzipiell Bedenken gegen die europäische Initiative: Einerseits sah er die finanziellen Dimensionen eines großen Beschleunigerprogramms und bezweifelte dessen Finanzierbarkeit. Andererseits könne ein gemeinsames internationales Labor ganz natürlich aus einer bestehenden Institution heraus wachsen – Bohr meinte damit das von ihm geleitete, seit 1921 bestehende Institut für Theoretische Physik in Kopenhagen. Während des Kriegs war ein Erweiterungsbau entstanden, der sich als Sitz des zukünftigen europäischen Forschungszentrums anbieten würde.

Augers Interimsgruppe kam in der Standortfrage zu einem weiteren Modell der zukünftigen europäischen Zusammenarbeit. Auf einem Treffen im November 1951 in Paris kursierte der Vorschlag, die einzelnen Forschungsgruppen an ihren jeweiligen Heimatinstituten und Universitäten weiterarbeiten zu lassen: Bakker in den Niederlanden, Kowarski in Frankreich, Dahl in Norwegen, Bohr in Kopenhagen und Amaldi in Rom. Wie unpraktisch dieser Vorschlag in seiner Umsetzung in die Praxis geworden wäre, kann man sich heute vielleicht am besten angesichts des tatsächlich existierenden CERN vorstellen: Das CERN würde es nicht geben.

Trotz aller bisherigen Bedenken schien nun gerade von britischer Seite Bewegung in die Diskussion zu kommen. Nach dem Treffen Augers mit Bohr versuchte James Chadwick die Ideen Bohrs – ein von Großbritannien und dem Niels-Bohr-Institut gemeinsam betriebenes Labor mit Sitz in Kopenhagen – bei seinen Kollegen in England populär zu machen. Die Reaktionen waren jedoch verhalten, wollte man doch die einheimischen Anlagen (Harwell, Glasgow etc.) weiter betreiben und eher noch ausbauen als eine neue ausländische Großanlage aufzubauen. Sir George Thomson (1892–1975; Nobelpreis für Physik 1937) zeigte hingegen Interesse an der Auger/UNESCO-Gruppe. Thomson, Professor am Imperial College London wurde daraufhin eingeladen, an der nächsten Sitzung der Interimsgruppe als Beobachter teilzunehmen.

Die UNESCO-Konferenz im Dezember 1951

Die vom 17. bis 21. Dezember 1951 in Paris stattfindende 6. UNESCO-Generalkonferenz ist vielleicht die inhaltlich wichtigste in der ereignisreichen Vorgeschichte des CERN. Sie wurde von Vertretern aus 21 Staaten besucht, brachte zwar keine endgültigen Entscheidungen, aber man erzielte große Übereinstimmungen für den Bau eines neuen, paneuropäischen Labors für Teilchenphysik, und das Projekt erhielt konkrete Finanzierungszusagen.

Der Vertreter Italiens, Bruno Ferretti (1913–2010), ein ehemaliger Mitarbeiter des 1938 in die USA ausgewanderten Enrico Fermi und ein enger Freund Edoardo Amaldis, brachte während der Konferenz einen konkreten Plan für »ein europäisches Labor für Nuklearphysik auf der Basis eines großen Beschleunigers für Elementarteilchen« ein, der heftig und kontrovers diskutiert wurde. Sir George Thomson, der taktisch wenig überraschend rein britische Interessen vertrat, wies in seinem Redebeitrag darauf hin, dass Großbritannien seit Kriegsende, in »mageren Zeiten«, bereits große Summen in die geplante Art von Forschung und in den Bau großer Maschinen investiert habe. Thomson schlug deshalb vor, anstatt eines teuren Neubaus für die europäische Forschung die im Bau befindliche Synchrotron-Anlage in Liverpool (England) für weitere, gemeinsame Forschungen zu nutzen. Der französische Delegierte, Francis Perrin, widersprach; der Neubau eines gemeinsamen Labors sollte in Angesicht der europäischen Lage nicht verzögert werden, sonst würden junge Forscher reihenweise in die USA abwandern.

Der deutsche Vertreter auf der Pariser Konferenz war Werner Heisenberg (1901–1976, Nobelpreis für Physik 1932). Er war wegen seiner Rolle im zweiten Weltkrieg nicht unumstritten. Als Direktor des

Kaiser-Wilhelm-Instituts für Physik hatte er an führender Stelle am Uranprojekt der Nationalsozialisten mitgearbeitet. Auch Heisenbergs persönliches Verhältnis zu Niels Bohr war nicht unbelastet. Heisenbergs ominöser Besuch in Kopenhagen während des Kriegs im September 1941 hatte bei beiden Wissenschaftlern unterschiedliche Erinnerungen hinterlassen. Es existieren keine Aufzeichnungen über dieses historische Treffen, bei dem Heisenberg Bohr die Mitarbeit am deutschen Projekt angeboten haben soll. Bohr verließ wenig später, 1943, das von Deutschland besetzte Dänemark Richtung England und USA, um als Berater am amerikanischen Atombombenprogramm tätig zu werden. Erst viel später (1958) äußerte sich Bohr über das Treffen mit Heisenberg – zu dessen Vorschlägen er damals geschwiegen habe, denn »es ging um ein großes Thema der Menschheit, in dem wir, obwohl persönlich befreundet, Vertreter zweier Seiten waren, die im mörderischen Kampf miteinander lagen.«

Heisenberg, ein früherer Assistent Bohrs, war in Nachkriegsdeutschland Direktor des Max-Planck-Instituts für Physik in Göttingen geworden. Auf der Konferenz 1951 in Paris war Heisenberg offizieller Vertreter der noch jungen Bundesrepublik Deutschland – und einem gemeinsamen, aufwändigen europäischen Kernphysiklabor durchaus skeptisch gegenüber eingestellt. Heisenberg wies auf die finanzielle Lage Deutschlands und die ihn bis jetzt wenig überzeugende Planungslage hin:

> »Unser Land ist in einer extrem schlechten finanziellen Situation. Ich bin von meiner Regierung nicht damit beauftragt worden, irgendeine Art von finanzieller Zusage zu machen. Darüber hinaus sollte man nicht hingehen und einfach eine der großen amerikanischen Maschinen kopieren.«

Im Lauf der Pariser UNESCO-Konferenz wurde trotz aller Gegensätze und Widersprüche klar, dass die Mehrheit der Beteiligten für die Gründung eines gemeinsamen europäischen Labors war. Im Schlussdokument vereinbarten die 12 offiziell teilnehmenden Nationen, den von der niederländischen Delegation eingebrachten Vorschlag zur Bildung einer *Interims*organisation zur Errichtung eines zukünftigen europäischen Labors anzunehmen. Mit diesem formellen Akt hatte das große europäische Projekt für Nuklearphysik einen gewaltigen, offiziellen Sprung nach vorn getan; ein eingängiger Name für das neue Labor fehlte allerdings noch. Die Initiative firmierte momentan unter der – sicherlich zu langen und umständlich präzisen – Bezeichnung *Council of Representatives of European States for Planning an International Laboratory and Organizing other Forms of Co-operation in Nuclear Research* (Rat der Repräsentanten europäischer Staaten zur Planung eines internationalen Labors und anderer Formen der Kooperation in der Nuklearforschung).

Mit dem Schlussdokument der Pariser Konferenz 1951 wurde aus einer freien wissenschaftlichen Initiative ein ernsthaft diskutiertes Realisierungskonzept, das Unterstützung von der UNESCO und auch auf den nationalen Ebenen hatte. Am Ende der Konferenz waren Frankreich, die Schweiz, Italien, Belgien und Jugoslawien bereit, dem Projekt 150 000 Dollar zur weiteren Vorbereitung und Planung zur Verfügung zu stellen. Das Potenzial zur Realisierung des ambitionierten europäischen Konzepts wuchs damit ungemein – und selbst die internationale Presse hatte angebissen. Die New York Herald Tribune schrieb am 21.12.1951 unter der Überschrift »Europe Laboratory May Get Five-Billion-Volt Cyclotron«, dass man nun ein europäisches Atomforschungslabor mit einem 5-GeV-Cyclotron zu bauen gedachte, das in seiner Leistung dem Bevatron in Berkeley (USA) entsprach. Der besonders für die US-amerikanische Leserschaft der Zeitung wichtige Teil der Meldung war: Man wolle mit der neuen Maschine zur Erforschung des Atomkerninneren auf keinen Fall militärischen Nutzen erlangen.

UNESCO-Konferenz Dezember 1951 in Paris

- Konkretes Konzept (Ferretti) für einen »großen Beschleuniger für Elementarteilchen«.
- 12 Teilnehmerstaaten: Belgien, Dänemark, Frankreich, Großbritannien, Griechenland, Italien, Niederlande, Norwegen, Schweden, Schweiz, Bundesrepublik Deutschland, Jugoslawien.
- Die von der UNESCO beauftragte Interimsorganisation erhält finanzielle Zusagen. Vereinbart wird eine Vorbereitungszeit von 12 bis 18 Monaten, um die Pläne für die Beschleunigeranlagen auszuarbeiten und fertigzustellen.

Geburtsstunde des CERN

Zwei Monate später, auf einer weiteren *UNESCO-Tagung vom 12. bis 15. Februar 1952 in Genf,* bekam die ehemalige Interimsorganisation ihre original französische Bezeichnung *Conseil Européen pour la Recherche Nucleaire* (Europäischer Rat für Nuklearforschung), abgekürzt *CERN.* Mit diesem politischen Akt erhielt das europäische Großprojekt endlich eine offizielle Form und einen offiziellen Namen – das Akronym CERN war geboren.

Der 15.2.1952 ist das offizielle »Geburtsdatum« des CERN.

Erstes Treffen des CERN-Rats im Februar 1952 in Genf: Sir Ben Lockspeiser, Edoardo Amaldi, Felix Bloch, Lew Kowarski, Cornelis Jan Bakker, Niels Bohr (© 1952 CERN, CERN-HI-5201001).

Die Vereinbarung von Genf wurde von der Bundesrepublik Deutschland, den Niederlanden und Jugoslawien sofort angenommen; in acht weiteren Staaten (Frankreich, Belgien, Italien, Norwegen, Griechenland, Schweden, Schweiz, Dänemark) musste der Plan in den kommenden Monaten noch von den jeweiligen Parlamenten ratifiziert werden. Das auf einer eigenen Nuklearforschungspolitik beharrende Großbritannien enthielt sich der Unterschrift – trotzdem hielten sich die Briten alle Türen offen, indem sie ihren nicht unerheblichen Beitrag zum Budget auch in Folge regelmäßig leisteten. Dänemark beharrte weiterhin auf dem Kopenhagener Niels-Bohr-Institut als Standort, während sich unter den Delegierten eine Mehrheit für einen anderen Ort zu entwickeln begann: Genf.

CERN hatte durch die Genfer Vereinbarung einen gut ausgestatteten Budgetrahmen für die weitere Vorbereitung, immerhin 2 081 945 Schweizer Franken (ca. 487 000 US-Dollar). Die einzelnen Staaten verpflichteten sich, folgende Beitragszahlungen an den CERN-Rat zu leisten: Belgien 137 045 Franken, Dänemark 60 300 Franken, Frankreich 555 900 Franken, Bundesrepublik Deutschland 332 500 Franken, Italien 213 000 Franken, Niederlande 61 100 Franken, Norwegen 40 300 Franken, Schweden 98 900 Franken, Schweiz 138 000 Franken, Großbritannien 364 400 Franken und Jugoslawien 52 000 Franken.

Um die überschwängliche Stimmung des Tages auszudrücken, dankten Pierre Auger, Edoardo Amaldi, Niels Bohr und mehr als ein Dutzend begeisterter Nuklearphysiker – unter dem offiziellen Briefkopf der UNESCO – dem Spiritus Rector des CERN, dem Amerikaner Isidor Rabi mit einem dem Ereignis angemessenen Enthusiasmus und intelligentem Humor:

»Wir haben gerade den Vertrag unterzeichnet. Hiermit zeigen wir die offizielle Geburt des Projekts an, dessen Vater Sie in Florenz waren. Mutter und Kind sind wohlauf. Die Ärzte senden Ihnen ihre Grüße.«

In your reply, please refer to,
En répondant, venilliez reppeter
N°   Genève, 15 février 1952

Professor I. Rabi,
Columbia University,
New York, N/Y.

We have just signed the Agreement which constitutes
the official birth of the project you fathered at
Florence. Mother and child are doing well, and the
Doctors send you their greetings.

Nachricht des CERN-Rates an Isidor Rabi vom 15.2.1952 (© 1952 CERN).

Strahlen aus dem All

Werner Heisenberg unterzeichnete die Genfer Vereinbarung als Vertreter der Bundesrepublik Deutschland, die mit ihrer Aufnahme in die CERN-Organisation endlich wieder eine geachtete Rolle im internationalen Wissenschafts-Business zu spielen begann. Das große deutsche Magazin »Der Spiegel« brachte ein Foto Heisenbergs auf der Titelseite und bescheinigte dem damals 51-Jährigen große Willenskraft und Konzentrationsfähigkeit, die ihn zu einem »der klarsten Denker der lebenden Generation im Stile des Albert Einstein« mache.

Heisenberg hatte schon im Frühsommer 1925 – während der Sturm- und Drangzeit der Quantenphysik – als 24-Jähriger die Grundlagen der Quantenmechanik gelegt. Heisenbergs Unschärferelation besagt, dass man Ort (Zeit) und Geschwindigkeit (Impuls) eines Teilchens nicht gleichzeitig absolut genau bestimmen kann. Heisenberg strich die Bohrschen Bahnen innerhalb des Atoms und deutete sie um in Frequenzen und Wahrscheinlichkeiten (Unschärfe). Er schuf damit die theoretische Grundlage für die Matrix der modernen Quantenphysik. Heisenbergs Arbeiten zur Quantentheorie wurden 1932 mit dem Nobelpreis für Physik ausgezeichnet. Albert Einstein hatte hinsichtlich dieser Unschärfe eines Teilchens eine ganz andere Meinung. Einstein schrieb 1926 an seinen Freund Max Born:

> »Eine innere Stimme sagt mir, dass das[1] noch nicht der wahre Jakob ist. [...] Jedenfalls bin ich überzeugt, daß der Alte nicht würfelt.«

Heisenberg selbst war längst klar, dass die weitere Erforschung der inneren Strukturen des Atoms nur mit großen Kollisionsmaschinen möglich sein würde. Er hielt die Erforschung der kosmischen Strahlung, mit der er sich seit 1946 intensiv beschäftigt hatte (»Strahlen aus dem All«, Der Spiegel 24/1952) für »das ideale Experimentierfeld des Atomphysikers.« Sollte die europäische Kernphysik in Zukunft sinnvoll betrieben werden, dann nur auf diesem Feld – was nur mit dem Bau großer Beschleunigeranlagen wie am CERN möglich sein würde.

Vom 5. bis 8. Mai 1952 traf sich der neu gebildete CERN-Rat zu seiner ersten offiziellen Sitzung in Paris. Inzwischen war man hauptsächlich mit der Ausarbeitung von Plänen und praktischen Vorbereitungen beschäftigt gewesen. Die Standortfrage war allerdings weiterhin ungeklärt, es wurden neben Genf und Kopenhagen auch das niederländische Arnheim, das englische Liverpool oder Paris diskutiert.

---

1) Heisenbergs Quantenmechanik

Auf der Tagung im Mai 1952 in Paris wurden wichtige personelle Entscheidungen getroffen:

- Erster Generalsekretär der Organisation wurde der Italiener Edoardo Amaldi.
- Direktor der Proton-Synchrotron-Gruppe wurde der Norweger Odd Dahl.
- Direktor der Gruppe Synchro-Cyclotron wurde der Niederländer Cornelis Jan Bakker.
- Labordirektor wurde der Franzose Lew Kowarski.
- Direktor der Theoriegruppe wurde der Däne Niels Bohr.

Im Juni 1952 traf sich die CERN-Vorbereitungsgruppe in Kopenhagen. Für die Atomphysiker gab es wichtige Neuigkeiten: Am Cosmotron in Brookhaven hatte man gerade erfolgreich die ersten Tests durchgeführt. Heisenberg und der Kreis um Niels Bohr forderten nun den baldigen Bau des geplanten kleineren Beschleunigers (Synchro-Cyclotron), drängten aber als Standort weiterhin auf Kopenhagen. Da man innerhalb der Auger-Gruppe aber unbedingt einen stärkeren Beschleuniger als die Amerikaner in Brookhaven zur Verfügung haben wollte, wurde die PS-Gruppe (Proton-Synchrotron) unter der Leitung von Odd Dahl nun damit beauftragt, die Energieleistung des neu zu bauenden großen Beschleunigers mit »bis zu 20 GeV« (Gigaelektronenvolt) anzusetzen – erst in Bereichen über 10 GeV rechnete man damit, sinnvoll Forschung mit Mesonen betreiben zu können. Dahl war klar, dass man die bisherigen Pläne für die große Maschine stark verändern musste, denn das bisherige Design war nach dem Vorbild des Cosmotrons in Brookhaven entstanden. Doch Odd Dahl liebte neue Aufgaben. Zusammen mit seinem Vize Frank Goward, der oft aus dem britischen Harwell in das von Dahl geleitete Christian-Michelsen-Institut (CMI) ins norwegische Bergen kam, stellte er sich der Herausforderung eine Anlage zu bauen, die mehr Energie für die Beschleunigung von Atomteilchen erzeugen konnte als die amerikanische – zudem boten die Amerikaner bereitwillig an, ihnen dabei zu helfen. Dieser fruchtbare akademische Wettkampf zwischen Amerika und Europa um die Energieleistung der Maschinen und innerhalb der einzelnen Bereiche der Kernphysik – immer auf Augenhöhe und immer mit gegenseitiger Hilfe und Unterstützung – wird die Geschichte des CERN bis heute begleiten.

Im August 1952 reisten Odd Dahl, Frank Goward und Rolf Wideroe, Teilchenbeschleuniger-Pionier und Betatron-Experte, nach Brookhaven, um die Funktionsweise des inzwischen in Betrieb genommenen Cosmotrons zu studieren. M. Stanley Livingston (1905–1986), der maßgeblich an der Errichtung des BNL, des Brookhaven National Laboratory beteiligt gewesen war, empfing die europäische Delegation mit großer Offenheit und bereit, auch über Probleme zu sprechen. Im gemeinsamen Gespräch erlebten die Europäer eine Überraschung: Die Amerikaner hatten in der Zwischenzeit herausgefunden, dass sich durch die veränderte Anordnung der Magneten (alternating gradient (AG) principle) der Teilchenstrahl (beam) weitaus besser fokussieren ließ als mit dem noch beim Cosmotron angewendeten Prinzip. Die ernüchterten Europäer mussten feststellen, dass ihr eigener Plan, der nach dem Prinzip der amerikanischen Brookhaven-Anlage entwickelt worden war, inzwischen technisch überholt war. Auf der anderen Seite wussten sie nun auch wie eine Verbesserung der Leistung technisch möglich war: durch die Fokussierung des Teilchenstrahls mittels Verbesserung des Designs der benutzten Magneten. Nun brauchte man erst recht die Mitarbeit von Leuten, die die benötigten Magneten auch bauen konnten. Gründliche Erfahrung im Bau von Magneten für Teilchenbeschleuniger hatten in Europa aber vor allem die Engländer – und die anderen Länder so gut wie gar nicht.

Einige Monate später, vom *4. bis 7. Oktober 1952*, wurde die *3. Konferenz des CERN-Gremiums in Amsterdam* durchgeführt. Durch die neueste Entwicklung innerhalb der Beschleuniger-Technologie (Fokussierung) veranlasst, bekam die Gruppe Dahl (PS) wieder eine neue Aufgabe: Der große CERN-Beschleuniger (PS) sollte jetzt eine Energie von 25 GeV erzeugen können – bei gleichbleibenden Kosten. In Amsterdam wurde endlich auch die Standortfrage entschieden. Die Schweiz hatte dem bis jetzt noch heimatlosen CERN ein großes Stück Land in *Meyrin*, einem kleinen Ort in der Nähe von Genf als Standort zur Errichtung des Labors angeboten. Genf hat den Vorteil, dass die Stadt sehr zentral innerhalb Europas liegt und deshalb sehr gut von überall her zu erreichen ist. Außerdem hatten sich seit der Gründung des Internationalen Komitees vom Roten Kreuz im Jahr 1863 viele internationale Organisationen in Genf angesiedelt, zum Beispiel die internationale Arbeitsorganisation ILO, die UNO mit ihrem imposanten Palais der Nationen, oder ISO, das internationale Institut für Normung. Die in Amsterdam bestimmte Wahl das Standorts Genf wurde im Juni 1953 durch ein gemeinsames Referendum mit dem Schweizer Kanton Genf endgültig besiegelt.

Anfang Dezember 1952 reiste der Generalsekretär des provisorischen CERN-Rates, Edoardo Amaldi, nach England, um mit seinen britischen Kollegen über die konkrete weitere Zusammenarbeit zu reden. In London traf sich Amaldi mit Sir Ben Lockspeiser, dem Chef des Department of Scientific and Industrial Research (DSIR) und späteren CERN-Direktor sowie mit dessen Mitarbeiter, dem jungen Physiker John Adams (1920–1984). Adams hatte wie viele seiner jungen Kollegen in der kriegsentscheidenden englischen Radarentwicklung gearbeitet und nach 1945 wichtige Präzisionstechnologien in den Bau von Teilchenbeschleunigern eingebracht. Darüber hinaus hatten sich Adams und seine Kollegen schon mit der Verbesserung der beim Cosmotron angewendeten Technologie befasst. Die Optimierung der bisherigen Arbeitsweise durch stärkere Fokussierung des Teilchenstrahls würde die Trefferquote des neuen europäischen Beschleunigers auch nach englischen Berechnungen deutlich verbessern.

Cockcroft und Lockspeiser waren davon überzeugt, dass die entscheidende Figur innerhalb der englischen Wissenschaftspolitik, Lord Cherwell (eigentlich Frederick Lindemann, 1886–1957), einer Zusammenarbeit mit CERN zustimmen und dem Projekt politisch zur Seite stehen würde. Lord Cherwell, wissenschaftlicher Berater des inzwischen wiedergewählten Premier Winston Churchill, lehnte jedoch entgegen aller Voraussicht die von Amaldi unterbreitete Idee rundheraus ab; er hielt die Konstruktion des internationalen Projekts nicht für tragfähig. Cherwell lud Amaldi dennoch zu einem Besuch des Nuklearlabors in Harwell ein, wo Amaldi mit jungen britischen Forschern über deren Pläne sprechen wollte. Warum es auf politischer Ebene zu dieser – vorläufigen – deutlichen Ablehnung kam, war weder Amaldi noch seinen britischen Kollegen klar. Möglicherweise wollte man am obersten Ende der politischen Hierarchie noch abwarten, ob sich nicht doch ein englischer Alleingang in Sachen Kernphysik ergeben würde.

Auf der Fahrt in das drei Autostunden westlich von London gelegene Harwell unterhielt sich Amaldi angeregt mit seinem Fahrer, John Adams. John Adams hatte an der Konstruktion des Synchro-Cyclotrons in Harwell – noch heute ein Technologiezentrum von Weltklasse – entscheidenden Anteil gehabt, doch nun drängte es ihn zu neuen Aufgaben. Amaldi: »Er war in jeder Hinsicht besonders und er war nur zu gerne dazu bereit, am CERN zu arbeiten.« In Harwell traf Amaldi auf eine junge Generation immens motivierter Forscher, und vielen von ihnen war offenbar an einer zukünftigen europäischen Zusammenarbeit sehr gelegen. Diese jungen Briten (neben Adams Frank Goward, Jim Cassels, Donald Fry u. a.) waren es gewohnt präzise und kontinuierlich an schwierigen, weil innovativen Großprojekten zu arbeiten und dabei ihre Maschinen selbst zu bauen. Genau diesen Enthusiasmus und diese Expertise war das, was CERN jetzt brauchte – und heute immer noch braucht. Amaldi: »All die jungen Leute, die ich in Harwell traf, waren sehr am neuen Fokussierungsprinzip interessiert und daran, wie man es praktisch anwenden könnte. Diese Idee lag klar im Zentrum ihres Denkens.« Adams fand seine Idee, den neuen Beschleuniger nach dem neuartigen Fokussierungspinzip (alternating gradient principle) zu bauen zwar einen »abenteuerlichen und mit hohem Risiko behafteten Weg – doch auch mit hohem Gewinn«. Durch die neue Methode würde der CERN-Beschleuniger viel leistungsstärker ausgelegt werden können als das Cosmotron in Brookhaven.

Die CERN-Konvention von 1953

Am 29. Juni 1953 begann die 6. Konferenz des CERN in Paris. Nach ihrem Ende, am 1. Juli 1953, unterzeichneten die Vertreter zwölf europäischer Staaten die Gründungsurkunde (*CERN Convention*) des CERN, die in Artikel 2 die bis heute gültigen Ziele der Organisation festschreibt:

> »Die Organisation hat die Zusammenarbeit europäischer Staaten auf dem Gebiet der rein wissenschaftlichen und grundlegenden Kernforschung sowie der hiermit wesentlich zusammenhängenden Forschung zum Ziel. Die Organisation befasst sich nicht mit Arbeiten für militärische Zwecke; die Ergebnisse ihrer experimentellen und theoretischen Arbeiten werden veröffentlicht oder anderweitig allgemein zugänglich gemacht.«

CERN Gründungsstaaten sind die Schweiz, Frankreich, Belgien, Dänemark, Bundesrepublik Deutschland, Griechenland, Vereinigtes Königreich, Italien, Jugoslawien, Niederlande, Norwegen und Schweden. Das Vereinigte Königreich hatte zwar bis dahin nur den Status des Beobachters innegehabt, war aber jetzt durch die Unterzeichnung der Konvention volles Mitglied geworden. Die Bundesrepublik Deutschland wurde durch die aktive Beteiligung an der Gründung des CERN zum ersten Mal nach dem Ende des 2. Weltkriegs wieder ebenbürtiger, anerkannter Partner der europäischen Nationen. CERN Council Meeting, Oktober 1953:

»Das neue Labor sollte in seiner Forschungsausrichtung dem Forschungslabor einer Universität gleichen, das den freien Fluss der Graduierten ermöglicht. Die Mehrzahl der Stellen sollte nur kurz besetzt werden, um so den Fluss der Wissenschaftler durch das Labor zu ermöglichen, was der Vermeidung eines Stillstandes dient. Diese Maßnahme wird darüber hinaus die Anzahl der Wissenschaftler erhöhen, die die einmaligen Möglichkeiten des Labor nutzen können. Die Organisation dient im höchstmöglichen Maß[2] der Zusammenarbeit mit anderen Laboren und Instituten aller Mitgliedsstaaten.«

Um die vielen hochgesteckten Ziele verwirklichen zu können, brauchte CERN neben dem wissenschaftlichen Knowhow und dem unabdingbaren Enthusiasmus auch Geld, viel Geld. Die finanziellen Erfordernisse wurden für den Budgetzeitraum von sieben Jahren für den Bau der Laboratorien, Equipment, Verwaltung und Unterhalt mit 130 Millionen Schweizer Franken berechnet. Diese Mittel sollten von den jeweiligen Mitgliedsstaaten aufgebracht werden.

»...je nach Anteil, basierend auf dem jeweiligen Nettoeinkommen jedes Staates. Die Anteile werden alle drei Jahre überprüft [...] aber man ist sich darüber einig, dass kein einzelner Staat mehr als 25 Prozent des Gesamtbudgets aufzubringen hat. Die Anteile für die erste Periode – bis zum Ende des Jahres 1956 – werden wie folgt festgelegt ...«

Durch die Unterschrift unter die CERN-Konvention verpflichteten sich die teilnehmenden Staaten bindend ihre Anteile am Gesamtbudget zu leisten, obwohl die geschätzten Gesamtkosten gegenüber dem ersten Budgetansatz von 1952 bereits um 50 Prozent gestiegen waren. Die Fragen des Budgets waren auch innerhalb des CERN-Rats diskutiert worden, besonders unter dem Gesichtspunkt: Ist das Budget etwa zu hoch? Diese Finanzierungsfrage wird am CERN in allen internen und öffentlichen Diskussionen bis heute diskutiert. In der

---

2) »...to the fullest extent ...«

Anfangsphase, 1953, klang das, wie immer humorvoll und in die Zukunft schauend, so:

»Sollte es sich herausstellen, dass die vorgeschlagene Höhe der Aufwendungen und die laufenden Kosten über die europäischen Möglichkeiten gehen sollten, dann müssten wir solche Dinge wie die Anzahl der Experimental-Teams [...] oder einige der unterstützenden theoretischen oder experimentellen Aktivitäten streichen oder in einem größeren Maße auf externe Institutionen verlagern. Keine dieser Möglichkeiten ist unmöglich; aber sollten wir unseren Schätzungen glauben wollen, dann führt jede der genannten Möglichkeiten zu einer Situation, in der sehr teures und wahrscheinlich sehr vielversprechendes, fundamentales Equipment nicht voll genutzt werden kann. Wir hoffen, sollte die Zeit der Entscheidung kommen, dass diejenigen, die unsere Pläne in die Realität umzusetzen haben, wissen, wie man auf den Boden der Realität kommt ohne gleich zu Fuß gehen zu müssen.«

Der CERN-Zeitplan sah vor, dass das Synchro-Cyclotron im Lauf des Jahres 1957 erste Messergebnisse liefern würde. Die große Maschine, das 25-GeV-Proton-Synchrotron, sollte innerhalb von 7 Jahren fertiggestellt werden, das heißt im Jahr 1960 verfügbar sein. Jede der beiden Maschinen sollte mit 6 bis 10 Spezialistenteams arbeiten, jede Maschine war für eine Laufzeit von 15 Stunden pro Tag ausgelegt.

Aufbau des CERN

Zur Vorbereitung der umfangreichen Bauarbeiten auf dem CERN-Gelände in Meyrin siedelte sich im Herbst des Jahres 1953 die insgesamt zwölfköpfige PS-Gruppe in Genf an, zuerst in Räumen der Genfer Universität und später in eilig zusammengezimmerten Holzbaracken am Genfer Flughafen in Coitrin. Inzwischen hatte John Adams in einer Reihe vielbeachteter Artikel die aufgekommenen Zweifel am Fokussierungsprinzip des CERN-Proton-Synchrotron beseitigen können, sodass nun der Zeitpunkt gekommen war, die Pläne in die Wirklichkeit umzusetzen. Die beiden amerikanischen Physiker John und Hildred Blewett kamen für die Dauer eines Jahres nach Genf, um der PS-Gruppe mit ihren Erfahrungen beim Aufbau der Brookhaven-Anlage zu helfen.

Die wichtigsten Entscheidungen über das Design des neuen Proton-Synchrotron wurden innerhalb der PS-Gruppe vom Parameterkomi-

Beginn der CERN-Bauarbeiten am Standort Meyrin (© 1954 CERN, CERN-HI-5405001).

tee getroffen; hier hatte John Adams durch seine klare, präzise und gründliche Arbeitsweise großen Einfluss. Zusammen mit seinem kongenialen britischen Kollegen Mervyn Hine (»die furchtbaren Zwillinge«) führten Adams Arbeitssitzungen oftmals zu großartigen technologischen Weiterentwicklungen. Im Parameterkomitee herrschte gerade durch die Persönlichkeit von John Adams eine Atmosphäre sachlichen Forschens, die genaueste Untersuchungen, Analysen und Veränderungen ermöglichte und den effizienten Fortschritt am CERN in Zukunft kennzeichnen sollte.

Am 17. Mai 1954 begannen die Bauarbeiten auf dem CERN-Gelände in Meyrin, nachdem einige Tage zuvor auch Frankreich die CERN-Konvention unterschrieben hatte. Wo bis jetzt grüne Wiesen und Ackerland waren, sollte innerhalb von fünf Jahren die komplexe wissenschaftliche Forschungsanlage des CERN entstehen. Tragisch: Die PS-Gruppe, zuständig für Konstruktion und Bau des großen Ringbeschleunigers, verlor durch den plötzlichen Tod von Frank Goward seinen stellvertretenden Leiter und »Mann vor Ort«. Odd Dahl, bisher offizieller Chef der PS-Gruppe, zog sich daraufhin vollständig in sein Institut nach Bergen (Norwegen) zurück, um dort den Halden-Reaktor in der Nähe von Oslo aufzubauen. John Adams übernahm nun im Alter von erst 34 Jahren die Leitung der PS-Division. Adams Arbeit würde das CERN für die kommenden 20 Jahre und darüber hinaus formen. Stil und Effizienz waren das Markenzeichen Adams, und im Allgemeinen und Besonderen war er davon überzeugt:

Der gebürtige Schweizer Felix Bloch (1905–1983) hatte bei Wolfgang Pauli in Zürich und bei Werner Heisenberg in Leipzig studiert. Ein Stipendium hatte Bloch sogar einen einjährigen Studienaufenthalt bei Niels Bohr in Kopenhagen ermöglicht. Der aus einer jüdischen Familie stammende Bloch musste im Frühjahr 1933 Deutschland Richtung USA verlassen, wo er an der Stanford University und in Los Alamos über die Eigenschaften von Neutronen geforscht und 1946 die Kernspinresonanz entdeckt hatte, eine Teilcheneigenschaft, die heute in der Medizin für die bildliche Darstellung von Geweben genutzt wird. »Für die Entwicklung neuer Methoden zur nuklearmagnetischen Präzisionsmessung« hatte Bloch 1952 den Nobelpreis für Physik erhalten.

Das während der Sitzung im Juni 1953 (CERN Convention) gebildete Findungskomitee hatte sich nach Vorschlag von Niels Bohr schnell auf Felix Bloch als einzigen Kandidaten für den Posten des CERN-Generaldirektors geeinigt. Felix Bloch war Fachmann für die Fokussierung des Teilchenstrahls in Beschleunigeranlagen; damit war er gerade für die Aufbauphase der neuen CERN-Anlage genau der richtige Mann. Dem Komitee war sicherlich bewusst, dass Bloch nur für einen begrenzten Zeitraum von maximal zwei Jahren zur Verfügung stehen würde, denn Bloch wollte auf jeden Fall in die USA nach Stanford zurückgehen. Möglicherweise nominierte das Interim-CERN absichtlich keinen Kandidaten aus den eigenen Reihen, denn vielleicht wollte man sich durch die Nominierung Blochs Zeit für die Suche eines späteren Generaldirektors aus den eigenen Reihen lassen.

Das Interim-CERN wurde am 29. September 1954 aufgelöst, denn inzwischen hatte das vertraglich vorgeschriebene Minimum von sieben Staaten die Vereinbarung (CERN Convention) ratifiziert. Man war sich in der Zwischenzeit darüber klar geworden, dass für die schnell gewachsene Organisation die bisher geführte Bezeichnung Rat (Conseil) auf Dauer unzutreffend sein würde. Der offizielle Name wurde daher in *European Organization for Nuclear Research* (Europäische Organisation für Nuklearforschung) geändert; man behielt aber trotzdem, vielleicht etwas verwirrend für spätere Generationen, die einprägsamen und inzwischen international etablierten Initialen CERN bei.

Die Entstehung des CERN in 3 Phasen

- *Vorbereitungsphase*: Dezember 1949 Lausanne Konferenz bis Februar 1952 Geneva Agreement
- *Planungsphase*: Februar 1952 bis Juli 1953 Paris (Conseil Européen de Recherche Nucléaire)
- *Interimsphase*: Juli 1953 CERN Convention bis 29. September 1954 Genf: European Organization for Nuclear Research

Personalien

Felix Bloch wurde auf dem ersten Meeting des permanenten CERN-Rates (Council), das vom 7. bis 8. Oktober 1954 in Genf stattfand, zum 1. Generaldirektor (DG = Director-General) des CERN gewählt; sein Stellvertreter wurde der CERN-Pionier *Edoardo Amaldi*. Präsident des CERN-Rates (CERN Council) wurde in Nachfolge des französischen Delegierten Robert Valeur *Sir Ben Lockspeiser*, der vorher das Finanzkomitee geleitet hatte. Lockspeiser, seit 1949 Chef des DSIR, der obersten britischen Forschungsbehörde, brachte laut CERN-Pressemitteilung »eine umfangreiche wissenschaftliche und administrative Erfahrung mit, die gerade während der Startphase von besonderem Wert sein wird.« *Cornelis Jan Bakker* wurde Direktor der Synchro-Cyclotron-Abteilung (SC), *John Adams* Leiter der PS-Division, *Lew Kowarski* Leiter der Abteilung Wissenschaft und Technik und *Christian Moeller* Direktor der Theorieabteilung. Auf der ersten Sitzung wurden als weitere strukturelle Maßnahme drei Komitees gebildet: Das Ratskomitee (Committee of the Council), das zwischen den Sitzungen des CERN-Rats Entscheidungen trifft; das Wissenschaftskomitee (Scientific Policy Committee) und das Finanzkomitee (Finance Committee).

Struktur des CERN 1954

- Generaldirektor (DG) und Stellvertretender Generaldirektor (DDG)
- CERN-Rat (Council) mit Präsident und zwei Stellvertretern
- 3 Komitees: Rats-, Wissenschafts- und Finanzkomitee

In seiner Eröffnungsrede am 19. November 1954 dankte der erste Generaldirektor Felix Bloch den Initiatoren des CERN, insbesondere Louis de Broglie, Edoardo Amaldi und Isidor Rabi. Bloch betonte, dass die am CERN geplanten Experimente ausschließlich nichtmilitärischen Charakter haben und, obwohl die großen Maschinen erst in einigen Jahren zur Verfügung stehen würden, schon mit ersten Forschungsarbeiten im Bereich der kosmischen Strahlung begonnen worden sei. Bloch charakterisierte die Hauptaufgabe des CERN so:

»Internationale Kollaborationen sind sicherlich ein erstrebenswertes Ziel, denn sie führen zu einer friedvolleren Welt. Tatsächlich ist dieses Ziel aber bekanntermaßen in allen menschlichen Unternehmungen schwer zu erreichen. Wenn es ein Gebiet gibt, in dem es relativ einfach ist, dann ist es sicherlich das der reinen Grundlagenforschung. Der letztendliche Erfolg des CERN hängt zu einem Großteil davon ab, einen ersten großen Schritt in diese Richtung zu gehen.«

CERN wuchs sehr schnell: Am 1. Oktober 1954 hatte die Organisation 114 Angestellte, einen Monat später waren es schon 180. Der Wissenschaftler Felix Bloch hatte nicht, wie er selbst zugab, mit dem erheblichen administrativen Aufwand gerechnet, den das schnell wachsende CERN verlangte. Nachdem Edoardo Amaldi, stellvertretender Generaldirektor und mit allen Angelegenheiten des CERN vertraut, um die Entbindung von seinen Aufgaben gebeten hatte, ging auch Bloch diesen Schritt und bat um seine Rückkehr in die USA nach spätestens einem Jahr Aufenthalt in Genf – diese Option hatte Bloch in einem Schreiben mit Niels Bohr offenbar vereinbart. Am 10. Juni 1955 wurde der Grundstein des CERN dennoch von Felix Bloch gelegt, dessen Nachfolger allerdings schon feststand: Professor Cornelis Jan Bakker.

Die Ära Cornelis Bakker (1955–1960)

»CERN stellt das Vernünftigste dar, was Europa produziert hat.«

Friedrich Dürrenmatt, in einer Diskussion über »Die Physiker«

Cornelis Jan Bakker (1904–1960) war einer der acht Experten, die seit 1951 an den Vorbereitungen zum CERN führend beteiligt waren, seit 1952 war Bakker Direktor der CERN Synchro-Cyclotron-Gruppe. Während seines Direktorats, das er im Spätsommer 1955 von Felix Bloch übernahm, machte das CERN schnell weitere Fortschritte. Auf der riesigen CERN-Baustelle wuchs innerhalb weniger Jahre eine komplexe Landschaft aus Maschinengebäuden und Hallen, Labors und Versorgungseinrichtungen, das Hauptgebäude und die Cafeteria.

»CERN wird nie fertig, CERN wird immer.«

CERN-Grundsteinlegung am 10.6.1955 durch
Felix Bloch, erster Generaldirektor des CERN
(© 1955 CERN, CERN-HI-5506002).

In den Jahren 1956/7 gab es harte Winter und lange Regenperioden, was neben den technischen Herausforderungen zu einer immensen Erhöhung der Baukosten führte. Lag das Bau-Budget 1956 noch bei 40 Millionen Schweizer Franken, so waren es 1957 – dem Jahr der maximalen Baukosten – schon 64 Millionen. Das Gesamtbudget 1952–1960 wurde Ende 1956 auf 220 Millionen Schweizer Franken festgelegt, 1954 lagen die kalkulierten Kosten für diesen Zeitraum noch bei 120 Millionen. Die finanziellen Schwierigkeiten zwangen zu radikalen Überlegungen: Sollten Teile des Hauptgebäudes, der Verwaltung, das Auditorium und die Cafeteria besser gar nicht erst gebaut werden? Wären diese Gedanken umgesetzt worden, würde das heute wichtigste Instrument des CERN, die Cafeteria, in seiner heutigen Funktion als Drehscheibe sowie Informations- und Austauschzentrum des CERN nicht existieren. Ein Drama!

Das CERN funktionierte nicht sofort. 1. Die beiden Beschleunigeranlagen hatten eine lange Bauzeit; insgesamt und im Detail war der Bau der einzelnen Abschnitte und Komponenten hochkomplexes technologisches Neuland, dessen Parameter immer wieder neu definiert und angepasst werden mussten. 2. Es mussten personelle Entscheidungen getroffen werden. Wer sollte zum CERN kommen? Wie waren die Zuständigkeiten der einzelnen Komitees, Abteilungen und Ressorts aufzuteilen? Wie war die Bezahlung? Aber es gab noch mehr Probleme: Hatte die Abteilung Finanzen hauptsächlich mit dem rasch steigenden Finanzbedarf des CERN und dessen Befriedigung zu tun, so beschäftigte sich das Scientific Policy Committee unter Vorsitz von Werner Heisenberg in den Jahren 1954–1957 auf fast jeder ihrer Sitzungen hauptsächlich mit einem Thema: Kopenhagen als Hauptsitz der Theoriedivision funktionierte nicht.

Das Problem war: Die Leiter der CERN Theory Division, Niels Bohr und sein Assistent Stefan Rozental (1903–1994), wollten nicht nach Genf kommen und permanent am CERN arbeiten. Schon unter dem Direktorat von Felix Bloch (1955) hatte der CERN-Rat klar ausgedrückt, dass man den leitenden Vorstand dieser Abteilung auch vor Ort in Genf brauchte: »Es ist nötig, einen leitenden Mann in Genf zu haben, der die Theoriegruppe in Genf führt. Dieser Mann könnte in Zukunft Direktor der gesamten Theorieabteilung werden.« In Kopenhagen wurden zwar viele junge Stipendiaten unterrichtet (über deren Bezahlung man sich stritt), eine praktische Zusammenarbeit zwischen Genf und Kopenhagen zur Bildung »eines funktionierenden Kerns einer theoretischen Gruppe innerhalb des CERN-Labors« war aber nicht zustande gekommen. Darüber hinaus war der finanzielle Aufwand für die Aktivitäten der Theoriegruppe in Kopenhagen einer der größten Posten des Personalbudgets, die Sache musste also auch von dieser Seite her geklärt werden. Während der 6. Sitzung am 15. Mai 1957 beschloss das Wissenschaftskomitee, Bruno Ferretti, Professor an der Universität Rom, zum Leiter der Theoriegruppe (TH Division Leader) am CERN zu ernennen. Ferretti hatte sich von Anfang an für die europäische Initiative engagiert und den ersten konkreten Vorschlag zum Bau eines großen Beschleunigers im Dezember 1950 gemacht. Mit der Gründung der Theory Division in Genf waren die gemeinsamen Geschäftsverbindungen zwischen CERN und dem Niels-Bohr-Institut in Kopenhagen Geschichte.

1957 wurde das Synchro-Cyclotron (SC) fast auf den Monat genau wie geplant in Betrieb genommen. Das SC beschleunigte Protonen auf einer spiraligen Bahn auf bis zu 600 MeV. Das CERN-Cyclotron lag damit weltweit an dritter Stelle hinter bauähnlichen Maschinen in Berkeley (USA) und Dubno (UdSSR). Mit dem SC gelangen bald die ersten Entdeckungen: Im Juli 1958 konnten Wissenschaftler den direkten Zerfall eines Pions (= Pi-Meson) in ein Elektron und ein Neutrino beobachten. Seitdem ist die Neutrinoforschung ein wichtiges Gebiet im gesamten CERN-Forschungskosmos (heute: Gran Sasso). Das SC wurde nach einem Komplettumbau in den Jahren 1973/74 erst nach über 33 Jahren Betrieb 1990 endgültig abgeschaltet.

Die Proton-Synchrotron-Gruppe wurde seit 1954 von John Adams geleitet. Adams sachliche und präzise Art führte das Projekt über alle Schwierigkeiten hinweg zum Erfolg. Er wollte das Rennen mit den Amerikanern unbedingt gewinnen: Brookhaven hatte Ende des Jahres 1952, kurz nach der Entscheidung am CERN eine fokusierte (alternating gradient) Maschine zu bauen, mitgeteilt, eine ähnlich konstruierte Anlage mit einer ähnlichen Leistung zu bauen, das Alternating Gradient Synchrotron (AGS).

Der große CERN-Ringbeschleuniger, das Proton-Synchrotron (PS) hat einen Umfang von 628 Metern und ist aus 100 einzelnen Magneten zusammengesetzt, deren Gesamtgewicht 3800 Tonnen beträgt – im Gegensatz zu den veranschlagten 800 Tonnen. Am 27. Juli 1959 fand der »first run« des PS statt. Am 24. November 1959 erreichte das PS 24 GeV; im Dezember waren es 28 GeV, die damals weltweit höchste Protonenenergie. Das PS arbeitet heute noch als Vorbeschleuniger für andere, größere Maschinen wie den LHC.

Am 25. November 1959 präsentierte John Adams im gerade fertiggestellten Main Auditorium, dem Hauptversammlungssaal des CERN, seinen Erfolg – und eine Flasche Wodka. Adams hatte sie einige Monate zuvor bei einem Besuch in der Beschleunigeranlage in Dubna (Sowjetunion) von seinen dortigen Kollegen geschenkt bekommen. Er hatte strikte Anweisungen die Flasche nicht zu öffnen, bis der Dubna-Energie-Rekord von 10 GeV für den weltweit leistungsfähigsten Beschleuniger übertroffen würde. Jetzt war die Flasche leer – über Nacht von John Adams und seinen Kollegen geleert. Sie wurde am nächsten Tag mit einem Nachweis des gelungenen Pro-

John Adams nach dem Protonen-Energie-Rekord am 25. November 1959, mit
der leeren Wodkaflasche seiner russischen Kollegen in Dubna (© 1959 CERN,
CERN-HI-5901881).

belaufs der CERN-Maschine und sehr freundlichen Grüßen in die
UdSSR zurückgeschickt. Am 5.2.1960 wird Adams Leistung in einer
großen Pressekonferenz gefeiert. Neben 110 Presseleuten sind Niels
Bohr, John Cockcroft, F. Perrin, J.R. Oppenheimer, Generaldirektor
C.J. Bakker und Edoardo Amaldi anwesend.

Das experimentelle Programm am PS sollte im Frühjahr 1960 gestartet werden. Hatte man während der Konstruktion der Anlage jede
nur erdenkliche und unerdenkliche Schwierigkeit gemeistert, führte
die Erschöpfung der finanziellen Ressourcen während des Baus nun
zu einer bitteren Erkenntnis: Zusatz-Equipment und adäquate Detektoren fehlten und es fehlte auch das Geld, um zusätzliche Wissenschaftler mit den geplanten Experimenten beschäftigen zu können.
Damit war der Vorsprung, den CERN mit dem PS vor dem bauartglei-
chen AGS in Brookhaven hatte, innerhalb kürzester Zeit egalisiert.
Die Anfangsschwierigkeiten des PS-Programms wurden darüber hinaus von einem tragischen Unfalltod überschattet: Cornelis Bakker,
seit 1955 Generaldirektor des CERN, verunglückte bei einem Flug-
zeugabsturz im April 1960 tödlich. John Adams wurde nach diesem
tragischen Ereignis zum Generaldirektor für die folgenden 15 Monate
ernannt.

Der erste Protonen-Linearbeschleuniger am CERN (*Lin*ear Particle *Ac*celerator) Linac 1 wurde 1959 in den experimentellen Betrieb
übernommen. Das Prinzip der linearen Beschleunigung geladener

Teilchen durch wechselnde elektrische Felder (Wechselstrom) wurde 1928 von Rolf Wideroe, der 1950–52 als Berater zur Vorbereitung des CERN gewirkt hatte, erfunden. Linacs dienen der Beschleunigung von geladenen Teilchen (Ionen), bevor diese dann in größeren Anlagen, zum Beispiel dem PS des CERN, weiter beschleunigt werden. Diese Aufgabe innerhalb des CERN übernahm ab 1978 Linac 2. Linac 1 blieb noch bis 1992 für weitere Experimente (Beschleunigung von Sauerstoff- und Schwefelionen, Test der Quadrupol-Magneten) im Einsatz.

ISOLDE, der Isotope On-Line Detector (Online-Isotopentrenner) wurde 1967 in Betrieb genommen. Diese Anlage war an das inzwischen auf 600 MeV Teilchenenergie »getunte« Synchro-Cyclotron angeschlossen und lieferte dank Einsatz verbesserter Technologien neue Ansätze zur Arbeit mit sehr kurzlebigen Atomkernen. ISOLDE war zu seiner Zeit einzigartig: Durch eine Kombination chemischer und elektromagnetischer Methoden konnten die verschiedenen Isotope online getrennt werden und in einen Strahl umgewandelt werden, der nur aus *einer einzigen* Isotopenart bestand. Diese Methode erlaubte es, vorher unmögliche Versuche durchzuführen. ISOLDE eröffnete am CERN und weltweit ein neues Arbeitsfeld im Bereich radioaktiver Ionenforschung.

Blasenkammern, BEBC und Gargamelle

Blasenkammern waren in den 1950er und 1960er Jahren das wichtigste Instrument der Teilchenphysik. Auch am CERN arbeiteten im Laufe der Jahre Hunderte von Physikern mit Blasenkammern. Es sind Allzweck-Geräte, die für eine Vielzahl von Experimenten verwendet werden können. Eine Blasenkammer besteht hauptsächlich aus einem Tank, der mit einer transparenten Flüssigkeit, z. B. Wasserstoff gefüllt ist. Diese Flüssigkeit wird durch eine plötzliche Druckabsenkung im Behälter zum Sieden gebracht. Wenn ein geladenes Teilchen durch die verdampfte Flüssigkeit fliegt, bilden sich Gasbläschen genau auf dessen Flugbahn.[3] Am CERN begann das Blasenkammer-Programm in den späten 1950er Jahren unter

3) Der Legende nach soll der amerikanische Physiker und Molekularbiologe Donald A. Glaser (Nobelpreis für Physik 1960) die Idee zum Prinzip der Blasenkammer beim Betrachten eines vollen Bierglases gehabt haben.

Charles Peyrou. Nach der zweijährigen Nutzung einer 10-Zentimeter-Kammer wurde 1959 die HBC (Hydrogen Bubble Chamber), eine Kammer mit 30 Zentimetern Durchmesser, gefüllt mit flüssigem Wasserstoff, in Betrieb genommen.

Die Experimente mit der ersten großen Blasenkammer HBC 200, die eine Kammer von 2 Metern Länge hatte, begannen 1964. In mehr als 12 Jahren Betriebsdauer wurden damit über 40 Millionen Aufnahmen produziert. Die Erfolge in diesem Bereich führten zum Bau weiterer, noch größerer Blasenkammern wie Gargamelle und BEBC.

Der Bau der BEBC (Big European Bubble Chamber) wurde 1967 durch ein besonderes, die Finanzierung betreffendes Abkommen zwischen dem CERN, Deutschland und Frankreich beschlossen. Das Budget lag letztendlich bei 92 Millionen Schweizer Franken. Die BEBC sollte 3,7 Meter Durchmesser haben und mit dem damals größten supraleitfähigen Magneten der Welt ausgerüstet werden. Mitte des Jahres 1970 begann der Bau, 1973 wurden mit dem BEBC die ersten Bilder aufgenommen. Die Kammer der Anlage war mit 35 Kubikmetern tiefgekühlter Flüssigkeit gefüllt (Wasserstoff, Deuterium oder ein Neon-Wasserstoff-Gemisch), der Beam wurde vom PS (Proton-Synchrotron) bereitgestellt. Mit dem BEBC gelang die Entdeckung des D-Mesons und die Weiterentwicklung der Neutrino- und Hadronen-Physik. Bis zu seiner Abschaltung im Jahr 1984 nahm das BEBC über 6 Millionen Fotografien auf. 3000 Kilometer Film waren verbraucht worden und rund 600 Wissenschaftler aus mehr als fünfzig Labors hatten während dieser Zeit am BEBC gearbeitet.

Die zweite große Blasenkammer am CERN war Gargamelle; sie wurde an der Ecole Polytechnique in Paris gebaut. Die Gargamelle-Kammer – der Name stammt von der Riesin Gargamelle, der Mutter Gargantuas in François Rabelais Romanzyklus »Gargantua und Pantagruel« – war zylindrisch, 4,8 Meter lang und 1,85 Meter breit. Das Volumen betrug 12 Kubikmeter. Der konventionelle, d. h. nicht supraleitende Magnet der Anlage erzeugte ein Magnetfeld von 2 T (Tesla), die Befüllung der Kammer bestand aus 13,5 Tonnen Freon (Bromtrifluormethan, $BrCF_3$), auch bekannt als klimaschädliches Füllmittel in alten Kühlschränken und Klimaanlagen. Die Verwendung dieser relativ »dicken« Flüssigkeit sollte der besseren Beobachtbarkeit von Ereignissen (Events) in der Neutrino-, Muon- und Pionforschung dienen. Oberstes wissenschaftliches Ziel beim Einsatz des dichteren Füllmittels in der Gargamelle-Anlage war die Beobachtung von Neutrino-Events nach dem Motto »viel Masse für eine höhere Wahrscheinlichkeit von Neutrino-Wechselwirkungen«.

Im Dezember 1972 konnte mit Gargamelle eine der größten Entdeckungen in der bisherigen CERN-Forschungsgeschichte gemacht werden. Die Ergebnisse wurden nach weiteren Tests im Juli 1973 im CERN Main Auditorium vorgestellt. Die Gargamelle-Gruppe hatte experimentell die sogenannten neutralen Ströme (weak neutral currents) und damit indirekt die elektroschwache Wechselwirkung nachgewiesen, nachdem sie 1967 von Sheldon Glashow, Abdus Salam und Steven Weinberg theoretisch beschrieben und vorhergesagt worden war. Für ihre Theorie, die die Vereinigung elektromagnetischer Phänomene und der elektroschwachen Kernkraft (Radioaktivität) beschreibt, erhielten die drei Physiker 1979 den Nobelpreis für Physik. Sie ist einer der Grundpfeiler des Standardmodells der Teilchenphysik.

Ein Großteil der weiteren Forschung am CERN beschäftigt sich mit diesem Standardmodell und dem Nachweis der nach dem Modell notwendigen, aber teilweise noch nicht nachgewiesenen Elementarteilchen. Auf der Originalaufnahme der Gargamelle-Blasenkammer interagiert (kollidiert) ein Neutrino mit einem Elektron (horizontale Spur). Es hinterlässt eine spiralförmige »Bremsspur«. Während der Gargamelle-Experimente in den Jahren 1970 bis 1978 wurden ca. 83 000 Neutrino-Ereignisse analysiert und 102 *neutral current events* beobachtet. An den Gargamelle-Experimenten arbeiteten 60 Physiker aus sieben nationalen Laboratorien. Es war die bis dahin umfangreichste europäische Zusammenarbeit auf dem Wissenschaftssektor.

Die Bedeutung der Entdeckung neutraler Ströme für die Teilchenphysik war enorm. Die Theorie der Vereinigung der elektromagnetischen und der schwachen Kernkraft zur elektroschwachen Kraft machte das Vorhandensein eines bisher unbeobachteten Mittlerteilchens nötig, das so benannte Z-Boson. Die am CERN eingeschlagene experimentelle Forschungsrichtung hatte ab jetzt zum Ziel, alle in der Theorie des elektroschwachen Standardmodells vorhergesagten Mittlerteilchen, das Z-, W- und schließlich das Higgs-Boson nachzuweisen.

Die Arbeit an den CERN-Blasenkammern förderte das Zusammenwachsen einer internationalen Forschungsgemeinschaft enorm. Eine ganze Generation von Physikern machte ihre Doktorarbeiten anhand von Daten, die von den CERN-Blasenkammern stammten. Die einzig-

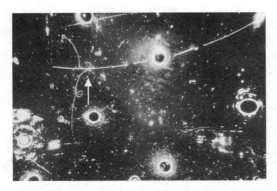

Gargamelle: Nachweis schwacher neutraler Ströme (Z⁰-Boson): Ein einflie-
gendes, schnelles Neutrino katapultiert ein Elektron in eine teilweise spiralförmige Bahn (© 1973 CERN, CERN-EX-60100).

artigen Forschungsmöglichkeiten am CERN führten dazu, dass andere physikalisch-wissenschaftliche Institute ihre Zusammenarbeit mit
dem Labor in Genf sukzessive erweiterten. Die großen internationalen Kollaborationen wie Gargamelle und BEBC wurden in der Fol-
gezeit ein wichtiger Bestandteil für den internationalen Erfolg des
CERN.

Gargamelle war trotz der hervorragenden Ergebnisse und Erfolge
eine der letzten großen mechanischen Blasenkammern. Die weitere
Erforschung der Mechanismen und Kräfte, der Wechselwirkungen
innerhalb des Atoms, war durch die Nachteile dieser Bauart von Teilchendetektoren nicht möglich: Sie sind ungeeignet für sehr hohe
Energiezustände von Teilchen. Die maximal mögliche Anzahl der
Fotografien pro Zeiteinheit war zu gering und die Blasenkammern
waren viel zu klein, um Teilchen, die bei hohen Energien entstehen, in ihrer gesamten Flugbahn verfolgen zu können, denn diese
Teilchen fliegen weiter. Blasenkammern werden heute nur noch zu
Demonstrationszwecken eingesetzt. Als Detektoren sind sie völlig
bedeutungslos geworden. Heutige Teilchendetektoren machen allerdings im Prinzip nichts anderes als Blasenkammern. Sie zeichnen
die Ereignisse aber nicht mehr fotografisch auf, sondern elektronisch
mit einem viel schneller und viel feiner reagierendem elektromagnetischen Messfeld.

Georges Charpak: die MultiWire-Proportionalkammer

Die Verbesserung der Transistoren-Technik – immer kleiner, immer besser – löste in den 1960er Jahren die elektronische Revolution aus. Konnte eine mechanische Kamera, die an eine Blasenkammer angeschlossen war, etwa eine Aufnahme pro Sekunde machen, würde ein elektronischer Detektor viel mehr Aufnahmen machen und darüber hinaus sehr viel genauer arbeiten können. Georges Charpak (1924–2010), Résistance-Kämpfer und Überlebender des Konzentrationslagers Dachau, arbeitete seit 1959 am CERN in Genf. Seit Anfang der 1960er Jahre hatte er verschiedenste nichtfotografische Messverfahren entwickelt. 1968 baute Georges Charpak schließlich die MultiWire-Proportionalkammer (MultiWire Proportional Chamber, MWPC). Die Entwicklung Charpaks war eine mit Gas gefüllte Box, um die eine große Anzahl paralleler Drähte gewickelt war. Jeder einzelne dieser Drähte war an einen Verstärker angeschlossen. In Verbindung mit einem Computer konnte der Apparat bis zu einer Million Teilchenspuren pro Sekunde aufzeichnen, ein enormer Fortschritt gegenüber den bisher eingesetzten mechanischen Blasenkammern. Charpaks elektronischer Teilchendetektor revolutionierte den Nachweis von Elementarteilchen und ihrer Zerfallsprodukte. Heute verwendet praktisch jedes moderne Experiment in der Teilchenphysik und in vielen anderen wissenschaftlichen Bereichen wie Biologie, Radiologie und Nuklearmedizin Detektoren, die auf dem Prinzip von Charpaks MultiWire-Proportionalkammer basieren. Georges Charpak erhielt 1992 für seine Erfindungen im Bereich der elektronischen Teilchendetektoren den Nobelpreis für Physik.

Das ISR und Planungen neuer Protonenbeschleuniger

Seit Fertigstellung und Inbetriebnahme des Proton-Synchrotrons 1959/60 hatte die PS-Gruppe unter der Leitung von John Adams über die nächste Generation von Beschleunigern nachgedacht. Adams ging im folgenden Jahr zurück nach England, um die Möglichkeiten eines Fusionsreaktors (Projekt ZETA) zu erforschen, doch sein Nachfolger als Director-General, Victor F. Weisskopf (1908–2002), trieb wie Adams den Bau neuer, größerer Beschleunigeranlagen weiter voran. 1965 schließlich votierte das CERN Council für zwei neue Projekte:

Georges Charpaks MultiWire-Proportionalkammer
(© 1973 CERN, CERN-EX-7304218).

1. Intersecting Storage Ring (ISR), der erste Proton–Proton-(Hadron-)Beschleuniger der Welt, der vom PS mit schnellen Teilchen versorgt werden sollte.
2. Ein neuer Protonenbeschleuniger (Super Proton Synchrotron, SPS) mit einer Energieleistung von bis zu 300 GeV (300-GeV-Projekt).

Der ISR hatte 1964 ein Budget von 312 Millionen Schweizer Franken; die große 300-GeV-Maschine blieb deshalb bis 1971 in der Diskussion, ohne dass über den Bau definitiv entschieden werden konnte: Die hohen Kosten waren das Problem. Denn während die Ausgaben des CERN kontinuierlich stiegen, hatten die einzelnen CERN-Mitgliedsstaaten seit den 1950er Jahren ihre Ausgaben für Wissenschaft und Forschung stark reduziert: von bis zu 15 Prozent auf einige wenige Prozentpunkte der Staatshaushalte.

Für den Bau des ISR vereinbarte das CERN Council mit Frankreich, das bisherige Laborgelände über die französische Grenze hinaus zu erweitern. Auf 40 Hektar Land sollte der geplante Protonen-

Speicherring entstehen, der nach einem völlig neuen Prinzip konstruiert war. Bisher hatte man die beschleunigten Teilchen mit einem festen, unbewegten Ziel kollidieren lassen. Im Gegensatz dazu sollten mit dem ISR zwei *gegenläufige* Teilchenstrahlen zur Kollision gebracht werden, die Kollisionsenergie würde damit verdoppelt werden können. Im November 1966 begannen schließlich die Bauarbeiten am neuen CERN Hightech-Arbeitspferd: Der ISR hatte einen Umfang von 943 Metern, genau 1,5 Mal so viel wie das PS. In der »beam-pipe«, dem Strahlrohr, konnte ein für damalige Verhältnisse ultrahohes Vakuum von ca. 10 Torr (1 atm = 760 Torr) erzeugt werden. Der ISR war ein technologischer Meilenstein in der Geschichte der Teilchenbeschleuniger.

Am 27. Januar 1971 wurden mit dem ISR die ersten Proton–Proton-Kollisionen registriert. Auch die stabile Leitung und Fokussierung der sich gegenläufig bewegenden beiden Strahlen gelang schon in den ersten Tests. Die Protonen wurden aus dem PS kommend in zwei identische Beschleunigerringe mit jeweils 300 Meter Durchmesser eingebracht. An 8 festgelegten Punkten, an denen sich die beiden Ringe überschnitten, wurden Kollisionen herbeigeführt und die entstehenden Wechselwirkungen gemessen. In den folgenden Jahren stellte sich das ISR als äußerst zuverlässige und präzise arbeitende Maschine heraus: Mit dem ISR konnten stabile Testreihen von 60 Stunden (später bis über 300 Stunden) durchgeführt werden. Ab November 1980 wurden am ISR das erste Mal weltweit supraleitfähige Magnete eingesetzt, die die Luminosität (Ereignisdichte) weiter steigerten. Die Anlage war bis 1984 in Betrieb. Viele technologische Herausforderungen wurden mit den experimentellen Arbeiten am ISR gelöst, zum Beispiel im Bereich der Vakuumtechnologie und der stochastischen Kühlung.

Vom PS zum SPS – John Adams kehrt zurück

John Adams war 1961–1966 Direktor des Culham Labors und in den folgenden Jahren bis 1971 leitend in der britischen Atomenergiebehörde (United Kingdom Atomic Energy Authority) tätig gewesen. Ende des Jahres 1969 kehrte Adams nach Genf zurück. Er wurde Leiter des Nachfolgeprojekts für das Proton-Synchrotron, das zehnmal größere 300-GeV-Projekt (The 300 GeV Machine Committee). Die kalkulierten Kosten der neuen Über-Maschine waren mit mehr als einer Milliarde Schweizer Franken auch fast zehnmal so hoch wie bei dessen Vorgänger, dem Proton-Synchrotron, das 1959 mit einem Budget von damals 120 Millionen Franken noch vergleichsweise »günstig« gewesen war.

Der Bau des neuen, großen Beschleunigers hatte sich bereits um einige Jahre verzögert, besonders wegen der bis dahin nicht finanzierbaren Kosten. Es wurden nicht nur verschiedene technologische Konzepte, sondern auch mehrere europäische Standorte diskutiert. Das geplante Projekt verlangte den Bau einer völlig neuen Maschine, die für die angestrebte Energieleistung erheblich größer werden musste als alle bisherigen. Eine solche Maschine konnte überall gebaut werden, nicht nur am CERN in Genf. Im Dezember 1970 schlug John Adams schließlich vor, das neue Labor auf französischer Seite an das bisherige CERN-Gelände anzubauen, die vorhandenen Beschleuniger Linac und PS weiter als Vorbeschleuniger zu nutzen und dadurch sogar ein noch höheres Energieniveau (400 GeV) als geplant bei gleichzeitig niedrigeren Kosten zu erzielen. Diese Vorgehensweise, vorhandene Beschleuniger zu nutzen und durch Anbau neuer, größerer Beschleuniger höhere Teilchenenergien zu erreichen, ließen John Adams zum »Vater der großen CERN-Beschleuniger« werden – technisch, technologisch, theoretisch und praktisch der Konkurrenz immer einen Schritt voraus.

1971 wurde das Super-Proton-Synchrotron (SPS) von den CERN-Teilnehmerstaaten genehmigt. Die von John Adams und seinem Team entworfene Anlage war logistisch und technologisch völliges Neuland: Das SPS sollte in einem 40 Meter unter der Erdoberfläche verlaufenden Tunnel mit fast 7 Kilometern (6912 Metern) Umfang untergebracht werden! Für den Bau der unterirdischen Tunnelanlage musste sogar die CERN-Konvention geändert werden, die legal nur für ein einziges Labor gelten konnte. Die riesigen Ausmaße des Beschleunigerrings machten die Schaffung eines neuen, eigenständigen Standorts in Prévessin (Pays de Gex) nötig. (Die zwei Laboratorien, die jeweils eigene Verwaltungsstrukturen und Generaldirektoren hatten, wurden 1976 wieder zusammengeführt.)

Zwei Jahre später, am 31. Juli 1974, hatte eine riesige Tunnelbohrmaschine den Tunnel gegraben, der zweimal die schweizerisch-französische Grenze unterquerte. In den folgenden zwei Jahren wurden beinahe eintausend Magnete zum SPS-Ring zusammengesetzt und schon am 17. Juni 1976 konnte John Adams vor Mitgliedern des CERN-Rates die ersten Beams mit einer Energie von 400 GeV melden. Ende 1978 wurde sogar eine Leistung von 450 GeV erreicht. John Adams wurde für den Zeitraum 1976 bis 1980 zum zweiten Mal Generaldirektor des CERN. Während dieser Zeit war er vor allem damit beschäftigt, die nächste, größere Maschine zu entwerfen und die Finanzierung dafür zu sichern.

In den Jahren 1979 bis 1981 wurde das SPS in einen Protonen–Antiprotonen-Beschleuniger umgebaut, der nach dem schon im ISR erfolgreich angewendeten »Collider«-Prinzip mit gegenläufigen Teilchenpaketen betrieben werden sollte. Dieses Prinzip als Grundaufbau der Beschleuniger und die Verwendung von Materie (Protonen) und Antimaterie (Antiprotonen) als Teilchenmaterial ermöglichte Experimente, die noch weiter in die innere Struktur der Protonen vordringen konnten. In das neue SPS, genannt SppS, wurden zwei Detektoren-Komplexe (UA[4]-1 und UA-2) integriert, mit denen im Juli 1981 die ersten Proton-Antiproton-Kollisionen beobachtet werden konnten.

Im Laufe des Jahres 1983 wurden mit diesen beiden Detektor-Experimenten die bis jetzt nicht entdeckten W-Bosonen (Januar) und Z-Bosonen (Mai) durch das Team um Projektleiter Carlo Rubbia nachgewiesen. Durch den experimentellen Nachweis dieser Übermittler-Teilchen der schwachen Kernkraft wurde die Theorie der elektroschwachen Wechselwirkung und damit der Grundaufbau des Standardmodells der Teilchenphysik weiter stark untermauert. Für ihre Entdeckung erhielten die beiden CERN-Wissenschaftler Carlo Rubbia und Simon van der Meer (stochastische Kühlung) 1984 den Nobelpreis für Physik (siehe Kapitel 13).

Vom Large Electron-Positron Collider (LEP) zum LHC

Die vermehrte Produktion und bessere Vermessung der neu entdeckten Mittlerteilchen, der W- und Z-Bosonen, sollten durch einen neuen Beschleuniger ermöglicht werden. Er sollte anstelle von Protonen und Antiprotonen nun Elektronen und Positronen mit sehr hohen Energien zur Kollision bringen, um dabei die gesuchten Transferbosonen kurzzeitig entstehen zu lassen. Der Vorteil dieser

---

4) Underground Area

Carlo Rubbia (links) und Simon van der Meer feiern die Verleihung des Nobelpreises 1984 mit einem Toast am CERN (© 1984 CERN, CERN-HI-8410523).

Methode ist, dass Elektronen – wie auch Positronen – punktförmig sind und deshalb bei hohen Energien symmetrische Kollisionen und eindeutige Ereignisse liefern. Im Gegensatz dazu erzeugen Protonen (und Antiprotonen), die aus mehreren Teilchen zusammengesetzt sind »schmutzige« Kollisionen. In einem Programmpapier vom Juni 1979 (Science Policy Committee 435) wird die Auslegung für das nächste, größere Beschleuniger-Projekt des CERN jedem verständlich so begründet:

> »In den vergangenen 10 Jahren haben wir gelernt, dass Protonen zusammengesetzte Teilchen sind, die aus drei subnuklearen Objekten zusammengesetzt sind, den Quarks. Elektronen aber sind die einzigen bekannten *Elementarteilchen*, die auf hohe Energien beschleunigt werden können. Wenn man im Bereich sehr kurzer Entfernungen und mit sehr hohen Energien forschen will, sollte man keine Ziegelsteine, Atome, Atomkerne oder Protonen nehmen, sondern Elektronen« [Hervorhebung im Original]

Die vom CERN eingeschlagene Forschungsrichtung orientierte sich selbstverständlich eng an den Konkurrenzprojekten in den USA (Fermilab, Brookhaven) und in der UdSSR (Dubna), aber man wollte am CERN, der inzwischen weltweit größten Physik-Forschungseinrichtung, weiter vor allem die Eigenschaften der Vektorbosonen W und Z erforschen. Schon damals stand ein weiteres, noch völlig unbekanntes und sicherlich noch schwerer zu erfassendes Teilchen auf der Wunschliste der CERN-Physiker, das *Higgs-Boson*. Die mögliche Existenz dieses Teilchen hatte 1964 der schottische Physiker Peter Higgs (und zeitgleich 5 weitere Teilchenphysiker) als Mittlerteilchen für die Masse aller bekannten Teilchen postuliert. Über das Higgs-Boson und andere grundsätzliche Fragen hatte man schon 1979 (CERN/SPC/446) sehr zielgerichtete Ansichten am CERN:

»Wenn das Higgs-Teilchen (oder ein anderer Mechanismus zur Generierung der Masse) unentdeckt bleiben sollte, dann werden wir höhere Energien einsetzen müssen. [...]«
»Große Fortschritte der Wissenschaft haben immer zu weiterführenden wissenschaftlichen Fragen geführt. Wir können mit Überzeugung feststellen, dass es innerhalb der gesamten Geschichte der Teilchenphysik niemals zuvor möglich gewesen ist, die zu lösenden wissenschaftlichen Fragen so genau zu benennen wie heute – und welche Beschleuniger gebaut werden müssen, um die entscheidenden Experimente durchzuführen. [...]«
»Falls Europa den Bau einer großen Elektronen-Maschine zu Beginn der nächsten Dekade beginnen könnte, dann wären wir am Ende der Dekade in einer sehr starken Position. Zwar ist der Wettbewerb nicht unsere erste Motivation, aber es muss auch erlaubt sein, seine Rolle auszuspielen. Wir sehen hierin für Europa eine exzellente Möglichkeit, erster in diesem Feld menschlicher Aktivitäten zu sein.«

CERN war inzwischen ein Global Player geworden mit einem jährlichen Budget von 600 Millionen Schweizer Franken; LEP würde einen Großteil davon verschlingen. Die Ausarbeitung der Pläne für das zukünftige CERN-Flaggschiff begannen 1975. Sie wurden mehrmals umgearbeitet, immer den Ausgleich zwischen den Forderungen der Wissenschaftler-Community und den realisierbaren Möglichkeiten suchend. Die größte Herausforderung war dabei der Bau des unterirdischen, durch harten Fels getriebenen Tunnels, der die Beschleunigeranlage schützen und sicher beherbergen sollte.

Um die Teilchen auf die zur Erzeugung der zu untersuchenden W- und Z-Bosonen benötigten Energien zu beschleunigen, musste dieser Tunnel sehr lang sein: Je mehr die Flugbahn hochenergetischer Elektronen gekrümmt wird, umso mehr Strahlung emittieren sie – sie verlieren Energie durch die sogenannte »Synchrotronstrahlung«. Umgekehrt gilt: je größer der Radius des Beschleunigers, desto geringer der Energieverlust. Nach den Berechnungen musste die Dimension des Tunnels alles Bisherige übertreffen. War ursprünglich ein Umfang von 52 Kilometern (!) geplant, einigte man sich schließlich auf 27 Kilometer Länge und das in einer durchschnittlichen Tiefe von 100 Metern unter der Erdoberfläche und einer Passgenauigkeit des Bohrvorgangs von weniger als einem Zentimeter auf der gesamten Länge.

Der Aushub des LEP-Tunnels zwischen Juragebirge und Genfer See begann mit dem offiziellen Spatenstich der Vertreter Frankreichs, François Mitterrand und Pierre Aubert (Schweiz) am 13. September 1983. Ein Wassereinbruch warf das Projekt für mehrere Monate zurück, doch konnte der Ringtunnel am 8. Februar 1988 fertiggestellt werden. Weniger als die Hälfte der 1,4 Millionen Kubikmeter Aushubmaterial entfielen dabei auf den Tunnel. Die Kavernen für die Experimente, zahlreiche Galerien, Transfertunnel für die angeschlossenen Vorbeschleuniger und riesige Materialschächte, die für die Zulieferung zu den geplanten unterirdischen Experimenten nötig waren, machten den Großteil des unterirdischen Raumbedarfs dieser technologischen Meisterleistung aus. CERN begründete diesen Riesenbau mit der unbedingten wissenschaftlichen Pflicht zum experimentellen Beweis und den damit verbundenen gigantischen Experimenten getreu dem Grundsatz:

»Theorie mag das Gerüst der Physik sein, doch Experimente sind ihre Mauern.«

LEP war ein weiterer Meilenstein in der Geschichte der Experimentalphysik am CERN. Zwischen 1989 und 1993 wurden mit den 4 LEP-Detektoren (ALEPH, DELPHI, L3 und OPAL) die Zerfallsprozesse von mehr als 10 Millionen Z-Bosonen analysiert. Ab 1995 wurde LEP für eine zweite Phase mit supraleitenden Magneten aufgerüstet, was die erzielte Teilchenenergie verdoppelte und so auch die Produktion von W^+W^--Paaren ermöglichte, den beiden anderen Vektorbosonen der schwachen Wechselwirkung. Nach 11 Jahren erfolgreicher Forschung wurde LEP am 13. November 2000 außer Betrieb genommen. Die gesamte Technik der Anlage wurde aus dem Tunnel und den Kavernen entfernt, um darin Platz für den Bau der neuen »Supermaschine« zu machen. Mit dem Large Hadron Collider, dieser neuen »Weltmaschine«, wollte man am CERN in Energiebereiche vorstoßen, in denen die Entdeckung des bisher trotz vieler Anzeichen nicht eindeutig nachgewiesenen Higgs-Bosons endlich möglich sein würde.

Die Experimente am LEP hatten das Standardmodell der Teilchenphysik mit der außerordentlichen Präzision seiner Messungen auf eine solide experimentelle Basis gestellt und eine Reihe neuer Fragen, teilweise auch ausgelöst durch die Beobachtung anderer kosmischer Phänomene, aufgeworfen:

- Gibt es das Higgs-Boson, das auf elegante Weise erklären würde, durch welchen Vorgang Teilchen ihre Masse erhalten (Higgs-Mechanismus)?
- Warum haben Elementarteilchen so extrem unterschiedliche Massen – selbst wenn sie zu derselben der sogenannten drei Familien gehören?
- Warum existiert im Universum viel mehr Materie als Antimaterie?
- Was ist Dunkle Materie? Woraus besteht sie?
- Was treibt das Universum zu immer schnellerer Expansion an? Dunkle Energie? Was ist das?
- Existieren Extradimensionen und wenn ja, wo?
- Sind die beobachteten Elementarteilchen wirklich elementar, oder gibt es noch kleinere Bestandteile?
- Gibt es supersymmetrische Teilchen, die viel schwereren »Schwestern« der bekannten Teilchen und damit mögliche Kandidaten für Dunkle Materie?

Anhand der in den letzten Monaten des LEP erzielten Ergebnisse vermutete man das Higgs-Teilchen bei einer Masse von zirka 115 GeV. Ähnliche Messwerte hatte auch das Tevatron (USA) erhalten, allerdings mit einem noch größeren Unsicherheitsfaktor und deshalb genauso unzuverlässig wie die bisherigen, mit den Experimenten am LEP erzielten Werte. Wollte man Teilchen mit höherer Masse

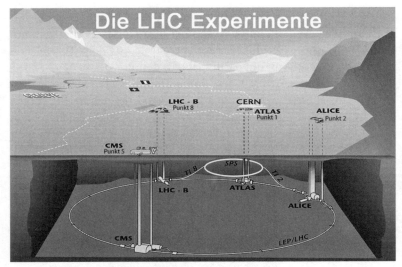

(© 1999 CERN, CERN-AC-9906026)

und mit einem höheren Sicherheitsfaktor detektieren und möglicherweise auch Antworten auf viele der anderen offenen Fragen erhalten, dann musste man eine neue, viel leistungsfähigere Maschine bauen. Die hohen Energieregionen, in denen schwere Teilchen (Higgs-Teilchen, SUSY-Teilchen) entstehen, konnten nicht mehr mit Elektron–Positron-Kollisionen erreicht werden. Protonen (Hadronen) allerdings, positiv geladene Wasserstoff-Atomkerne, verlieren im »Kreisverkehr« von Ringbeschleunigern weniger Energie als Elektronen und lassen sich somit leichter beschleunigen – daher stammt die Bezeichnung Large Hadron Collider (Großer Hadronenbeschleuniger) für die neue Supermaschine des CERN.

Der Large Hadron Collider LHC – die große Weltmaschine

Seit Mitte der 1980er Jahre war am CERN über einen neuen Partikelbeschleuniger nachgedacht und dessen Spezifikationen heftig diskutiert worden. Ursprünglich sollte die neue Maschine Proton–Proton-Kollisionen von 10 TeV kinetischer Energie (Teraelektronenvolt $= 10^{12} = 1$ Billion Elektronenvolt) ermöglichen. Der erste Projektvorschlag wurde aber im Dezember 1993 vom CERN Council abgelehnt. Nach Änderung der Konstruktion (der LHC wurde nun darauf ausgelegt, Protonen mit einer Energie von $2 \times 7 = 14$ TeV kollidieren zu lassen) und nachdem etliche Finanzierungsschwierigkeiten (Deutschland, größter Nettozahler des CERN, hatte seinen Beitrag substantiell reduziert) überwunden werden konnten, wurde der Bau des LHC am 16. Dezember 1994 vom CERN Council als in zwei Phasen durchzuführendes Projekt genehmigt.

Der Large Hadron Collider (Umfang: 26 659 Meter, Radius: 4243 Meter) sollte mit einem veranschlagten Budget von 2,6 Milliarden Schweizer Franken der größte Teilchenbeschleuniger der Welt werden. Das amerikanische Konkurrenzprojekt einer Riesen-Maschine mit 87 Kilometern Umfang, der SSC (Superconducting Super Collider), war ein Jahr zuvor storniert worden, nachdem bereits 2,2 Milliarden Dollar investiert worden waren. Um an den weiteren Hochenergieforschungen am CERN beteiligt zu werden, erhielten die USA 1997 den Observer-Status, nachdem ein signifikanter Beitrag (insgesamt ca. 530 Millionen Dollar) zur Finanzierung des LHC vereinbart worden war. Im Laufe des LHC-Baus wurden auch andere Staaten mithilfe finanzieller Beteiligungen CERN-Observer: Japan, Indien, Russland und Kanada. Diese Beteiligungen und weitere Anleihen am Finanzmarkt führten dazu, dass das LHC-Projekt in einer einzigen Bauphase zügig durchgeführt werden konnte. Insgesamt beteiligten sich über 100 Staaten am Bau dieser gigantischen Maschine. Die Bauzeit sollte über 10 Jahre sein, die endgültigen Baukosten wurden offiziell mit 6,5 Milliarden Schweizer Franken angegeben.

Der Plan zum Bau des LHC umfasste drei Arbeitsfelder:

1. Aushub und Ausbau der für die großen Experimente ATLAS, CMS, ALICE und LHCb benötigten Kavernen. Man nutzte teilweise die bereits vorhandenen LEP-Kavernen und baute sie aus. CERN beteiligte sich an den einzelnen Experimenten – anders als beim LHC, der von CERN komplett finanziert werden musste, mit jeweils 14–20 %, der Rest musste von den einzelnen Kollaborationen aufgebracht werden.
2. Konstruktion, Bau und Einrichtung der für die Experimente benötigten Kontrollzentren und Serviceräume.
3. Entwurf, Bau und Installation des eigentlichen Ringbeschleunigers, im Endausbau mit 1232 supraleitenden Dipol-Magneten, plus weitere ca. 8500 verschiedenartige Magnete zur Fokussierung und Lenkung des Teilchenstrahls.

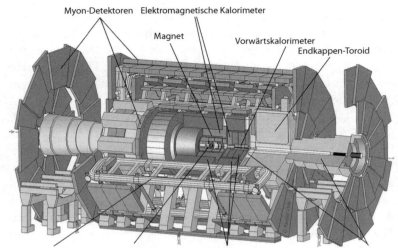

Myon-Detektoren   Elektromagnetische Kalorimeter

Magnet   Vorwärtskalorimeter
Endkappen-Toroid

Hohlzylinder-Ringspule Innerer Detektor   Hadronische Kalorimeter   Abschirmung

ATLAS – A Toroidal LHC ApparatuS: größter jemals gebauter Teilchendetektor. Mehrzweckanlage zum Nachweis des Higgs-Felds, supersymmetrischer Teilchen und Verletzung der CP-Symmetrie (siehe Kapitel 14, Kapitel 15 und Kapitel 16; Interviews mit White und Butterworth) (© 1998 CERN, CERN-DI-9803026).

2001 wurde mit dem Bau der unterirdischen Kavernen und der Zuleitungsschächte für das ATLAS-Experiment begonnen. 2003 konnte der Rohausbau der ATLAS-Höhle gefeiert werden, danach wurden die Komponenten für den Detektor installiert. Dazu mussten dessen Einzelteile durch den senkrecht ins Erdreich getriebenen, 70 Meter langen und 16 Meter weiten Zuleitungsschacht nach unten herabgelassen und dort zusammengebaut werden. Die fertige ATLAS-Kaverne hat die Ausmaße von 35 × 40 × 55 Meter und der Detektor ein Gesamtgewicht von 7000 Tonnen – ungefähr so viel wie der Eiffelturm in Paris.

Die Bauingenieure des CMS-Experiments stießen auf ungeahnte Schwierigkeiten. Die Arbeiten an der Kaverne mussten für zwei Jahre unterbrochen werden, weil man auf die Überreste einer gallorömischen Villenanlage gestoßen war und den Archäologen Vorrang lassen musste. Außerdem lag die CMS-Kaverne direkt über einer unterirdischen Wasserader, die abgedichtet werden musste. Der sehr schwere CMS-Detektor (Maße: 21 × 10 × 13 Meter, Gewicht: 12 500

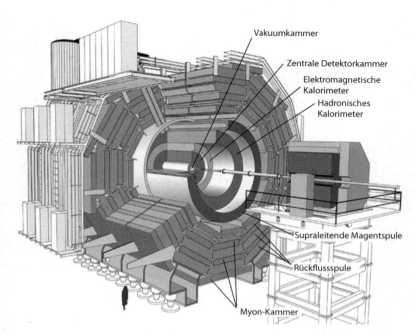

Vakuumkammer
Zentrale Detektorkammer
Elektromagnetische Kalorimeter
Hadronisches Kalorimeter
Supraleitende Magentspule
Rückflussspule
Myon-Kammer

CMS – Compact Muon Solenoid Experiment: Higgs- und SUSY-Suche; Konkurrenz-Experiment zu ATLAS mit methodisch anderem Aufbau (siehe Kapitel 4 und Kapitel 15, Interviews mit Virdee sowie White und De Roeck) (© 1998 CERN, CERN-DI-9803027).

Tonnen) wurde daraufhin entgegen aller Planungen zum großen Teil überirdisch zusammengebaut. Die vorgefertigten Bauteile konnten dann durch den riesigen Zuleitungsschacht per Kran in die Höhle herabgelassen werden. Trotz aller Schwierigkeiten mit Bau und Finanzierung konnten CMS, ATLAS und die anderen Experimente (LHCb, ALICE, TOTEM, LHCf) planungsgemäß nach fast zehnjähriger Bauzeit im Frühjahr 2008 fertiggestellt werden.

Die über 1200 benötigten Dipol-Magneten des LHC, jeder 15 Meter lang mit einem Gewicht von über 30 Tonnen, wurden von Firmen in Frankreich, Deutschland und Italien nach der Auftragsvergabe im Jahr 2002 sukzessive hergestellt. Diese Magnete zum Stückpreis von ca. 700 000 € sind in sich Präzisionsinstrumente: Sie beherbergen zwei Röhren nebeneinander (Durchmesser jeweils 56 mm, Abstand 194 mm), in denen die Protonen gegenläufig verkehren. Der Teilchenstrahl ist im Mittel ungefähr einen Millimeter dick. 10 000 Tonnen

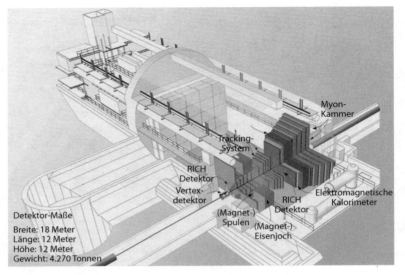

Detektor-Maße
Breite: 18 Meter
Länge: 12 Meter
Höhe: 12 Meter
Gewicht: 4.270 Tonnen

Das LHCb-Experiment untersucht die Frage, warum es im Universum viel mehr Materie als Antimaterie gibt anhand von »Beauty-« (oder Bottom-) Quarks – daher LHCb (Punkt 8, siehe Kapitel 7, Interview mit Shears) (© 1998 CERN, CERN-DI-9803030).

flüssiger Stickstoff und 120 Tonnen flüssiges Helium kühlen die Röhren auf −271,3 °Celsius (1,9 Kelvin) herab. Dann werden die Magnete supraleitfähig und erzeugen bei einem Betriebsstrom von 11 800 Ampere (!) ein Magnetfeld von 8,3 Tesla (T) – ungefähr 200 000-mal so viel wie die Stärke des natürlichen Erdmagnetfelds. Der Druck innerhalb der Strahlröhren, in denen sich der Beam befindet, beträgt 10^{-13} Atmosphären, ungefähr zehnmal weniger als der Druck auf dem Mond.

Im Jahr 2007 wurde der letzte Dipol-Magnet installiert. Der anschließende Test einer über 3 Kilometer langen Teststrecke bewies erfolgreich die exzellente Funktionsfähigkeit des Systems. Insgesamt werden am LHC über 9000 Magnete in mehr als 50 verschiedenen Bauarten eingesetzt: zum Beschleunigen, Fokussieren, Bündeln und Umlenken. Der Beam durchläuft die gesamte Strecke des LHC dabei pro Sekunde 11 245-mal oder mit 99,999 999 1 % der Lichtgeschwindigkeit.

Das ALICE-Experiment (A Large Ion Collider Experiment) arbeitet mit Blei-Ionen, die etwa 200-mal schwerer sind als die sonst im LHC verwendeten Wasserstoffprotonen. Bei diesen Kollisionen entsteht ein ultra-heißes (ca. 10 Billiarden Grad Celsius) Quark-Gluon–Plasma, wie es kurz nach dem Big Bang existiert hat (© 2003 CERN, CERN-EX-0307012).

Teilchenbeschleuniger am CERN

Am CERN sind Teilchenbeschleuniger unterschiedlicher Bauart und Typen im Einsatz. Die für die Experimente mit dem LHC benötigten Protonen entstehen bei der Umwandlung von Wasserstoffgas (H_2) im sogenannten Duoplasmatron. Dann werden die Protonen zuerst von einem Linearbeschleuniger (Linac 2) auf eine Energie von 50 MeV beschleunigt; danach folgen der Proton-Synchrotron-Booster (PSB), das Proton-Synchrotron (PS) und das Super-Proton-Synchrotron (SPS), das die Partikel auf 450 GeV beschleunigt, ehe sie in den LHC eingebracht werden. Der LHC (Large Hadron Collider) beschleunigt die beiden Protonenstrahlen in gegenläufigen Richtungen von 450 GeV auf 4 TeV bzw. im Endausbau auf 7 TeV pro Atomkern. Die Protonen kollidieren an vier Orten, an denen mit insgesamt sechs Experimenten (ATLAS, CMS, ALICE, LHCb, LHCf, TOTEM) Daten gesammelt und analysiert werden. Der LHC kann neben Protonen (Wasserstoffkerne) auch Blei-Ionen bis zu einer Energie von maximal 2,67 TeV beschleunigen. Bei diesen Experimenten werden

Dipol-Magnet: Ausstellungsexemplar vor der CERN-Cafeteria (© Michael Krause).

Linac 3, LEIR, PS und SPS als Vorbeschleuniger eingesetzt. Andere CERN-Experimente sind: Antiprotonen-Decelerator (AD); ISOLDE (Isotope Separator On-Line Detector) und CNGS (CERN Neutrinos for Gran Sasso), bei dem das CERN Neutrinos für die Experimente im italienischen Gran Sasso erzeugt. Im Bau befindlich ist der Linac 4, SPL (Super Proton Linac) und PS2.

Verantwortlicher Hauptingenieur des LHC war Lyn (Lyndon Rees) Evans, ein 1945 geborener Waliser. Evans arbeitet seit 1969 am CERN und nach Arbeiten an SPS und LEP ab 1994 als Projektleiter des LHC (siehe Kapitel 6, Interview mit Lyn Evans).

Der Large Hadron Collider ist das größte wissenschaftliche Instrument, das jemals gebaut wurde. Die hier angewendete Technologie ist atemberaubend und fast unvorstellbar. Im Beam des LHC kreisen 2808 × 2808 Pakete im Abstand von jeweils 7,5 Metern. In jedem dieser Pakete befinden sich 10^{11} (100 Milliarden) Protonen. Pro Sekunde finden etwa 600 Millionen Kollisionen statt, bei denen Temperaturen von bis zu 10^{16} Kelvin (10 Billiarden) entstehen, eine Milliarde Mal höher als im Zentrum der Sonne. Allerdings sind von den 600 Millionen Kollisionen, die pro Sekunde stattfinden, gerade einmal 200 interessant für die weitere Auswertung. Neben diesen interessanten Ereignissen (Events) entsteht jede Menge »background« – Datenschrott von anderen Events, die man nicht braucht und die deswegen in ei-

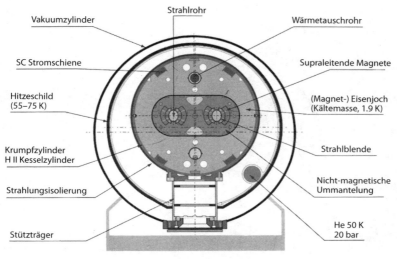

Querschnitt LHC-Dipol-Magnet

LHC-Dipol-Magnet: Querschnittsschema (© 1996 CERN, CERN-AC-960202102).

nem komplexen Computerverfahren herausgefiltert werden müssen. Die Anforderungen an Aufzeichnung, Selektion und Vermessung der Kollisionen sind enorm. Dies führte am CERN zu der Überlegung, die benötigte Rechenleistung auf ein weltweites Datenverarbeitungsnetz zu verteilen.

Teilchenbeschleuniger-Typen

Teilchenbeschleuniger sind Apparate, um geladene Teilchen (Elektronen oder Ionen) auf hohe Energiezustände zu beschleunigen. Sie gehören zu den größten und teuersten Apparaten, mit denen Physiker heute nach den Strukturen und den Bestandteilen der Materie forschen. Es werden immer leistungsfähigere Beschleuniger gebaut, weil man mit immer energiereicheren Teilchen immer kleinere Strukturen innerhalb der Atome aufspüren kann.

Alle Teilchenbeschleuniger haben drei grundlegende Bestandteile:

- eine Quelle mit Elementarteilchen oder Ionen
- eine Röhre, in der die Teilchen in einem hohen Vakuum beschleunigt werden
- Apparaturen, um die Teilchen zu beschleunigen.

Es gibt zwei Klassen von Teilchenbeschleunigern:

Elektrostatische Beschleuniger benutzen statische elektrische Felder, um Teilchen zu beschleunigen. Das bekannteste Beispiel ist die Kathodenstrahlröhre eines

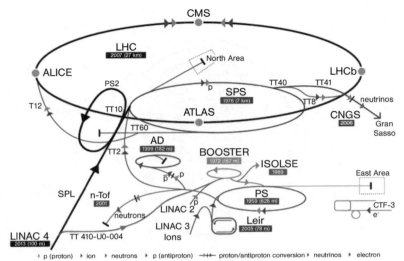

Teilchenbeschleuniger am CERN (© 2008 CERN, CERN-AC-0812015).

Röhrenfernsehers. Weitere Formen sind der Cockcroft-Walton-Generator und der Van-de-Graaf-Generator. Bei hohen Spannungen (Durchschlagsspannung über 15 MV) kann jedoch das elektrostatische Feld durch Überschläge zusammenbrechen.

Beschleuniger mit hochfrequenter Wechselspannung nutzen Wechselfelder im Radio- oder Mikrowellenbereich, um die Teilchen zu beschleunigen. Leo Szilard, Rolf Wideroe und Ernest Lawrence waren die Pioniere auf diesem Gebiet. Sie bauten die ersten Linearbeschleuniger, das Betatron und das Cyclotron.

Linearbeschleuniger In Linearbeschleunigern werden die Teilchen auf entweder statisch oder abwechselnd gepolten Beschleunigerstrecken immer schneller gemacht. Der größte Linearbeschleuniger ist der Stanford Linear Accelerator (SLAC) in den USA. Er hat eine Länge von zirka 3 Kilometern und beschleunigt Elektronen oder Positronen auf 50 GeV.

Cyclotron Um den hohen Platzbedarf eines Linearbeschleunigers zu reduzieren, entwickelte Ernest Orlando Lawrence (1901–1958) 1929 das Cyclotron. Das Cyclotron ist ein ringförmiger Teilchenbeschleuniger, in dem elektrisch geladene Teilchen (Protonen) durch hochfrequente elektromagnetische Felder beschleunigt werden, die zwischen zwei D-förmigen Kammern (Duanden) angelegt werden. Die immer schneller werdenden Teilchen durchlaufen dabei Bahnen mit immer größeren Radien, die sie vom Inneren des Kreises in einer spiralförmigen Bahn nach außen hin beschleunigen. Mit einem Cyclotron können Teilchen auf bis zu 80 Prozent der Lichtgeschwindigkeit beschleunigt werden.

Mit einem Cyclotron wurden 1941 erstmals die aus der kosmischen Strahlung bekannten Mesonen künstlich erzeugt. Ernest Lawrence erhielt 1939 den Nobelpreis für Physik »für die Erfindung und Entwicklung des Cyclotrons und für die damit erzielten Resultate, besonders in Bezug auf künstliche radioaktive Stoffe.« Lawrence erforschte außerdem die Anwendungsmöglichkeiten des Cyclotrons in Medizin und Biologie. Das Element mit der Kernladungszahl 103 heißt ihm zu Ehren Lawrencium.

Synchrotron Das Synchrotron ist ein Ringbeschleuniger mit festem Ziel. Die geladenen Teilchen werden in einzelnen Paketen und nicht mehr kontinuierlich auf einer Bahn geführt, die oft durchlaufen wird. Die Beschleunigung der Teilchen erfolgt durch ein synchronisiertes, hochfrequentes elektrisches Wechselfeld im Mikrowellenbereich auf weitaus höhere Energien als beim Cyclotron. Mit einem Synchrotron lassen sich Teilchen auf beinahe Lichtgeschwindigkeit beschleunigen. Das Konzept des Synchrotrons wurde unabhängig voneinander von Wladimir Weksler 1944 in Russland und im selben Jahr von Edwin MacMillan in den USA entwickelt. Am Brookhaven National Laboratory (BNL) wurde seit 1952 das erste Synchrotron (Cosmotron) eingesetzt. Durch die folgende Entwicklung (starke Fokussierung; PS, SPS) ist das Synchrotron bis heute ein sehr erfolgreicher Beschleuniger-Typ. Elektron-Synchrotrone finden heute durch die verfügbare Synchrotronstrahlung auch in der medizinischen und in der Materialforschung Anwendung.

Speicherringe Speicherringe waren ein riesiger technologischer Schritt in der Entwicklung von Teilchenbeschleunigern. Die Energie (und die wissenschaftliche Ausbeute) der kollidierenden Teilchen ist durch die angewendete Methode weitaus höher als bei anderen Ringbeschleunigern. Speicherringe sind Kollisionsmaschinen, bei denen durch gegenläufige Teilchenstrahlen, die fast lichtschnell sind, Volltreffer (head-on collisions) mit der vollen Energie beider kollidierender Teilchen möglich sind. Die ersten Elektron–Positron-Speicherringe wurden Anfang der 1960er Jahre in Italien am Istituto Nazionale in Frascati und in Russland gebaut. 1971 begann am CERN die Arbeit mit dem ISR, dem ersten Hadronenbeschleuniger (Proton–Antiproton-Beschleuniger) der Welt. Stochastische Kühlung und Einsatz von Supraleitfähigkeit in Magneten machen Hadronenbeschleuniger zum momentan erfolgreichsten Konzept für Forschungen im Hochenergiebereich der Teilchenphysik.

Vom CERN-Datenverarbeitungsnetz zum World Wide Web

Hohe Rechenleistung wurde am CERN immer benötigt. Bereits 1958 wurde ein damals hochmoderner Ferranti Mercury Computer für 150 000 Schweizer Franken installiert. Die Komponenten der neuen Rechenmaschine füllten einen ganzen Raum, doch sie hatte dabei nur die Gesamtrechenleistung eines modernen Taschenrechners – sogar zu wenig, um eine einzige Proton-Proton-Kollision des heutigen LHC aufzeichnen zu können. Die Großrechner der ersten (Ferranti) und zweiten (IBM 709) Generation mussten bald den ersten kleineren Computern (IBM, HP) Platz machen. 1964 waren am CERN bereits 50 der damals sogenannten »Minis« im Einsatz. Mit der rapiden Entwicklung der Elektronik in den 1960er und 70er Jahren wurde die Nachfrage nach elektronischer Datenerfassung immer größer, die benötigte Rechenleistung immer höher.

Die von den Experimenten produzierte Datenmenge wuchs schnell. Nicht nur mehr Rechenleistung, sondern auch die Verbesserung der Kommunikation untereinander war nötig. Der »Flaschenhals« bestand darin, dass alle vorhandenen Computer bislang nur einzeln ansteuerbar waren. Um die Kommunikation zwischen den einzelnen Experimenten und den weltweit verteilten Teilchenphysikern effektiver zu machen, entwickelte der Brite Tim Berners-Lee im Jahr 1989 am CERN ein neues Vernetzungssystem, das nach mehreren Namenswechseln zum *World Wide Web (WWW)* wurde. Während der Entwicklungszeit wurden die bis heute gültigen Basiskonzepte wie URL, http und HTML definiert und erste Browser- und Server-Software entwickelt. Berners-Lee hat stets darauf verzichtet, Kapital aus seiner Entwicklung zu schlagen und auch das CERN-Management entschied sich dafür, diese Erfindung in die »public domain« zu geben und damit für alle Menschen frei verfügbar zu machen. Das Internet, das weltweite Netz von miteinander verknüpften, jederzeit abrufbaren Informationen, das bisher ausschließlich von einer Handvoll Forschern, Militärs und Computernerds genutzt werden konnte, wurde damit der breiten Öffentlichkeit zugänglich gemacht.

Tim Berners-Lee und sein belgischer Kollege Robert Cailliau hatten ein einfaches System entworfen, das heute die gesamte Menschheit miteinander verbindet. Das Netz revolutionierte den freien Zugang zur Information und ließ sehr schnell ganz neue Wirtschaftszweige entstehen. Das weltweite Computernetz ist die populärste Erfindung, die je am CERN gemacht wurde. Heute benutzen es weltweit mehr als 2,2 Milliarden Menschen (Stand 31.12.2011). Berners-Lee erhielt für die Erfindung des WWW unter anderem den mit einer Million Euro dotierten Millennium-Technologiepreis. Er wurde im Jahr 2004 von Königin Elizabeth II. zum Ritter geschlagen. Heute leitet Dr. Berners-Lee das World Wide Web Consortium (W3C), eine Organisation, deren Mission es ist »das volle Potenzial des World Wide Web zu entwickeln.« Sir Tim Berners-Lees betonte immer die entscheidende Rolle des CERN bei der Entwicklung des Internet:

»Schon Ende der 1980er Jahre war das Internet ein gutes Werkzeug für die Wissenschaftler. Es erlaubte ihnen, E-Mails auszutauschen und große Computer von außen anzusteuern. Aber es brauchte eine einfachere Art, Information auszutauschen. CERN mit seiner langen Tradition an Informatik und Netzwerken war der ideale Platz, sie zu finden.«

Die Idee des 2005 entworfenen LHC Computing Grid (LCG) ist es, möglichst viele Computer miteinander zu vernetzen, um damit die Riesendatenmengen, die von den Experimenten am LHC bereitgestellt werden, auf einer gemeinsamen Rechnerplattform verarbeiten zu können. Es gilt dabei, aus den Datenmengen diejenigen Ereignisse herauszufiltern, die für die weiteren Forschungen wirklich relevant sind. Die Experimente mit dem LHC produzieren zusammengenommen etwa ein Prozent der gesamten weltweiten Datenmenge. Jedes Jahr entstehen zirka 25 Pbyte (Petabytes) oder 20 Millionen GB Daten. Am CERN selbst arbeitet das Rechenzentrum, das PC-Farm genannt wird, mit etwa 9000 parallelen Servern, was etwa 20 Prozent der benötigten Gesamtkapazität entspricht. Am LCG angeschlossen sind heute 170 Rechenzentren in 36 Ländern. Nur durch die Einrichtung des LHC Computing Grid kann die Arbeit des LHC und der Detektoren adäquat ausgewertet werden. Das LCG ist ein Modell, wie Datenverarbeitung in Zukunft aussehen wird. Komplexe Vorgänge werden nicht mehr vor Ort, sondern in einer Computer Cloud gerechnet werden.

Unfall und Neustart des LHC

Am 10. September 2008 setzte der LHC Projektleiter Lyn Evans den Large Hadron Collider (LHC) in Betrieb. Der Probelauf verlief einwandfrei, bis es am 19. September zu einem Zwischenfall in Sektor 3–4 des Beschleunigers kam. Eine fehlerhafte elektrische Verbindung zwischen zwei Dipol-Magneten führte zu einem hochenergetischen Lichtbogen, der die Hülle des Magneten zerstörte. Sicherheitsventile ließen mehrere Tonnen des Kühlmittels Helium ab, doch der plötzliche Druckanstieg führte zu weiteren, massiven Schäden an den umliegenden Magneten. Der Tunnel musste für einen Monat gesperrt werden, bis der betreffende Tunnelabschnitt auf Raumtemperatur aufgewärmt war und mit den Reparaturarbeiten begonnen werden konnte. Insgesamt waren 53 Magnete schwer beschädigt worden; sie mussten ersetzt werden. Um solche Vorfälle in Zukunft zu vermeiden, wurde ein neues Überwachungs- und Frühwarnsystem eingebaut.

Am 23. Oktober 2009 wurde der LHC mit niedriger Energie wieder hochgefahren. Nach dem Unfall beschränkte der Generaldirektor des CERN, Rolf-Dieter Heuer (siehe Kapitel 2), die Leistung des LHC auf 50 Prozent. Am 30. März 2010 gelang es, 3,5 TeV pro Protonenstrahl zu erreichen. Seitdem konnte die Kollisionsenergie auf 4 TeV gesteigert werden. Der LHC arbeitet zuverlässiger und präziser als von seinen Konstrukteuren, den Theoretiker und den Experimentalphysikern am CERN erwartet worden war: Die große Maschine liefert eine höhere Anzahl an Ereignissen (Events) als geplant. Nach einer Umbauphase wird der LHC 2014 wieder gestartet werden, um dann Kollisionsenergien von bis zu 7 TeV pro Teilchenstrahl zu erzeugen.

CERN heute

Das CERN-Hauptgelände liegt bei Meyrin nahe Genf in der Schweiz, direkt an der Grenze zu Frankreich. Das CERN hat als internationales Forschungszentrum eine besondere Stellung: Große Teile der Beschleunigerringe und einige unterirdische Experimente befinden sich auf französischem Staatsgebiet, gehören aber administrativ zur Schweiz. Auf dem CERN-Gelände gilt kein nationales Recht, CERN kann vor keinem nationalen Gericht verklagt werden. Oberstes Entscheidungsgremium ist der CERN-Rat (CERN Council). Die Mitgliedsstaaten entsenden jeweils zwei Delegierte in diesen Rat, einen Repräsentanten der Regierung und einen Wissenschaftler, die zusammen eine Stimme haben.

Offizielle Arbeitssprachen sind Englisch und Französisch. CERN hat etwa 3150 Mitarbeiter (Stand: 31. Dezember 2010). Über 10 000 Gastwissenschaftler aus 85 Staaten arbeiten an CERN-Experimenten. Das Jahresbudget des CERN belief sich 2010 auf 1,11 Milliarden Schweizer Franken.

Eine in Zusammenhang mit CERN oft gestellte Frage ist die nach dem Nutzen: CERN ist ein riesiger Think-Tank, hier arbeiten 50 Prozent der mit Grundlagenforschung beschäftigten Physiker weltweit. Sie treiben dabei die Grenzen des Machbaren voran – was der Gesellschaft durch die Entwicklung neuer Technologien und Zurverfügungstellung der Forschungsergebnisse allgemein zugutekommt. Das weltweite Computer-Web, entwickelt am CERN, revolutionierte das öffentliche Leben. CERN ist auch eines der Zentren für die Entwicklung bildgebender Verfahren und der Elektronik. Georges Charpaks MultiWire-Proportional-Kammer (MultiWire Proportional Chamber) revolutionierte nicht nur die Teilchenerkennung in physikalischen Experimenten, sondern auch die medizinische Bildgebung. Die ersten Positronen-Emissions-Tomografie-(PET)-Scanner, die Schlüsseltechnologie moderner bildgebender Verfahren in der Medizin, wurden von CERN-Physikern entwickelt. Seit den 1990er Jahren werden kleinere Protonenbeschleuniger zur Tumor-Behandlung in Spezialkliniken eingesetzt. Mit der Protonentherapie kann man sehr viel genauer arbeiten und die deponierte Strahlenenergie viel präziser dosieren und platzieren als mit herkömmlichen Methoden, was besonders bei Tumorerkrankungen im Augenbereich oder im Gehirn von großer Bedeutung ist.

Artikel II der CERN-Konvention sieht vor, dass »die Ergebnisse der (...) Arbeit veröffentlicht oder anderweitig zur Verfügung gestellt werden.« Diese offene Politik hat einen großen Lerneffekt für die beteiligten Wissenschaftler und Institute. Technologieentwicklung und dessen Transfer sind Hauptziele des CERN, indem es die Zusammenarbeit der Wissenschaftler aus verschiedenen Nationen mit unterschiedlichen politischen Zielen und Hintergründen entwickelt und fördert. Die Sprache, die alle verstehen ist Wissenschaft, und gemeinsam dienen sie alle der großen Mission des CERN: Antworten zu finden auf die großen Fragen der Menschheit: »Woraus besteht der Kosmos?«, »Wo kommen wir her?« und »Wo gehen wir hin?«

Internationale Trägerschaft des CERN

1954

Die 12 Gründungsstaaten des CERN: Belgien, Dänemark, Frankreich, Bundesrepublik Deutschland, Griechenland, Italien, Niederlande, Norwegen, Schweden, Schweiz, Großbritannien, Jugoslawien.

1959–61

Österreich und Spanien werden Mitglied. Jugoslawien verlässt die Organisation 1961 aus finanziellen Gründen.

1969

Spanien verlässt die Organisation und tritt 1983 wieder bei.

1991

Finnland und Polen treten bei.

1992–93

Ungarn, Tschechien und Slowakei werden Mitglieder.

1999

Bulgarien wird der 20. Mitgliedsstaat des CERN.

Rumänien ist Kandidat, Israel und Serbien sind Anwärter auf eine Mitgliedschaft. Bewerber sind momentan Zypern, Slowenien, Türkei.

Beobachterstatus haben die Vereinigten Staaten, Indien, Japan, Russland, die Europäische Kommission und die UNESCO.

Zukunft des CERN

Der LHC wird ab Februar 2013 für 18 Monate abgeschaltet und 2014 – nach einer gründlichen Überholung – wieder in Betrieb genommen, dann mit der vollen Beschleunigerleistung von 14 TeV. Der LHC wird eine Lebensdauer bis mindestens 2030 haben und der Einbau neuerer, stärkerer Magnete wird es ermöglichen, den Strahl besser zu fokussieren. Dadurch wird die Luminosität und die Anzahl der Kollisionen beträchtlich erhöht werden. Für die Zukunft wurde am CERN auch schon über den Bau eines Very Large Hadron Collider (VLHC), eines noch größeren Ringbeschleunigers nachgedacht. Diese Überlegungen wurden bis jetzt aus geologischen – und finanziellen – Gründen nicht weiter verfolgt. Laut Berechnungen müsste ein Beschleuniger, der 40 TeV, das Dreifache der Leistung des LHC, bereitstellt, ungefähr 200 Kilometer Umfang (65 Kilometer Durchmesser) haben.

In der globalen Physikergemeinde scheint Konsens darüber zu herrschen, dass die nächste Beschleuniger-Generation kein Ring-, sondern wieder ein Linearbeschleuniger für die Kollision von Elektronen und Positronen werden sollte. Die Energie der beschleunigten Teilchen wird zwischen 0,5 TeV und 1 TeV liegen. Obwohl dies viel weniger als beim LHC ist, ergänzen die Möglichkeiten eines starken Elektronenbeschleunigers die Forschungen der Experimente am CERN, etwa wenn es um die Qualifizierung und genaue Beschreibung des Higgs-Bosons geht. Die Idee des International Linear Collider (ILC) wird in Genf heftig diskutiert, denn auch DESY in Hamburg hat im Rahmen der TESLA Technology Collaboration das Modell eines neuen Linearbeschleunigers entwickelt. Der ILC hat in der Planung eine Länge von 31 Kilometern, die Gesamtkosten betragen 7 Milliarden Dollar – wenn es dabei bleiben sollte (www.linearcollider.org).

CERN: Luftbildaufnahme, Flughafen Genf, LEP/LHC-Tunnel (© 1986 CERN, LHC-PHO-1986-001).

Geschichte des CERN

- Churchills Züricher Rede: »Die Zukunft Europas liegt in der gemeinsamen Wissenschaft.«
- Europäische Teilchenphysik ist wegen der hohen Kosten nur als gemeinsame Unternehmung möglich.
- Isidor Rabi bringt europäische Initiative (de Broglie, Amaldi, Bohr) vor UNESCO.
- CERN-Konvention 1953: Physiklabor zur reinen Grundlagenforschung mit Lehrcharakter und offener Informationspolitik.
- 1954: 12 Gründungsstaaten, bis 1960 Budget 130 Millionen Schweizer Franken.
- 1960: PS (Proton-Synchrotron) fertiggestellt (Leiter: John Adams); Bau der großen Blasenkammern (BEBC, Gargamelle); Entdeckung neutraler Ströme, damit Bestätigung der elektroschwachen Kraft innerhalb des Standardmodells.
- 1960er/70er Jahre: Elektronische Detektoren – Georges Charpak Multi-Wire Proportional Chamber, Bau des Super Proton Synchrotron (SPS) und des Intersecting Storage Ring (ISR).
- 1983: Bestätigung der W- und Z-Vektorbosonen (Carlo Rubbia); Standardmodell gefestigt; Bau des LEP-Tunnels mit 27 Kilometern Umfang.
- 1990: Tim Berners-Lee entwickelt WWW.
- Ab 1994: Bau des LHC (Budget 6,5 Mrd. Franken).
- 4. Juli 2012: »Higgs-ähnliches« Teilchen entdeckt.

2

Der Praktiker: Rolf-Dieter Heuer

CERN-Generaldirektor

Rolf-Dieter Heuer wurde am 24. Mai 1948 in Boll (heute: Bad Boll) bei Göppingen geboren. Er studierte Physik an der Universität Stuttgart und promovierte 1977 an der Universität Heidelberg. Dr. Heuer ist ein experimenteller Physiker. Die meisten seiner wissenschaftlichen Arbeiten beschäftigen sich mit Elektron-Positron-Reaktionen, der Entwicklung von experimentellen Techniken, sowie Konstruktion und Betrieb von großen Detektor-Systemen. 1977 wurde er wissenschaftlicher Mitarbeiter an der Universität Heidelberg für das JADE-Experiment. Er arbeitete bis 1983 am Elektron-Positron-Speicherring PETRA am Deutschen Elektronen-Synchrotron DESY in Hamburg. Von 1984 bis 1998 arbeitete Dr. Heuer am CERN im Rahmen des OPAL-Experiments am großen Elektron-Positron-Speicherring LEP. Er war Koordinator während der Konstruktion und Startphase des LEP1 1989–1992 und OPAL-Sprecher von 1994 bis 1998. 1998 wurde Rolf-Dieter Heuer auf einen Lehrstuhl an der Universität Hamburg berufen. Im Dezember 2004 wurde Professor Heuer Forschungsdirektor für Teilchen- und Astroteilchenphysik am DESY, Hamburg. Seit 1. Januar 2009 ist Professor Heuer CERN-Generaldirektor (Director General).

Sie wurden in Bad Boll geboren. Welche Erinnerungen haben Sie an Ihre Geburtsstadt?
Heuer: Ich erinnere mich vor allem daran, dass meine Eltern von dort wegzogen, als ich ungefähr drei Jahre alt war. Ich erinnere mich an nichts aus dieser ersten Periode. Vielleicht Besuche bei den Verwandten, Besuche nach Boll oder auf die Schwäbische Alb aufs Land. Es war toll, die Verwandten zu besuchen, ein Dorf zu besuchen, hausgemachte Backwaren zu kosten, den hausgemachten Apfelsaft zu genießen. Aber ich glaube, ich habe da eine sehr selektive Erinnerung.

Rolf-Dieter Heuer, CERN-Generaldirektor seit 2009 (© Michael Krause).

Boller Badt in einem Kupferstich von Matthäus Merian aus dem Jahr 1643, ein Jahr nach Galileo Galileis Tod und Isaac Newtons Geburt (© Quelle: Boller Bad aus *Topographia Sueviae* (Schwaben), 1643/1656).

Das war also ein eher ländliches Ambiente?
Heuer: Ich bin ein Junge vom Land.

Wie sind Sie dann auf Physik gekommen?
Heuer: Ich weiß es nicht. Ich war aber immer an folgenden Fragen interessiert: Aus was besteht die Welt? Aus welchen kleinsten Bestandteilen ist die Welt aufgebaut? Ich war immer von den kleinsten Sachen fasziniert und – zumindest damals – nicht an den größten

Dingen, nicht an den Sternen im Universum, sondern eben an den kleinen Dingen. Deshalb habe ich zum Beispiel auch einen Vortrag am Gymnasium über »Atomos« gehalten, das Unteilbare; über Demokrits Atomphysik, also über die kleinsten Sachen.

Ich mochte es, sehr nahe an Flüssen oder Bächen zu spielen. Also, ich mochte es damals schon, die kleinen Dinge zu betrachten.

Die Atomtheorie des Demokritos von Abdera

Der griechische Philosoph Demokrit (Demokritos, geb. ca. 460 v. Chr. in Abdera, einer ionischen Kolonie in Thrakien, gestorben vermutlich 400 oder 380 v. Chr.) war Schüler des Leukipp und lebte und lehrte in seiner Geburtsstadt Abdera. Er gehört zu den Vorsokratikern (Sokrates, 470–399 v. Chr.) und gilt als letzter großer Naturphilosoph. Demokrit nutzte das von seinen wohlhabenden Eltern ererbte Vermögen für ausgedehnte Reisen und Forschungen aller Art. Er rühmte sich, zu den gebildetsten Männern seiner Zeit zu gehören. Das Verzeichnis seiner zahlreichen Schriften – es sind nur einzelne, sekundäre Fragmente erhalten – beweist den ganzen Umfang seiner Interessen und seines Wissens. Demokrit postulierte wie sein Lehrer Leukipp, dass die gesamte Natur aus kleinsten, unteilbaren Einheiten, den Atomen zusammengesetzt sei (griech. *atomoi, atomos* = unteilbar). Diese Atome befinden sich nach Demokrits Lehre im leeren Raum, dem Vakuum. Demokrits zentrale Aussage lautet gemäß eines Dokuments des griechischen Arztes und Naturforschers Galen aus dem 2. Jahrhundert n. Chr.:

»Nur scheinbar hat ein Ding eine Farbe, nur scheinbar ist es süß oder bitter; in Wirklichkeit gibt es nur Atome und leeren Raum.«

Demokrits Atommodell

- Die gesamte Materie ist aus unteilbaren (a-tomos) Körperchen zusammengesetzt. Sie sind stofflich gleich, unterscheiden sich aber durch Gestalt, Lage und Anordnung. Die Kombinationsmöglichkeiten sind theoretisch unendlich.
- Atome sind massiv und unteilbar. Sie haben die Eigenschaften der Materie, die aus ihnen aufgebaut ist: Glatte Gegenstände bestehen aus runden, raue aus eckigen Atomen.
- Atome ändern ihre Bewegung durch gegenseitiges Berühren, Druck und Stoß. Diese Kollisionen können das Atom deformieren, doch es kehrt schnell wieder in seine ursprüngliche Form zurück. Zwischen den Atomen gibt es nur leeren Raum (lat. *vacuum*).
- Atome reagieren miteinander, wenn sie sich ineinander »verhaken«; sie erscheinen dann als z. B. Wasser, Feuer, Pflanze oder Mensch.

Demokrit wurde schon von seinen Zeitgenossen der »lachende Philosoph« genannt. Die menschliche Seele sollte durch seine Lehre das Wesentliche der Dinge erfassen und dadurch eine heitere, gelassene Stimmung erlangen. Diese heitere, gleichmütige Stimmung nannte Demokrit *Euthymia* (wörtl.: Wohlgemutheit). Er sah in ihr das höchste Gut des Menschen.

Demokrits Atommodell und seine Vorstellungen von Raum und Materie wurden von den Sokratikern (»Wissen ist Nichtwissen«) Platon (428–348 v. Chr.) und dessen Schüler Aristoteles (384–322 v. Chr.) vehement abgelehnt. Demokrits Prinzip der Atome und des Vakuums wich dem »Horror vacui«, der von Aristoteles

Demokritos, der lachende Philosoph.

in seinem Werk über die Physik postulierten Abneigung der Natur gegen die

absolute Leere – wobei leer einen Ort bezeichnet, »an dem nichts ist«. Aristoteles argumentierte (Theologie, Buch XII) für eine Kraft, die alle Bewegungen auf der Welt verursacht. Diese Urkraft, der »unbewegte Beweger«, durchdringt alles, Raum und Zeit. Wenn es diese ewige Urkraft überall gibt, kann es nicht das Nichts geben. Für Aristoteles war klar, dass deshalb die Himmelskörper ewig und unvergänglich sind, während die irdische Welt vergänglich ist und lediglich aus den vier Elementen Feuer, Wasser, Erde und Luft besteht. Die aristotelische Theorie über die Natur und die Beschaffenheit der in zwei Sphären, der irdischen und der himmlischen, geteilten Welt bestimmte in der Antike und bis zur Entwicklung der modernen Naturwissenschaften die Vorstellung über den Aufbau der Materie und des Kosmos (Quelle: Philosophische Fakultät Universität Düsseldorf).

Haben Sie ganz allein die Natur entdeckt oder wie kann man sich das vorstellen?
Heuer: Ich habe damals nicht die Natur entdeckt, ich habe nur gespielt. Als ich sieben oder acht Jahre alt war, da hatte das noch nichts mit der Entdeckung von Dingen zu tun. Das kam erst später, auf dem Gymnasium. Aber ich konnte immer entweder allein oder auch in Gruppen zusammen spielen.

Ihr Lehrer soll gesagt haben: »Wenn du kein Physiker wirst, dann weiß ich's nicht.«
Heuer: Nein, nein falsch, er hat nicht diese Worte benutzt. Aber ich interessierte mich für Physik und dafür, wie die Dinge miteinander funktionieren. Ich war mir irgendwie nicht ganz sicher, welchen Weg ich einschlagen sollte, entweder mehr in Richtung Physik oder mehr in Richtung Mathematik. Also, der gesamte Unterricht meines Physiklehrers war eher auf Logik und das Verständnis der Zusammenhänge aufgebaut. Eher die Logik zu verstehen als eben nur Formeln zu lernen. Das ist etwas, was ich damals für mein Leben gelernt habe: Sie müssen wissen, wo die Formeln niedergeschrieben sind, damit Sie sie finden können. Sie müssen aber vor allem die Logik verste-

hen, mit der die Formeln aufgebaut sind – und das versuche ich auch immer meinen Studenten zu vermitteln.

Wie hat sich ihre Karriere weiter entwickelt?
Heuer: Ich habe niemals eine Karriere geplant. Es ging einfach immer Schritt für Schritt weiter. Zuerst musste ich aber zur Bundeswehr gehen, denn damals musste man noch zur Armee nach dem Abitur. Diese anderthalb Jahre in der Armee waren schon eine schwierige Zeit. Danach bin ich dann an die Universität gegangen und – ehrlich gesagt – am Anfang habe ich dort nicht viel verstanden. In der Universität gibt es eine völlig andere Art, mit den Dingen umzugehen, Sachen zu lernen und etwas herauszufinden. Dazu kam noch, dass ich nicht im ersten Semester anfing zu studieren, sondern im zweiten. An der Uni Stuttgart fing das Studium damals nur alle zwei Semester an und eben nicht zweimal wie heute üblich. Eine andere Sache, die ich damals gelernt habe, ist die: Wenn Sie Probleme und Schwierigkeiten haben, sehen Sie sich doch einfach mal um. Dann sehen Sie all die anderen, die die gleichen Schwierigkeiten haben. Schwierigkeiten sind dazu da, überwunden zu werden, das habe ich unter anderem damals gelernt.

Wie haben Sie das damals mit Ihren Kommilitonen empfunden? Sind Sie mit Ihren damaligen Kollegen heute immer noch befreundet?
Heuer: Mir wurde klar, dass wir alle im selben Boot sitzen, das hilft und motiviert. Und mit einigen bin ich immer noch befreundet. Einige von denen, mit denen ich zusammen kleine Arbeitsgruppen zum Lernen gebildet hatte.

Wenn Sie zurückblicken, was waren Ihre Highlights damals? Die herausragenden Ereignisse während Ihres Studiums?
Heuer: Dass ich endlich ein paar Sachen verstehen konnte ... (lacht) ... Ich glaube, das war wirklich ein Highlight. Wirklich, ich hatte endlich verstanden, dass ich das machen konnte. Dass ich Dinge verstehen konnte, dass ich danach das erklären konnte, was ich verstanden hatte und das in einer angemessenen Zeit, um dann den nächsten Schritt zu gehen.

Was machen die Menschen am CERN?
Heuer: Einige machen reine Grundlagenforschung. Aber auf der anderen Seite können Sie keine Grundlagenforschung betreiben, wenn Sie nicht auch auf dem technologischen Bereich innovativ sind. Sie

brauchen ja auch Werkzeuge, sogenannte »Apparati«, damit Sie mit ihnen arbeiten können. Wieder andere errichten die Gebäude, andere halten die Apparate in Stand, wie die Beschleuniger et cetera. Wieder andere kümmern sich um die Infrastruktur, also wir machen hier nichts anderes als im normalen alltäglichen Leben auch. Von der Infrastruktur, den Straßen, der Straßenreinigung ... Wir haben hier alle möglichen Leute, die alles dafür tun, dass die Wissenschaftler ihre Forschung betreiben können. Aber die grundlegende Mission ist natürlich das Wissen zu erweitern, der Menschheit mehr Wissen zu bringen und hoffentlich damit die Menschheit ein wenig zu verbessern. Und das machen sie – das ist das einzigartige hier am CERN – innerhalb eines komplett globalen Environments. Wir haben hier beinahe 100 Nationalitäten als wissenschaftliche Mitarbeiter registriert, und sie arbeiten alle sehr gut miteinander. Sie haben alle dieselbe Motivation: mehr Wissen zu schaffen durch Forschung.

Gibt es so etwas wie einen gemeinsamen Geist am CERN?
Heuer: Absolut. Ein Bestandteil des CERN-Geistes ist es, dass man zusammenarbeiten kann, ganz unabhängig von der Nationalität und unabhängig von der jeweiligen Kultur oder den unterschiedlichen Kulturen. Unabhängig, das ist hier das wichtige Wort. Wenn Sie die Politik herauslassen, dann funktioniert es.

Kann CERN so etwas wie ein Rollenmodell sein, um Probleme auch anderswo auf der Welt lösen zu können?
Heuer: Ich glaube, das ist möglich und ich denke, dass CERN das auch schon tut. CERN wurde im Jahr 1954 gegründet, aber die ersten Diskussionen hatte es bereits 1949 gegeben, nur ein paar Jahre nach dem Ende des 2. Weltkriegs. Damals begannen die Leute, über ein europäisches Labor zu reden – und dabei saßen Nationen miteinander am Tisch, die vorher gegeneinander gekämpft hatten. Das hat gezeigt, dass so etwas möglich ist und dass man Fortschritte machen kann, vielleicht manchmal nur kleine Schritte in Richtung Frieden oder Verständnis unter den Nationen. Das hat CERN seine gesamte Geschichte über geleistet. Als der Eiserne Vorhang noch existierte, da haben Leute von beiden Seiten hier am CERN miteinander gearbeitet. Das hat sehr gut funktioniert. Heute haben wir Leute aus Pakistan hier, die zusammen mit Leuten aus Indien arbeiten, oder von beiden Seiten Chinas. Das alles zeigt, dass man friedlich zusammenarbeiten kann. Ich weiß nicht, ob man das als Modell bezeichnen könnte, aber

es kann doch wenigstens ein kleiner Schritt auf dem Weg sein, die Menschen und die Welt besser zu verstehen.

Wir haben bis jetzt über die positiven Dinge geredet. Wie begegnen Sie den Hindernissen?

Heuer: Das hängt davon ab, wie Sie das Wort Hindernisse definieren wollen. Manches Hindernis ist menschlicher Natur. Wenn Sie zweieinhalbtausend Angestellte und zehntausend wissenschaftliche Nutzer haben, dann sind Sie wie ein großes Dorf mit vielen, vielen Besuchern. Da gibt es immer kleinere zwischenmenschliche Probleme, das ist ja völlig normal. Und damit geht man dann auch ganz normal um. Grundsätzlich ist es so, dass es Hindernisse nicht unbedingt zwischen Leuten aus unterschiedlichen Kulturen gibt. Es gibt sie meistens zwischen Leuten aus derselben Kultur, das muss man wissen. Aber das sind die normalen Dinge, denen Sie auch an jeder Universität, in jeder Firma oder Institution begegnen. Dann gibt es natürlich noch die technischen Probleme, manchmal funktionieren die Dinge eben nicht so wie von Ihnen ursprünglich geplant. Aber es gibt sehr gute Leute hier, um diese Probleme zu lösen. Es ist nicht der Heuer, der hier alles bestimmt. Denn ich bin wahrscheinlich kein Experte in der Sache. Ich muss herausfinden, wer der Experte ist. Ich muss mit ihm reden und dem Experten vertrauen, das funktioniert. Also: Überlassen Sie es denen, die technischen Probleme zu lösen. Und dann gibt es da von Zeit zu Zeit natürlich auch noch die finanziellen Probleme, gerade heutzutage. Die Hauptsache ist, sich nicht allzu sehr aufzuregen. Sie gehen mit diesen Problemen ruhig um, und das scheint zu funktionieren.

Es gibt in der Welt einige neue Bewegungen, »Occupy« zum Beispiel. Kann CERN dabei helfen, die Welt zu retten?

Heuer: Das ist ein hohes Ziel. Wir können nur einen kleinen Baustein für das Gesamtgebäude liefern, das gewissermaßen die Welt von morgen sein könnte. Dieser Baustein besteht darin, Technologien zu entwickeln, mit denen wir Forschung betreiben können. Ohne Forschung hätten wir nicht die Welt, wie sie heute ist. Wir hätten nicht den heutigen Lebensstandard. Die Leute sollten niemals vergessen, dass das, was wir heute haben, das Resultat angewandter Wissenschaften ist und von der Grundlagenforschung, die manchmal wirklich schon Jahrzehnte zurückliegt. Und das Gleiche müssen wir für die zukünftigen Generationen machen. Der andere Baustein, den wir liefern können, ist das Verständnis unter sehr verschiedenen Leuten. Es läuft meistens recht ähnlich: Erst haben Sie Kollegen, dann werden daraus Freunde. Das kann nur für ein besseres Verständnis untereinander gut sein. Es geht also um zwei Sachen: Grundlagenforschung für die etwas weitere Zukunft, Technologien für die etwas nähere Zukunft – und das Verständnis der Menschen untereinander.

Was ist Ihre Rolle am CERN?

Heuer: Ich halte mich zuallererst für das Schmiermittel im gewaltigen Räderwerk des CERN, damit die Dinge hoffentlich rund laufen. Und zur gleichen Zeit bin ich auch das Schwungrad, das die Räder antreibt – mit der Hilfe von jedermann natürlich. Ein Management ohne die Leute, die die wirkliche Arbeit machen, das ist nichts. Wenn die Leute ihre Arbeit ohne das Management machen, ist das allerdings auch nichts. Ich meine, wir alle zusammen sind das Räderwerk CERN. Ich verstehe mich hier als primus inter pares.

Sie kennen CERN schon seit vielen Jahrzehnten. Welche Veränderungen gab es für Sie?

Heuer: Als ich das erste Mal am CERN arbeitete, habe ich am Ende eines der großen Experimente geleitet. Ich hatte nicht allzu großen Kontakt zum oberen Management, weil alles glatt lief. Wenn etwas nicht so lief, wie es sollte, dann musste man nur mit dem oberen Management in Kontakt treten. Als ich jetzt in einer komplett anderen Funktion zurück ans CERN kam, war das zuerst schon recht merkwürdig. Die Leute, mit denen ich vorher gearbeitet hatte, wussten nicht, wie sie mit der Situation umgehen sollten. Sind Sie immer noch der Gleiche? Haben Sie sich geändert? Daraus wurde dann ein schneller Lernprozess für beide Seiten, und dann hat alles wieder recht gut funktioniert. Mein Hauptjob heute ist, den Leuten den Rücken freizuhalten und ihnen die Probleme fernzuhalten, damit sie forschen können. Wenn die keine Probleme haben, dann habe ich meinen Job gut gemacht.

Was waren die größten Probleme hier – nicht nur jetzt als Generaldirektor?

Heuer: Auf der einen Seite ist das größte Problem natürlich immer dafür zu sorgen, dass die Leute gut miteinander arbeiten. Wenn Sie die Leute früh genug einbinden, dann tragen die die Verantwortung ja mit, wenn es nötig ist. Das ist dann möglicherweise gegen ihren Willen, aber sie tragen sie für das Gemeinwohl mit und unterstützen es. Mit den Leuten umzugehen ist, ich würde nicht sagen, das größte Problem; aber es macht die meisten Schwierigkeiten, wenn Sie für das Funktionieren einer Institution verantwortlich sind. Das ist die Hauptsache, denn alle anderen Dinge sind technischer Natur, und Sie können technische Probleme immer lösen. So lange die Logik und die Technik involviert sind, ist es gut. Sobald Gefühle dazu kommen, wird es schwierig.

Sie sind Fan des VfB Stuttgart. Welche Hobbys haben Sie sonst noch?
Heuer: Ich mag das Wort Fan nicht besonders. Aber ja, mein liebster Verein ist immer noch der VfB Stuttgart, obwohl sich die Zeiten natürlich verändert haben. In der diesjährigen Saison sind sie nicht so schlecht wie in der letzten, und das ist auch gut so.

Meine Interessen sind vielfältig, aber im Prinzip habe ich dafür keine Zeit mehr. Man könnte sagen: Ich interessiere mich für Sport, betreibe ihn aber nicht mehr. Ich liege also auf der Couch und sehe oder höre mir Sportsendungen an. Das ist mein Sport, das entspannt mich. Ich mag es auch zu reisen. Ich würde sehr viel lieber zu meinem Vergnügen reisen als wegen meines Jobs, denn momentan sind es alles Dienstreisen. Aber da ich Reisen liebe, ist das nicht so schlimm. Ich liebe auch das Wandern. Meine Frau würde jetzt sagen: Nein, nein, nein, das glaube ich dir nicht. Denn es ist manchmal wirklich eher schwierig, mich dazu zu bringen, aufzustehen und rauszugehen. Es gibt auch noch den inneren Schweinehund, der oftmals die Aktivitätslaune besiegt (lacht). Aber wenn ich einmal draußen bin, dann liebe ich es, in den Alpen zu wandern oder so etwas. Und dann habe ich da noch meine Modelleisenbahn, ich mag eben die kleinen Dinge.

Wo würden Sie den LHC innerhalb der Wissenschaftsgeschichte ansiedeln?
Heuer: Ich denke, das könnte die Maschine sein, die zum ersten Mal den Blick auf das Dunkle Universum zulässt. Denn das, was wir um uns herum sehen, ist ja nur ungefähr 4 bis 5 Prozent der Masse und Energiedichte des Universums. 95 Prozent sind uns unbekannt, Dunkel also in Anführungszeichen. Ein Viertel von diesem Dunklen Universum ist Dunkle Materie, und der LHC könnte tatsächlich als erster Licht in dieses Dunkle Universum bringen. Das würde wirklich unsere Sicht auf das frühe Universum verändern, als die sichtbare und die dunkle Materie das Universum geformt wurden. Das hängt ja auch davon ab, ob wir das berühmte Higgs-Boson finden oder nicht. Das wird auf jeden Fall ein Meilenstein in der Entwicklung unseres

Atome
4,6%

Dunkle
Materie
23%

Dunkle
Energie
72%

Verteilung von Materie, Dunkler Materie und Dunkler Energie im Universum (Quelle: NASA/WMAP Science Team 2008).

Verständnis des Mikrokosmos und des frühen Universums. Also ich denke, der LHC ist ein sehr, sehr wichtiges Werkzeug, aber das in eine Perspektive zu setzen ist sehr, sehr schwierig. Vor 100 Jahren hatten wir sehr kleine Experimente, die grundlegend waren – nicht im technologischen Sinne, aber für die Wissenschaft. Deswegen würde ich den LHC heute sehr hoch ansiedeln, aber fragen Sie mich in 50 Jahren noch einmal.

95 Prozent ist ja nun eine ganze Menge. Wenn wir davon nichts wissen, dann wissen wir ja eine ganze Menge nicht.
Heuer: Richtig. Und wir wissen wahrscheinlich noch mehr als das nicht, das kommt noch dazu. Aber das wird ja jetzt richtig philosophisch.

Wir wissen, dass wir 95 Prozent nicht kennen. Und das, was wir zusätzlich nicht wissen, das wissen wir ebenfalls nicht. Es kann da draußen noch viel mehr geben, von dem wir nichts wissen. Und noch viel mehr drum herum, von dem wir ebenfalls nichts wissen. Aber das ist ja gerade das, was uns alle fasziniert, jedenfalls alle von uns Physikern. Wir haben 3 oder 4 Jahrzehnte benötigt, damit wir diese 4 bis 5 Prozent der Energiedichte des Universums erklären können. Wenn wir also jetzt mit dem LHC wirklich das Dunkle Universum betreten, dann wäre das vielleicht nicht gerade ein Quantensprung, aber ein riesiger Schritt vorwärts. Ich hoffe, dass wir das noch innerhalb dieses Jahrzehnts erreichen werden.

FAUST
Es möchte kein Hund so länger leben!
Drum hab' ich mich der Magie ergeben,
Ob mir durch Geistes Kraft und Mund
Nicht manch Geheimnis würde kund;

Dass ich nicht mehr mit sauerm Schweiß,
Zu sagen brauche, was ich nicht weiß;

Dass ich erkenne, was die Welt
Im Innersten zusammenhält,
Schau' alle Wirkenskraft und Samen,
Und thu' nicht mehr in Worten kramen.

Wie alles sich zum Ganzen webt,
Eins in dem andern wirkt und lebt!
Wie Himmelskräfte auf und nieder steigen
Und sich die goldnen Eimer reichen!

Mit segenduftenden Schwingen
Vom Himmel durch die Erde dringen,
Harmonisch all' das All durchklingen!

Rembrandt, Harmensz van Rijn: Faust, der Alchimist (um 1652) (Quelle: Rijksmuseum Amsterdam, Amsterdam).

Wie wird das mit dem LHC möglich sein?
Heuer: Dunkle Materie muss irgendeine Art von Teilchen sein, die nur sehr schwach mit normalen Teilchen agiert, wie zum Beispiel durch die Gravitationskraft. Innerhalb des Energiespektrums des LHC könnte es Teilchen geben, die wir dank der Einsteinschen Formel $E = mc^2$ kreieren können – Entschuldigung, nicht kreieren, das macht schon jemand anders – produzieren meine ich, wir können produzieren. Wir könnten Dunkle Materieteilchen produzieren, oder neue Partikel, die sich am Ende dann als Dunkle Materieteilchen herausstellen könnten.

Ist das Higgs so ein Teilchen?
Heuer: Nein, das Higgs nicht. Das Higgs ist immer noch Teil des sogenannten Standardmodells, das wir für die bekannten fünf Prozent benötigen. Das heißt, eigentlich haben wir noch nicht einmal diese

Simulation einer Kollision (CERN) (© 2000 CERN).

fünf Prozent verstanden. Dieses sogenannte Standardmodell, das diese fünf Prozent schon ganz gut beschreibt, haben wir allerdings sehr gründlich untersucht und die meisten Tests hat es großartig bestanden. Wenn also das Higgs wirklich existiert, dann haben wir das Standardmodell in gewissem Sinne abgeschlossen. Wenn wir entdecken, dass es nicht existiert, dann bekommt die bisherige Erklärung über die 5 Prozent ein großes Loch, einer der Eckpfeiler der Theorie würde zusammenbrechen. Dann wird es die Aufgabe des LHC sein, einen Ersatz für diesen Eckpfeiler zu finden. Und dann gibt es darüber hinaus noch sehr viel mehr zu entdecken.

Ist das die sogenannte »Neue Physik«?
Heuer: Neue Physik ist die Physik, die über die jetzt gültige hinausgeht. Wenn wir zum Beispiel das Higgs-Teilchen entdecken sollten, dann wäre das keine Neue Physik, denn es ist Teil des Standardmodells. Für mich ist Neue Physik alles, was sich außerhalb des bekannten Standardmodells bewegt. Es muss also ein anderes Modell geben, das irgendwie um das Standardmodell herum gebaut werden muss, das Annäherungen in niedrigeren Energieregionen beinhaltet.

Gibt es eine Welt, die sich außerhalb unserer Welt befindet?
Heuer: Alles ist innerhalb unserer Welt. Wenn Sie zum Beispiel extra Dimensionen finden sollten, dann ist das immer noch innerhalb unserer Welt. Da hilft es nicht viel sich etwas vorzustellen. Unsere Vorstellung reicht einfach nicht über drei Dimensionen hinaus. Es ist sehr schwer über Realität und Imagination hinauszudenken. Manchmal ist es ja schon schwer sich vorzustellen, was hinter der Realität steckt (lacht). Wenn Sie also ein Elementarteilchen als punktgleiches Teilchen definieren wollten – was an sich schon falsch wäre –

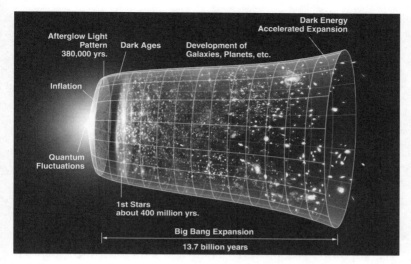

Das Universum nach dem Standardmodell (Quelle: NASA/WMAP Science Team).

das Masse hat, das heißt es ist massiv und es hat Spin. Wie können Sie sich ein punktgleiches Elementarteilchen vorstellen? Ich kann mir das nicht vorstellen, aber ich kann es mathematisch formulieren und das beschreibt die Physik des Mikrokosmos. Es ist also eine Sache, es zu beschreiben und zu formulieren wie alles miteinander zusammenpasst. Für unsere Vorstellung ist das alles hingegen sehr schwer. Manche Leute glauben, dass sie sich sehr wohl gewaltige Dimensionen vorstellen können. Sie schauen sich das Universum an, sehen die vielen Sterne – und eigentlich können Sie es sich nicht vorstellen. Das gilt gleichzeitig auch für die kleinen Dimensionen – es ist einfach sehr schwierig, sich so etwas vorzustellen. Vielleicht können das zukünftige Generationen.

Es gibt den Atomkern und das Elektron, das sehr weit vom Kern entfernt ist. Was ist dazwischen?
Heuer: Das ist das alte Modell, dass die Elektronen um den Kern herum kreisen. Es gibt tatsächlich eher eine mögliche Verteilung des Elektrons: Es sind Kräfte. Wenn Sie nur die Materie betrachten wollten, dann sind wir alle zum größten Teil leer. Es sind alles Kräfte, die die Masse ausmachen und die auch uns ausmachen. Aber ist es

einfach, sich ein Kräftefeld vorzustellen? Sie können es zwar beschreiben, aber können Sie es sich auch vorstellen?

Können Sie sich das Atom und seine Strukturen vorstellen?
Heuer: Das können Sie relativ einfach mit Formeln machen, aber fassen Sie das mal in Worte! Vielleicht ist das auch noch relativ einfach; aber dann versuchen Sie doch mal sich das vor Ihren Augen vorzustellen – dann wird's schon schwierig.

Goethe schreibt: »*Dass ich erkenne, was die Welt im Innersten zusammenhält.*« *Das suchen Sie doch, oder?*
Heuer: Ich koche das eher herunter auf die Kräfte, die zwischen den Elementarteilchen agieren. Für mich ist also das, was die Welt im Innersten zusammenhält – das sind die Kräfte, die zwischen den Elementarteilchen agieren. Wenn drum herum etwas existiert, was die Welt wirklich zusammenhält, dann weiß ich's auch nicht und ich werde mich auch nicht auf diese Frage einlassen. Denn dann ist es für mich nicht länger Wissenschaft und auch keine Forschung mehr: Dann wird das mehr Wille und Vorstellung – was sicherlich auch ein interessantes Feld ist.

Die Forschungen am CERN wollen den Urknall, den Big Bang rekreieren . . .
Heuer: Wir werden hier niemals den Big Bang wieder kreieren, wir kommen nur sehr nahe heran. Wir studieren die Entwicklung des frühen Universums, aber nicht den Urknall. Obwohl – der LHC ist schon eine Art »Urknallmaschine«. Die Sache ist die: Kurz nach dem Big Bang geschah alles, was unser Universum zu einem großen Teil bestimmt hat. Deshalb ist es ja auch so interessant, möglichst nahe an den Big Bang heranzukommen. Und wir kommen ein Millionstel eines Millionstels einer Sekunde heran, 10 hoch minus 12 Sekunden. Im menschlichen Maßstab ist das extrem kurz, zum Maßstab der Entwicklung des Universums ist das ein sehr langer Zeitraum, denn innerhalb dieses Zeitraums ist sehr viel passiert. Je näher man an den Big Bang herankommt, umso einfacher sind die Extrapolationen und umso genauere Messungen können Sie machen. Der LHC ist nichts anderes als ein Super-Mikroskop, um damit die allerkleinsten Objekte anschauen zu können. Wenn Sie diese allerkleinsten Objekte betrachten, dann kommen Sie damit so nahe wie möglich an das frühe Universum heran.

Rolf-Dieter Heuer mit Granatapfel (© Michael Krause).

Sind Sie mit Ihrer Arbeit hier zufrieden?
Heuer: Ich denke, man kann schon froh sein, wenn Sie etwas zu Ende bringen oder wenn Sie die Antwort auf eine der vielen physikalischen Fragen finden sollten – die wiederum Räume öffnen wird für neue Fragen. Dann können Sie zufrieden sein. Aber das könnte auch gefährlich werden; denn, wenn Sie zufrieden sind, dann hören Sie auf. Ich glaube, man sollte niemals vollkommen zufrieden sein. Es muss immer etwas übrigbleiben, damit man damit weitermachen kann. Aber wenn Sie etwas erfolgreich abliefern können, das Sie auch so liefern wollten, dann kann man sich schon ein wenig glücklich fühlen.

Was treibt Sie an?
Heuer: Was mich vorantreibt ist, dass ich wirklich ein klein wenig mehr über das frühe Universum und über den Mikrokosmos herausbekommen möchte. Wenn die Menschheit damit aufhören sollte, mehr wissen zu wollen über die Grundlagen unseres Lebens, dann hören wir auch auf, Menschen zu sein. Menschen haben diesen Drang und das ist es auch, was mich vorantreibt.

Was würden Sie als Sinnbild für das Universum wählen?[1)]
Heuer: Als Sinnbild für das Universum wahrscheinlich den Granatapfel. Er enthält viele Einzelteile, die gleich aussehen, die aber alle doch ein bisschen anders sind. Das zeigt vielleicht die Variationsmöglichkeiten des Universums, die vielen Galaxien da drin. Die Walnuss ist mir zu ... Die Struktur innen ist zwar sehr kompliziert, aber wenn

1) Zwiebel, Nuss, Granatapfel

Sie einmal geknackt ist … und die Zwiebel ist zu einfach aufgebaut. Okay, das wäre für mich dann der Granatapfel.

Dr. Rolf-Dieter Heuer

- Ohne Forschung hätten wir nicht die Welt, wie sie heute ist.
- Unsere grundlegende Mission ist das menschliche Wissen zu erweitern und hoffentlich damit die Menschheit ein wenig zu verbessern.
- Das, was die Welt im Innersten zusammenhält sind die Kräfte, die zwischen den Elementarteilchen agieren.
- Wenn die Menschheit damit aufhören sollte, mehr über die Grundlagen unseres Lebens wissen zu wollen, dann hören wir auch auf, Menschen zu sein.
- Wir wissen, dass wir 95 Prozent nicht kennen. Und das, was wir zusätzlich nicht wissen, das wissen wir ebenfalls nicht. Es kann da draußen noch viel mehr geben, von dem wir nichts wissen. Und noch viel mehr drum herum, von dem wir ebenfalls nichts wissen.

3
Der Beginn der modernen Physik

Galileo, Kopernikus, Kepler

Galileo Galilei (1564–1642) stammte aus einer verarmten Florentiner Patrizierfamilie; sein Vater war Musiker und Musiktheoretiker. Er führte den jungen Galileo an die Geheimnisse der Mathematik heran und empfahl ihm, einen lukrativen Beruf wie zum Beispiel Arzt zu wählen. 1580 begann Galileo das Studium der Medizin an der Universität Pisa, wechselte aber vier Jahre später nach Florenz, um dort Mathematik zu studieren. 1589 kehrte er nach Pisa als Lektor für Mathematik zurück. Den schlecht dotierten Job besserte Galilei durch den Verkauf selbstgebauter Instrumente, zum Beispiel einfache und noch ungenaue Thermometer, auf. Galileo Galilei wurde 1592 Professor an der Universität von Padua. Er begann, die Pendelgesetze und die Gesetze der Beschleunigung in gut überlieferten Experimenten zu untersuchen. Seine Versuche zur Fallgeschwindigkeit am schiefen Turm von Pisa hingegen sind eine unbewiesene Legende – was einige Teilchenphysiker jedoch nicht davon abhält, Galileis Versuchsanordnung als den »ersten Teilchenbeschleuniger der Welt« zu bezeichnen (Leon Ledermann).

Der »Vater der modernen Wissenschaft«, wie Galileo oft genannt wird, hat auf vielen Gebieten der wissenschaftlichen Revolution der Frühen Neuzeit mit seinen Experimenten und Instrumenten (apparati) grundlegende Beiträge geleistet, sowohl in der Fundamental- wie auch in angewandter Wissenschaft. Galileos Grundansatz kritisierte die rein theoretische Vorgehensweise der damaligen Lehre. Die Universitätsprofessoren seiner Zeit lehrten die Wissenschaften nur aus Büchern. Galilei hingegen wollte die Natur selbstständig und kritisch beobachten und messen. Dazu machte er Experimente und er benötigte Apparate. Zahlreiche Apparate, moderne wissenschaftliche Instrumente, wurden zwischen 1550 und 1700 entwickelt. Sie sollten der genauen Untersuchung der Natur, unabhängig von der Fantasie des Menschen, dienen. Galilei interpretierte die von ihm mit Hilfe

Wo Menschen und Teilchen aufeinanderstoßen. Erste Auflage. Michael Krause.
© 2013 WILEY-VCH Verlag GmbH & Co. KGaA.

von Apparaten durchgeführten Experimente in mathematischen Formeln – und er schrieb sein wichtigstes späteres Werk (»Dialogo«, 1632) zur besseren Verbreitung seiner Lehre nicht in Latein, sondern in allgemein verständlicher italienischer Sprache. Galileo war ein wissenschaftlicher Revolutionär. Er stand im Zentrum einer Zeitenwende, dem geistig-kulturellen Aufbruch der Renaissance und der Wiederentdeckung der Antike: Galilei veränderte das bislang gültige ptolemäische Weltbild radikal.

1609 fertigte Galilei in seiner Werkstatt speziell geschliffene Linsen aus Muranoglas an und setzte sie in einen ähnlich schlanken Zylinder ein, wie ihn der Niederländer Jan Lipperhey (ca. 1570-1619), der Erfinder des Teleskops (griech. fern schauen), benutzt hatte. Galilei entdeckte mit seinem verbesserten Teleskop unter anderem die vier größten Jupiter-Monde, die Zusammensetzung der Milchstraße aus einzelnen Sternen und die Sonnenflecken. Seine Beobachtungen führten Galilei letztendlich zu einem revolutionären Schluss: Nicht die Erde ist das Zentralgestirn, sondern die Sonne. Damit bewies Galileo Galilei experimentell (durch Beobachtung) und mit einem Apparat (Teleskop) das *heliozentrische* System, in dem die Sonne im Mittelpunkt steht – im Gegensatz zum bis dahin gültigen, 1500 Jahre alten ptolemäischen Weltbild, in dem die Erde Zentrum des Universums ist.

Galileis Beobachtungen waren schon von dem deutschen Arzt, Mathematiker und Astronomen Nikolaus Kopernikus (1473–1543) in dessen Werk »De Revolutionibus Orbium Coelestium« beschrieben worden. Seine in der »Freizeit«, als »Hobby« entstandenen astronomischen Beobachtungen führten Kopernikus zu dem (mathematisch inkorrekten) System kreisförmiger Bahnen der Planeten, in dem sich die Erde pro Tag einmal um sich selbst und wie alle anderen Planeten um die zentrale Sonne bewegt. Das heliozentrische Weltbild und eine sich drehende Erde widersprachen allerdings dem eindeutigen Dogma der Kirche. Kopernikus machte sein Werk erst 1539 öffentlich und auch nur einem kleinen Kreis von Vertrauten zugänglich. Über die damalige Verbreitung von Kopernikus »De Revolutionibus« und des sogenannten »Commentariolus«, einer früheren, nicht mathematisch argumentierenden Zusammenfassung, ist wenig bekannt. Gesichert ist, dass der aus einer dänischen Adelsfamilie stammende Astronom Tycho de Brahe ein Exemplar des »Commentariolus« anlässlich der Krönung von Kaiser Rudolf II. im Jahr 1575 als Geschenk erhalten hat.

Tycho Brahe (1546–1601, »Der Mann ohne Nase«) wurde 1599 Hofmathematiker und Astronom am Prager Hof Kaisers Rudolf II. (1552–1612), einem bedeutenden Förderer der Künste und der Wissenschaften. Brahes Assistent und Nachfolger war der junge deutsche Astronom Johannes Kepler (1571–1630), der mit seiner 1596 erschienenen Schrift »Mysterium cosmographicum« großes wissenschaftliches Aufsehen erregte. Das Buch beschäftigte sich mit den »Geheimnissen des Universums« und widmete sich stilvoll und brillant dem Gedanken der Weltharmonie, der geometrischen Konstruktion der Planetenbahnen aus platonischen Körpern (Würfel, Tetraeder, Oktaeder). Brahe wiederum hatte sein eigenes Weltsystem entwickelt, eine Mischung aus heliozentrischem und geozentrischem Modell. Brahe, der seine Beobachtungen ohne das noch nicht erfundene Fernrohr gemacht hatte, starb noch vor Fertigstellung der vom Kaiser finanzierten Prager Sternwarte.

Johannes Kepler entwickelte in den folgenden Jahren anhand der von Brahe überlassenen und eigener Aufzeichnungen (Rudolfinische Tafeln, 1627) die drei Keplerschen Gesetze, die Gesetze der Planetenbewegungen. Im selben Jahr 1609, in dem Galileo mit seinem Fernrohr den nächtlichen Himmel und die Gestirne analysierte, veröffentlichte Kepler »Astronomia Nova«, im Untertitel »Physica Coelestis«, zu Deutsch: Die Himmelsphysik. Keplers bahnbrechende Entdeckung war, dass sich die Planeten nicht wie im System des Kopernikus auf kreisförmigen, sondern auf ellipsenförmigen Bahnen bewegten, wobei die Ellipsen einen ihrer Brennpunkte in der Sonne haben. Die von Kepler mathematisch berechneten Planetenbahnen stimmten nun mit den realen Beobachtungen überein. Das Ende des alten, ptolemäischen Weltsystems war damit besiegelt – auch wenn es dem Dogma der allmächtigen, sich heftig gegen sämtliche Neuerungen wehrenden katholischen Kirche völlig widersprach.

Die von Johannes Kepler verfassten mathematischen Beschreibungen der Planetenbewegungen gelten bis heute. Sie gelten nicht nur für Planeten, sondern für alle Objekte, die sich in Gravitationsfeldern bewegen, also für alle sich im Raum bewegenden Flugkörper. Kepler selbst sah seine bahnbrechenden Berechnungen allerdings nicht als naturwissenschaftliche Gesetze, sondern als hypothetische Formeln an, die einzig der großen Harmonie des göttlichen Ganzen dienten.

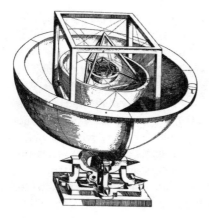

Keplers Modell des Sonnensystems, aus: Mysterium cosmographicum (1596).

Kepler wandte sich in seiner weiteren Arbeit nun esoterischen For-schungen zu, um seine Himmelsphysik mit der pythagoräischen Harmonielehre zu vereinigen. »Harmonices Mundi« (Weltharmo-nik) erschien 1619. In dem Traktat versuchte der strenggläubige Kepler nachzuweisen, dass das Universum eine riesige, göttliche Harmonie darstellt.

Galileo Galilei ging konsequent einen anderen Weg. Er stellte sich mit seinem 1632 erschienenen »Dialogo di Galileo Galilei sopra i due Massimi Sistemi del Mondo Tolemaico e Copernicano« (Dialog von Galileo Galilei über die zwei wichtigsten Weltsysteme, das ptolemäi-sche und das kopernikanische) öffentlich gegen die Kirche, indem er die Richtigkeit des heliozentrischen, kopernikanischen Systems zweifelsfrei bewies. Die katholische Kirche, die Galilei ausdrücklich vor der Veröffentlichung gewarnt hatte, verteidigte ihr Dogma konse-quent und ließ Galilei verhaften. Der widerrief zwar ein Jahr später die Gotteslästerung vor der Inquisition – die Bewegung der Erde galt als absurd und irrgläubig – musste aber den Rest seines Lebens un-ter Hausarrest verbringen. Doch Galileis Beweis des heliozentrischen Systems war stimmig und damit endgültig. Das antike, ptolemäische Weltbild mit der Erde im Mittelpunkt der Welt war durch die Arbeiten von Kopernikus, Kepler und Galilei nur noch Geschichte.

4

Der Experimentalist: Tejinder Virdee

CMS-Experiment

Tejinder Virdee wurde 1952 in Kisumi, Kenia geboren. 1967 siedelte die aus Indien stammende Familie nach Großbritannien über. Tejinder Singh (Jim) Virdee studierte Physik an der University of London (Queen Mary) und ab 1974 am Imperial College London. Seine Doktorarbeit entstand am Stanford Linear Accelerator in den USA, danach ging Dr. Virdee als Postgraduierter zum CERN, ab 1979 permanent im Rahmen der UA-1 Kollaboration. Ab den frühen 1990er Jahren entwickelte Virdee Konzept und Technologien des CMS-Experiments und wird oft als CMS Chef-Architekt, »einer gigantischen 3-D-100-Megapixel-Digitalkamera mit 14 000 Tonnen Gewicht, die 40 Millionen Aufnahmen pro Sekunde macht«, bezeichnet (Virdee). Professor Virdee leitete das Experiment 2006–2010 in der kritischen Phase der Endmontage, während erster Tests und Probeläufe. Das CMS-Experiment ist ein Allround-Apparat, der der Suche nach dem Higgs-Boson und Dunkler Materie dient. Es hat heute über 3000 Mitarbeiter aus 38 Ländern. Dr. Virdees Arbeit konzentriert sich momentan darauf, die CMS-Kollaboration für die in Zukunft erreichbaren Energieniveaus des LHC anzupassen.

Seit 1996 ist Dr. Virdee Professor am Imperial College London. 2009 bekam er die James Chadwick Medaille. Seit 2012 ist Professor Virdee Fellow der Royal Society.

Wenn Sie als Kind den Himmel betrachteten, wie war das für Sie?
Virdee: Ich wurde in Kenia geboren. Meine Erinnerung daran ist, dass die Sterne damals sehr klar und hell waren und dass ich die Milchstraße sehen konnte. Ich war sehr davon fasziniert, was in der Natur vor sich geht. Ich stellte mir natürlich Fragen und natürlich hatte ich keine Antworten darauf. Irgendwann zog meine Familie nach England. Dort fing ich an, mich für die Wissenschaft zu interessieren und das beantwortete schon einige meiner Fragen. Ich hatte einen ausgezeich-

Tejinder Singh Virdee (© Michael Krause).

neten Physiklehrer, der mich wirklich dazu anstachelte, über Physik als zukünftiges Studienfach nachzudenken. Sie gibt Ihnen ein Gefühl dafür, wie die Natur auf grundlegende Art und Weise funktioniert. So fing alles an.

Wie wichtig war die persönliche Beziehung zu Ihrem Lehrer?
Virdee: Es war faszinierend. Wir waren ja gerade erst von Kenia nach England gezogen. Ich weiß noch seinen Namen, er hieß Mister Stockley. Er hat mir ein Gefühl von Heimat gegeben, denn wir waren ja gerade erst in ein fremdes Land gezogen. Er war ein sehr guter Lehrer. Er kannte seine Physik, denn er brauchte nie irgendwelche Aufzeichnungen. Er fragte die Klasse nur, was der letzte Satz war, den wir niedergeschrieben hatten, und dann begann er den Unterricht genau dort. Aber er war auch ein sehr an Kultur interessierter Mensch. Er fuhr mit seinen Schülern jedes Jahr nach Italien, um Florenz, Rom und Tarent zu besuchen. Ich machte das auch. Dort besuchte man die Kunstgalerien, den Vatikan und all die anderen interessanten Plätze von vor ein paar tausend Jahren. Es war also eine wirklich umfassende Ausbildung, die ich durch meinen Physiklehrer erhalten habe.

Wie ging es nach der Schule weiter?
Virdee: Ich wollte Physik studieren, ging also an die University of London, um dort meinen Abschluss zu machen. Danach habe ich mich für Teilchenphysik interessiert, denn das war genau das Feld, auf dem ich hoffte, die Natur auf fundamentale Art und Weise verstehen zu können.

Ist Teilchenphysik eine fundamentale Wissenschaft?
Virdee: Tatsächlich ist Teilchenphysik ja nur der moderne Ausdruck einer jahrhundertealten Anstrengung, die grundlegenden Gesetze der Natur zu verstehen. Diese Suche begann zu Newtons Zeit, als Newton die irdische und die astronomische Gravitation kombinierte. Das war eine der ersten Erkenntnisse darüber, dass die Phänomene, die wir hier auf der Erde beobachten konnten, tatsächlich mit anderen Phänomenen zusammenhängen. Daher stammt unsere Suche nach einer Vereinheitlichung. Eines der vordringlichsten Ziele der Physik ist es ja, die wunderbare Vielfalt der physikalischen Phänomene, die wir beobachten können, in einer vereinheitlichten Art und Weise zu verstehen.

Mitte des 18. Jahrhunderts geschah der nächste große Schritt. Das war die Erkenntnis über Elektrizität und Magnetismus, zusammen mit der Theorie der Optik. Erst seitdem haben wir die Industrielle Revolution, denn der Elektromagnetismus spielte eine der wichtigsten Rollen während der Industriellen Revolution. Später im selben Jahrhundert entdeckte J.J. Thomson das Elektron. Die Entdeckung des Elektrons ist die Basis der Elektronik, wenn Sie so wollen. Das Wort Elektronik hat ja Elektron als Bestandteil. Wie könnten wir heute ohne Elektronik leben! Es gibt sehr viele dieser Beispiele – die Quantenmechanik, die Relativitätstheorie, der Laser – all diese Dinge stammen aus der Grundlagenforschung. Wenn man sich also die Entwicklung anschaut ... Wir leben heute eben nicht mehr unter denselben Umständen wie zu Newtons Zeiten. Und die Art und Weise, wie wir unser Leben verändert haben, geschah dadurch, dass wir die Natur besser verstanden haben durch Technologien, die unsere Lebensumstände verändert haben. Fundamentale Wissenschaft befindet sich gewissermaßen im Zentrum der menschlichen Entwicklung.

Was waren die nächsten Schritte während des vergangenen Jahrhunderts?
Virdee: Innerhalb des vergangenen Jahrhunderts kam die Quantenmechanik hinzu, was im Grunde genommen das Verständnis der Chemie innerhalb der Atomphysik ist. Dann hatten wir die Revolution der sogenannten Raumzeit und der Gravitation, was Einstein entwickelt hat. Danach kamen diese riesigen Maschinen – Teilchenbeschleuniger – mit denen wir noch tiefer in die Materie hineinschauen konnten. Als wir dann tiefer in die Materie schauen konnten, fanden wir heraus, dass die Atome nicht nur Elektronen und einen Kern

haben. Der Kern besteht aus Neutronen und Protonen und die Neutronen und Protonen wiederum aus Quarks und Gluonen.

Wir konnten nun also tiefer in die Materie hineinschauen und wir entdeckten eine große Zahl an Partikeln. Doch tatsächlich können wir heute all diese Dinge mit einer relativ kleinen Anzahl an Partikeln beschreiben: Quarks, Gluonen und Bosonen, die die Kräfte übertragen. Das ist sozusagen eine Art neues Periodensystem, nur viel kleiner als das Periodensystem der chemischen Elemente. Dies alles befindet sich innerhalb des Standardmodells, das die Bestandteile der Materie beinhaltet und die Kräfte, die ihr Verhalten bestimmen. In diesem Sinne ist das Hauptergebnis des 20. Jahrhunderts die Konstruktion des Standardmodells.

Als ich nach meinem ersten Abschluss am CERN anfing, war die Hälfte der Elementarteilchen des Standardmodells noch nicht beobachtet worden. Seit wir mit dem Bau des LHC begonnen haben, konnten wir weitere große Fortschritte machen: die Entdeckung des Top-Quarks; dass Neutrinos eine geringe Masse besitzen, und jetzt warten wir auf den nächsten großen Schritt.

Im Grunde versuchen wir, die Natur auf vereinheitlichte Art und Weise zu verstehen. Was heißt das? Alle physikalischen Phänomene, die wir in der Natur beobachten können, werden von vier Kräften bestimmt. Zwei davon kennen wir ganz gut: die Schwerkraft und den Elektromagnetismus. Die dritte ist die schwache Kernkraft, die die Sonne befeuert. Die Kräfte zwischen den Quarks und den Gluonen innerhalb des Protons und des Neutrons bestimmt die starke Kernkraft. Wir haben Quantentheorien über drei der vier Kräfte. Elektrizität und Magnetismus und die schwache Kernkraft betrachten wir heute als vereinigt. Das bedeutet, dass wir bei sehr hohen Energien und bei sehr hohen Temperaturen Prozesse beobachten können, die durch die schwache Kernkraft beziehungsweise durch eine elektromagnetische Interaktion bestimmt werden. Die starke Kernkraft passt irgendwie nicht in diese Ordnung und auch die Gravitation ist sehr schwierig in diese Ordnung zu integrieren. Bis heute haben wir keine wirklich gültige Quantentheorie der Gravitation. Was wir also am LHC versuchen, ist, die nächsten Schritte in Richtung dieses Ziels zu gehen. Tatsächlich befinden wir uns immer noch auf diesem Weg, der vor einigen Jahrhunderten mit Newton begonnen hat – und wir sind noch nicht am Ende angekommen.

Die vier Elementarkräfte

Die *starke Kernkraft* (Wechselwirkung) hält die Atomkerne zusammen. Sie bindet die Quarks untereinander in den Hadronen (aus Quarks zusammengesetzte Teilchen, z. B. Atomkerne). Diese Kraft ist äußerst energiereich, hat aber nur eine sehr geringe Reichweite. Träger dieser stärksten aller Elementarkräfte sind die Gluonen.

Die *schwache Kernkraft* (Wechselwirkung) ist 10^{13} Mal schwächer als die starke Kernkraft. Sie ist verantwortlich für den Betazerfall (Radioaktivität) und entscheidend für die Fusion von zwei Wasserstoffatomen zu Helium, dem Prozess innerhalb von Sonnen. Träger der elektroschwachen Kraft sind die W- und Z-Bosonen (s. Kapitel 13).

Die *elektromagnetische Kraft* wirkt zwischen elektrisch geladenen Teilchen. Die Elektronen werden durch einen elektromagnetischen Wellenmechanismus auf ihren Bahnen um den Atomkern gehalten; das chemische Verhalten von Materie wird dadurch bestimmt. Die elektromagnetische Kraft ist verantwortlich für fast alle Phänomene des alltäglichen Lebens. Träger dieser Kraft sind die masselosen Photonen.

Die *Schwerkraft* (Gravitation) ist verantwortlich für die gegenseitige Anziehung von Massen. Sie wirkt immer und überall; der Apfel fällt ihretwegen vom Baum. Die Gravitation als schwächste Elementarkraft kann bis heute nicht zusammen mit den anderen drei Kräften in *einer* Theorie vereinigt werden. Träger der Schwerkraft sind die (hypothetischen) Gravitonen.

Kolumbus segelte los und fand Amerika, nicht den Seeweg nach Indien. Wie ist das mit dem LHC? Wo fing es an, wo befinden wir uns jetzt?

Virdee: Wenn Sie sich anschauen, was Kolumbus und seine Kollegen getan haben, dann war die erste Sache, die sie brauchten, eine Vision, dass da draußen etwas ist. Wir glauben auch, dass da draußen etwas

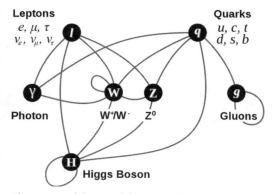

Elementarteilchen und ihre Interaktionen.

ist, das wir finden müssen. Und das wird uns erlauben, die nächsten Schritte zu machen, um zu verstehen, wie die Natur funktioniert.

Die zweite Sache, die sie brauchten, waren zuverlässige und stabile Schiffe, und natürlich gute Navigatoren. In dieser Analogie wären der Beschleuniger und die Experimente das Schiff. Seitdem wir angefangen haben Daten zu sammeln – das heißt Protonen zu kollidieren – sind wir an der Küste Amerikas angekommen. Und jetzt haben wir bereits angefangen, das Inland vielleicht auf 100 Kilometer zu erkunden. Wir haben versucht in Erfahrung zu bringen, wie das Terrain aussieht. Bisher sieht es genau so aus, wie wir das erwartet haben, aber es gibt da noch einen ganzen Kontinent zu entdecken. Wir wissen noch nicht, ob es etwa einen Grand Canyon gibt, das wäre doch fantastisch! Dieser Prozess begann vor ungefähr 20 Jahren, als wir damit begannen, die Detektoren zu planen und dann zu bauen. Wir haben noch 20 Jahre vor uns, um die ganze Entdeckung durchzuführen. Wir befinden uns also auf halbem Weg auf dieser Suche, dieser großen Entdeckungsreise.

Woher nehmen Sie Ihre Energie?
Virdee: Erstens gibt es die Erfahrung, wenn etwas vollbracht ist. Zweitens: Unsere Instrumente sind sehr weit fortgeschritten. Es sind die komplexesten wissenschaftlichen Instrumente, die jemals gebaut worden sind. Wir erwarten, dass etwas passiert, wir erwarten Entdeckungen. Diese Erwartung treibt uns voran – denn wir glauben fest daran, dass da draußen etwas ist, das uns, wenn wir es entdecken, sagen wird, wie die Natur funktioniert und wie wir den nächsten Schritt machen müssen.

Macht Sie diese Erwartung zufrieden?
Virdee: Ich würde eher sagen: »erwartend«. Das Problem mit der Natur ist ... kein Problem, aber so funktioniert Natur eben: Wenn Sie ihre Geheimnisse herausbekommen wollen, müssen Sie sehr hart, genau und präzise arbeiten. Das braucht Zeit. Aber wir glauben, dass wir einige der Geheimnisse der Natur herausbekommen werden, die uns – wie ich vorher schon erwähnt habe – sagen werden, was wir als Nächstes zu tun haben werden.

Gibt es dabei einen Platz für Religion?
Virdee: Ich tendiere dazu, diese Dinge nicht in der Öffentlichkeit zu diskutieren.

Shiva-Statue am CERN, Gebäude 40 (Zentrale ATLAS/CMS-Experimente). Shiva (Sanskrit: Glückverheißender) ist einer der wichtigsten Götter des Hinduismus. Er gilt als wichtigste Manifestation des Höchsten. Shiva wird häufig als Nataraja – König des Tanzes – dargestellt. Er tanzt auf Apasmara, dem »Dämon der Unwissenheit« und zerstört dabei die Unwissenheit – und das Universum; dadurch erschafft er es wieder neu. Shiva hat vier, acht oder mehr Arme, die seine vielfältigen Tätigkeiten repräsentieren. Shivas Tanz symbolisiert die Quelle aller Bewegungen innerhalb des Kosmos. Sein Tanz erlöst die Seelen der Menschen von ihrer Illusion (© Michael Krause).

Sie haben gesagt, dass »nur internationale Zusammenarbeit die Experimente hier möglich macht.« Warum?

Virdee: Ich denke, das ist einfach wahr. Kein einzelnes Land, keine einzelne Region hätte die Experimente und den Beschleuniger so bauen können wie wir. Dies hier sind extreme Instrumente; es hat viele Risiken gegeben. Viele der Technologien mussten bis an ihre Grenzen getrieben werden, und einige dieser Technologien haben vorher noch nicht einmal existiert. Es ist schon ein sehr ambioniertes Projekt. Es gibt zum Beispiel in CMS und in ATLAS jeweils ungefähr 3000 Wissenschaftler und Techniker aus über 40 Ländern. Die Detektoren, oder Teile der Detektoren wurden in diesen Ländern gebaut – es gab natürlich auch massive logistische Probleme. Aber ich denke, dass eine der wirklich befriedigenden Dinge ist, wenn Sie sehen, dass Leute aus verschiedenen Ländern und Kulturen wirklich gut zusammenarbeiten und dabei ein Produkt herstellen, das außerordentlich gut funktioniert. Selbst im Vergleich zu den Erwartungen von vor 20 Jahren. Es ist extrem befriedigend das zu sehen. Also in diesem Sinne denke ich: Es war nötig und es hat sich gelohnt.

Die Leute, die hier arbeiten, bilden eine neue Art von Gesellschaft, eine technologische Gesellschaft. Kann das ein Rollenmodell für die Welt sein?
Virdee: Jeder hier ist total daran interessiert, das Richtige zu machen; sicherzustellen, dass die Instrumente genauso funktionieren wie sie konstruiert worden sind. Wenn Probleme aufgetaucht sind, wurden sie benannt und gemeinsam gelöst. Das Ziel war dabei immer, alle Kräfte zu konzentrieren. Es muss ein gemeinsames Ziel geben, wenn so viele Menschen zusammenarbeiten. Es gibt natürlich Felder, für die sich Modelle wie CERN anbieten würden. Ich denke dabei an große Themen wie zum Beispiel den Klimawandel. In einem solchen Modell könnten sich die Wissenschaftler zusammensetzen mit dem Ziel, wirklich zu verstehen, was mit dem Klima geschieht. Dabei sollte man objektiv die Gründe und die Auswirkungen verstehen lernen um weitere Experimente zu unternehmen. Es gibt also Probleme, bei denen Modellorganisationen wie CERN als Vorbild dienen könnten – als Organisationsprinzip sozusagen.

Organisation verstanden als Kosmos, als Organismus?
Virdee: Genau. Die Menschen am CERN haben großen gegenseitigen Respekt, ganz egal wo sie herkommen. Die guten Ideen können von jedem kommen. Das kann sogar ein Student sein; manchmal ist es wirklich ein Student. Das ist ein wichtiger Aspekt. Betrachten Sie es anders herum: Das bedeutet Freiheit des Ausdrucks und Freiheit der Gedanken. Ein weiterer wichtiger Aspekt ist, dass sie während dieser komplexen Projekte von Ihren Kollegen überprüft werden, das ist die sogenannte Peer Review. Dabei werden Sie von Kollegen begutachtet, die nicht mit dem Projekt beschäftigt sind. Sie bekommen also Input von außen, um damit sicherzustellen, dass Sie so gut wie möglich immer das Richtige tun. Natürlich können wir immer noch Fehler machen, aber diese werden durch die Peer Review minimiert. Es gibt also bestimmte Aspekte in unserer Community, die sehr dabei helfen, ein wirklich gutes Produkt zu haben.

Wie sollte ein Physiker arbeiten, denken, sein?
Virdee: Wir wollen die Geheimnisse der Natur finden, und dazu sollte man recht bescheiden sein und nicht seine eigenen Qualitäten überbewerten. Die andere Sache ist: Wenn Sie die Geheimnisse der Natur finden wollen, dann muss man dabei sehr vorsichtig und sehr genau vorgehen und immer davon ausgehen, dass man Fehler machen kann. Sie müssen das minimieren, also immer dafür sorgen, dass

kein Fehler gemacht werden kann. Nicht in der Konstruktion, nicht in der Interpretation, nicht in der Analyse und so weiter. Der Aspekt, sich immer selbst in Frage zu stellen, ist dabei sehr wichtig. Denn das allein ermöglicht es Ihnen, die Geheimnisse der Natur zu verstehen, wenn Sie Ihnen in den Schoß fallen.

Wie viel verstehen wir von der Natur? Welches Bild haben wir von ihr?

Virdee: Man kann ruhig den Satz verwenden, den soweit ich weiß Newton geprägt hat. Er stand an einem Strand und erkannte, dass seine Erkenntnis so viel war wie eine schöne Muschel; aber es gab noch einen ganzen Ozean der Erkenntnis da draußen – und ich denke, das stimmt immer noch. Wir haben zwar Riesenfortschritte gemacht, aber es gibt noch viel zu tun. Die Suche, auf der wir uns befinden, wird noch für eine ganze Weile weitergehen.

Newton-Zitate, Zitate zu Newton

»Ich weiß nicht, wie ich der Welt erscheinen mag; aber mir selbst komme ich nur wie ein Junge vor, der am Strand spielt und sich damit vergnügt, ein noch glatteres Kieselsteinchen oder eine noch schönere Muschel als gewöhnlich zu finden, während das große Meer der Wahrheit gänzlich unerforscht vor mir liegt.«

(David Brewster, in: Memoirs of Newton, 1855)

»Wenn ich weiter sehen konnte, so deshalb, weil ich auf den Schultern von Riesen stand.«

(Brief an Robert Hooke, 5. Februar 1675/76)

»Natur und der Natur Gesetz im Dunkeln sah man nicht // Gott sprach: Es werde Newton! Und es ward Licht.«

(Alexander Pope: Epitaph für Sir Isaac Newton)

Isaac Newton

Isaac Newton (1643–1727) gilt als einer der wichtigsten Wissenschaftler aller Zeiten. Er ist der Begründer der klassischen theoretischen Physik und damit zusammen mit Galileo Galilei der exakten Naturwissenschaften. Newton (ab 1705 »Sir«) entwickelte als Professor für Mathematik am Trinity College der Universität Cambridge bahnbrechende theoretische Ansätze über die Natur des Lichts, über die Gravitation, die Planetenbewegungen und andere mathematische Berechnungen (Binominaltheorem, Differential- und Integralrechnungen).

Newtons 1686 veröffentlichtes Hauptwerk »Philosophiae Naturalis Principia Mathematica« beschrieb auf mathematische Weise das Gesetz der universellen Schwerkraft (Gravitation) und verband damit die Forschungen und Ergebnisse

Isaac Newton (1642–1727), Gemälde
nach Sir Godfrey Kneller (1646–1723).

Galileis zur Erdgravitation mit den drei Keplerschen Gesetzen. Das Newtonsche Gesetz der Schwerkraft gilt überall, auf der Erde wie auch im freien Raum. Es ist ein universelles naturwissenschaftliches Gesetz. Newtons drei Grundgesetze der Bewegung erklären das Trägheits-, Aktions- und Reaktionsprinzip der Materie und bilden das Fundament der klassischen Mechanik.

Newtons Bewegungsgesetze sind ein entscheidender Bruch mit der traditionellen Lehre der Anhänger Aristoteles', den sogenannten Peripatetikern, welche die Verhältnisse im Himmel grundlegend von denen auf der Erde unterschied. Mit Newton wurde klar, dass es universelle Gesetze gibt, die überall im Universum gelten. Die wirkenden Kräfte behandelt Newton dabei als Quantitäten, die sich sowohl experimentell als auch mathematisch-geometrisch fassen lassen. Newton begründete damit die moderne wissenschaftliche Arbeitsweise, die den Fortschritt anhand einer gezielten Koordination von mathematisch-wissenschaftlicher Theorie und experimenteller Forschung vorantreibt.

Die Geschichte, Isaac Newton sei die Idee zu seinem Gravitationsgesetz bei der Betrachtung eines vom Baum fallenden Apfels gekommen, ist eine weitere Legende der Physik. Sie geht auf die »Memoires of Sir Isaac Newton's Life« von William Stukeley zurück. Voltaire schildert die legendäre Entdeckung zwar mit ähnlichen Worten, es ist aber auch möglich, dass der teilweise recht merkwürdig erscheinende Newton später die Geschichte selbst erfunden hat.

Newtons Platz im Pantheon der Physik ist zentral. Seine Auffassung vom absoluten Raum und von absoluter Zeit dominierte über 200 Jahre lang Philosophie und Naturwissenschaft. Erst Albert Einsteins Relativitätstheorie und die Heisenbergsche Unschärferelation revolutionierten die wissenschaftliche Welt erneut in dem Maße wie Newton. Newton wurde zu Lebzeiten hoch geehrt. Er war Mitglied des Parlaments, Vorsteher der königlichen Münzanstalt und Präsident der Royal Society. Sein Grab befindet sich in Westminster Abbey, der Grablege der britischen Könige. »Newton« bezeichnet international die Einheit der Kraft (N).

Wo in der Geschichte der Physik würden Sie den LHC ansiedeln?
Virdee: Im Sinne der Technologie ähnelt es dem Apollo-Programm. Aber in Anbetracht dessen, was passieren könnte, würde ich den LHC eher in Zusammenhang mit den Dingen sehen wollen, die am Be-

ginn des vergangenen Jahrhunderts passiert sind. Damals haben sich unsere Erkenntnisse über Raum und Zeit radikal verändert, als die Quantenmechanik entdeckt wurde. Es könnte etwas in dieser Art passieren. Es ist dabei sehr wichtig zu verstehen, was in der Energieregion des LHC passieren kann. Wir wissen ja, dass unser sogenanntes Standardmodell einige Unzulänglichkeiten besitzt. Es ergibt einige unsinnige Antworten, wenn wir Berechnungen im Energiebereich des LHC anstellen, bei zehnmal kleineren Energien funktioniert es perfekt. Wir haben in unseren Daten bis jetzt noch keine Auffälligkeiten entdeckt, aber wir sind fast sicher, dass etwas am LHC passieren wird; was genau, wissen wir nicht. Es könnte aber tatsächlich zu einer vollkommenen Veränderung darüber führen, wie wir die Funktionsweise der Natur grundlegend verstehen. Denn die Natur ist letztendlich unser Ratgeber, nicht wir selbst. Wir versuchen zu entdecken, wie sie selbst einige dieser Dinge gelöst hat. Wir haben einige Mutmaßungen, die entweder favorisiert werden oder nicht. Wir machen die Experimente, um sicher zu sein, denn Mutmaßungen sind unzureichend. Wir müssen experimentell herausfinden, was die Natur gemacht hat und deshalb sind diese Experimente sehr wichtig, deshalb unternehmen wir sie. Anderenfalls könnten wir einfach über diese Dinge nachdenken.

Es gibt das große Problem der Gravitation. Keiner weiß genau, was sie ausmacht. Wenn das Higgs existiert: Was bedeutet das?
Virdee: Man sollte sich anschauen, was der Higgs-Mechanismus macht. Er komplettiert das Standardmodell, in dem zum Beispiel das Photon masselos ist und die Träger der schwachen Wechselwirkung, die W- und Z-Bosonen, eine Masse haben, die hundertmal größer ist als die des Protons. Wir denken, dass der Higgs-Mechanismus sozusagen die Symmetrie bricht – denn in den einfachen Theorien, die wir entwickelt haben, haben die Elementarteilchen eine Masse von null. Wir wissen aber definitiv, dass das nicht stimmt. So hat die Natur nicht gearbeitet, denn wir existieren und haben Teilchen in unserem Körper, die Masse haben. Irgendetwas muss also passiert sein – wir nennen es spontane Symmetriebrechung. Natürlich hätte sich die Natur auch einen anderen Weg aussuchen können, aber mit unseren Experimenten werden wir die Antwort finden, und das könnte der Higgs-Mechanismus sein oder auch etwas anderes.

Wir benutzen den Higgs-Mechanismus, denn er war bisher eine hervorragende physikalische Richtschnur. Er hat es erlaubt, eine ganze Reihe wichtiger Möglichkeiten zu erforschen. Wenn Sie also in unterschiedlichen Energieskalen einen guten Job mit dem Higgs machen können, dann wird dieser Detektor wahrscheinlich auch gut genug dafür sein, das zu entdecken, was uns die Natur anbietet. Aber CMS wurde nicht nur für das Higgs entworfen, sondern für alles, was bei dieser speziellen Energie möglich ist. Jetzt müssen wir entziffern, was uns die Natur anbietet; der Higgs-Mechanismus ist dabei nur ein Aspekt.

Nun zu Ihrer Frage über die Gravitation. Die Einsteinsche Allgemeine Relativitätstheorie und die Quantenmechanik sind die beiden Eckpfeiler der Physik des 20. Jahrhunderts. In bestimmten Situationen – wie zum Beispiel am Rande eines Schwarzen Lochs – geben sie allerdings widersprüchliche Antworten. Irgendetwas stimmt also nicht und Teil des Problems ist, dass wir keine Quantentheorie der Gravitation haben. Die beiden großen Säulen der Wissenschaft des 20. Jahrhunderts haben also gewissermaßen einen Konflikt. Sie sind aber sicher auch weiterhin die Säulen, auf denen das Standardmodell ruht. In diesem Sinne muss es einen Fortschritt geben und unsere Hoffnung ist es, dass ein paar der Resultate des LHC uns den Weg zeigen werden. Momentan sind wir in folgender Situation: Einige sagen uns, wir sollten diesen Weg einschlagen, andere deuten in eine andere Richtung, andere in eine weitere Richtung. Wir wissen es einfach nicht.

Virdee: Vielleicht sollte man noch eine Sache hinzufügen. Das vordringliche Ziel des LHC ist wissenschaftlich; es gibt aber noch wei-

Tejinder Singh Virdee – richtungsweisend (© Michael Krause).

tere Aspekte, in denen es bereits Ergebnisse gibt, zum Beispiel auf dem technologischen Sektor. Der LHC hat die Zusammenarbeit mit der Industrie auf dem technologischen Sektor sehr vorangetrieben. Das verhilft der Industrie zu wirklich herausragenden Produkten. Es gibt also immer einen Spin-off. Natürlich, der LHC hat primär eine wissenschaftliche Ausrichtung, und unsere Instrumente sind wissenschaftliche Instrumente. Aber dazu sind extreme Ingenieursleistungen nötig. Leistungen auf mechanischem, elektrischem und im Computerbereich – auf allen Gebieten musste bis an die Grenzen gegangen werden.

Ich selbst habe bei CMS an einem Detektor gearbeitet, der Blei-Wolfram Kristalle benutzt. Das Licht wird dort durch Siliziumdioden[1] verstärkt. Wir befinden uns innerhalb des Experiments in einem sehr starken magnetischen Feld, also müssen die Dioden auch in diesem starken Feld funktionieren. Diese Siliziumdioden werden heute in der Magnetresonanztomographie verwendet, um ein besseres, dynamischeres Bild vom Inneren unseres Körpers zu bekommen. Aber das ist nur eine Anwendung; es gibt weitere in der Supraleitfähigkeit und so weiter.

Eine weitere Technologie ist die schnelle Datenübermittlung über das Grid für die Analysen, die wir damit machen. Dann gibt es noch den Bildungseffekt: Die meisten Menschen, die hier an Experimenten arbeiten, kommen von Universitäten, die überall auf der Welt verteilt sind; bei CMS allein sind es 190 Institutionen. Ich persönlich komme vom Imperial College, wo ich immer noch lehre. Alle Professoren, die am LHC arbeiten, gehen zurück und versuchen den Enthusiasmus für diese Art von Wissenschaft einer jüngeren Generation weiterzugeben. Am CMS, am ATLAS und an anderen Experimenten arbeiten einige tausend Doktoranden. Viel Arbeit wird von den Studenten selbst geleistet. Ein weiterer Aspekt ist kultureller Art, wegen der vielen Nationalitäten am CERN. Ich selbst war schon in ungefähr 30 Ländern; dort muss man dann mit den Menschen reden, mit den Universitätsmitarbeitern und den Ministern. Man muss versuchen ihnen zu erklären, was man hier macht und sie zur Mitarbeit an dieser Unternehmung animieren. Diese Arbeit ist ebenso kulturell wie wissenschaftlich bereichernd.

1) Silicon Avalanche Diodes; spezielle Siliziumdioden

Ist CERN ein Rollenmodell für eine andere Gesellschaft, die auf Wissenschaft basiert?

Virdee: Ein sehr wichtiges Ziel einer Institution wie dieser ist es, die angesprochenen Probleme anzugehen, und ich bin sicher, dass sie gelöst werden können. Wir hatten hier sehr viele Probleme, die Maschine zu bauen und die Experimente durchzuführen. Wir haben sie alle lösen können. Also meistens schafft man es, die Probleme zu lösen.

Dr. Tejinder Virdee

- Wir erwarten Entdeckungen. Diese Erwartung treibt uns voran – denn wir glauben fest daran, dass da draußen etwas ist, das uns, wenn wir es entdecken, sagen wird wie die Natur funktioniert und wie wir den nächsten Schritt machen müssen.
- Das Hauptergebnis des 20. Jahrhunderts innerhalb der Physik ist das Standardmodell. CERN sind die Vereinten Nationen der Physik.
- Wir wollen die Geheimnisse der Natur finden. Dazu sollte man recht bescheiden sein. Denn die Natur ist letztendlich unser Ratgeber, nicht wir selbst.

5
Dalton, Thomson, Rutherford, Bohr

Die Entwicklung des Atommodells

Demokrits Atommodell war durch das Verdikt der Lehre des Aristoteles über 2000 Jahre lang als nutzlos angesehen worden. Erst mit den großen naturwissenschaftlichen Forschungen Anfang des 19. Jahrhunderts fanden sich experimentelle Hinweise darauf, dass Materie tatsächlich aus kleinen Bausteinen aufgebaut ist.

John Dalton (1766–1844), ein englischer Chemiker und Physiker, kam über Wetterbeobachtungen und das Studium atmosphärischer Phänomene dazu, die chemischen Eigenschaften von Gasen genauer zu untersuchen. Mit seinem 1808 erschienenen Buch »A New System Of Chemical Philosophy« begründete Dalton die moderne Atomtheorie:

- Die Materie besteht aus Atomen.
- Jedes Element besteht aus gleichartigen, unteilbaren Atomen. Sie sind für die Eigenschaften des Elements verantwortlich.
- In chemischen Reaktionen verbinden sich Atome unterschiedlicher Elemente zu Molekülen.
- In chemischen Reaktionen verbinden sich Atome eines Elements miteinander in stets ganzzahligen Massenverhältnissen (Daltons Gesetz der multiplen Proportionen).

Daltons Modell setzte sich schnell in der Praxis der chemischen Forschung durch. Es war aber nicht präzise und spezifisch genug und konnte keinerlei elektrophysikalische oder elektrochemische Reaktion erklären. Dennoch – seine Methode, Theorie und Experiment fest miteinander zu verknüpfen, wurde zum Standard der physikalischen Forschung. Ihm zu Ehren wurde die atomare Massenkonstante Dalton (Da) benannt. Ein Dalton entspricht ungefähr der Ruhemasse eines Protons. Heute wird allerdings fast nur noch die Atommassen-

Wo Menschen und Teilchen aufeinanderstoßen. Erste Auflage. Michael Krause.
© 2013 WILEY-VCH Verlag GmbH & Co. KGaA.

einheit u (unified atomic mass unit) als Bezeichnung gebraucht. Die Referenzgröße ist $1/12$ der Ruhemasse des Kohlenstoffatoms ^{12}C.

Der britische Physiker Joseph John (J.J.) Thomson (1856–1940) war Professor für Experimentalphysik am berühmten Cavendish-Laboratorium an der Universität von Cambridge. Seine Vorgänger dort waren James Clerk Maxwell und dessen Nachfolger John William Strutt (Baron Rayleigh). Thomson unternahm in den 1890er Jahren Versuche mit Kathodenstrahlröhren, die auf Experimenten und Erkenntnissen des deutschen Physikers Johann Wilhelm Hittorf und des englischen Pioniers Sir William Crookes aufbauten. Thomson lenkte den Kathodenstrahl durch elektromagnetische Felder ab und stellte fest, dass die Strahlen aus einer einzigen Art negativ geladener Teilchen bestehen mussten:»aus Körpern, die viel kleiner als Atome« waren. Damit war im Gegensatz zum Atommodells Daltons bewiesen, dass Atome keineswegs unteilbar sind, sondern kleine, negativ geladene Teilchen enthalten. Thomson nannte das von ihm entdeckte Teilchen»Korpuskel«, eine damals nicht unübliche Beschreibung für etwas, das man noch nicht so genau kennt. Für die Entdeckung des inzwischen Elektron genannten, ersten subatomaren Elementarteilchens erhielt J.J. Thomson im Jahr 1906 den Nobelpreis für Physik.

Thomson entwickelte zusammen mit dem Doyen der britischen Physik, Lord Kelvin (1824–1907; Kelvin-Skala, Zweiter Hauptsatz der Thermodynamik, Einführung des Begriffs Energie) ein eigenes Atommodell:

- Die negativ geladenen Elektronen sind kleinste Teilchen innerhalb des Atoms.
- Die gesamte positive Ladung ist in einer Art Pudding innerhalb des Atoms verteilt.

Wolke, Rosinenkuchen oder Melone (in der die Kerne die negativ geladenen Elektronen und das Fruchtfleisch die positive Ladung darstellen) sind weitere Möglichkeiten, sich Thomsons Atommodell vorzustellen. Es berücksichtigte zwar die elektrischen Eigenschaften der Materie, konnte aber nicht erklären, warum die Elemente bei Spektralversuchen eindeutige Spektrallinien erzeugten, d. h. nur Wellen mit bestimmten Frequenzen aussendeten (Fingerabdruck der Elemente).

Der aus Neuseeland stammende Ernest Rutherford (1871–1937) absolvierte sein Postgraduierten-Studium als Schüler Thomsons am Cavendish Laboratory in Cambridge. Da der »Überflieger« Rutherford aber für eine Karriere in Cambridge dem britischen Wissenschafts-Establishment noch zu jung erschien, ging Rutherford an die Mc-Gill Universität in Montreal, Kanada. Hier gelang es ihm, das Rätsel der neu entdeckten Radioaktivität zu entschlüsseln. Es gelang ihm, Alpha- und Betastrahlen zu isolieren und er wies nach, dass Radioaktivität bei dem Zerfall eines Elements in ein anderes entsteht. Rutherford erhielt 1908 den Nobelpreis für Chemie für seine »Untersuchungen über den Zerfall der Elemente und die Chemie radioaktiver Substanzen«. Er wird dank seiner großen theoretischen und experimentellen Fähigkeiten oft als »Vater der Nuklearphysik« bezeichnet, Einstein nannte ihn einen zweiten Newton.

Rutherford ging 1907 an die Universität Manchester. Hier unternahm er sein berühmtestes Experiment (alpha particle scattering). Rutherford lenkte Alphastrahlen, die bekanntermaßen positiv geladen waren und dem gemäß aus dem Pudding des Thomsonschen Atommodells bestehen mussten, auf eine sehr dünn ausgewalzte (0,000 004 cm) und damit etwa 1000 Atome starke Goldfolie. Dahinter war eine kreisförmige Detektorfolie aus Zinksulfit installiert. War die Masse des Atoms gleichmäßig verteilt wie in dem Modell von Thomson, mussten alle Teilchen die Folie ungehindert durchqueren können. Bei Rutherfords Versuch stellte sich jedoch heraus, dass manche der Teilchen stark abgelenkt, einige sogar zurückgeworfen wurden. Rutherford über sein Goldfolienexperiment: »Es war wirklich der unglaublichste Moment meines Lebens. Es war genau so unglaublich, als wenn man mit einer 15-Zoll-Granate auf ein Stück Seidenpapier schießt und die Granate kommt zurück und trifft einen.«

Im Mai 1911 veröffentlichte Rutherford einen Artikel über die Ergebnisse seiner Streuversuche (»Structure of the Atom«), in dem er sein Atommodell beschrieb:

- Das Atom besteht aus einem positiv geladenen, extrem kleinen und extrem massiven Kern.
- Negativ geladene Elektronen bewegen sich kreisförmig um diesen Kern.
- Zwischen Kern und Elektronen ist leerer Raum.

Rutherfords weitere Messungen ergaben einen Durchmesser des Atomkerns von weniger als $3,4 \times 10^{-14}$ Meter. Bekannt war, dass das Goldatom einen Gesamtdurchmesser von ungefähr 10^{-10} Meter hat – der Atomkern war demnach also ungefähr 10 000-mal kleiner als das gesamte Atom!

Rutherford entwickelte ein Atommodell, in dem die Elektronen den Kern ähnlich wie die Planeten die Sonne umkreisen; sein Planetenmodell löste Thomsons Pudding-Modell ab. Rutherfords Modell war zwar sehr anschaulich, doch es hatte einen entscheidenden Fehler: Es gab den Elektronen die Freiheit, beliebige Umlaufbahnen um den Kern einzunehmen. Eine Folge davon wären völlig unterschiedliche Eigenschaften eines einzelnen Elements gewesen. Auch die unterschiedlichen Spektrallinien der Elemente konnten damit immer noch nicht erklärt werden. Darüber hinaus würden die um den Atomkern kreisenden Elektronen nach den Gesetzen der Elektrodynamik ständig Energie verlieren und folglich in den Kern stürzen. Rutherfords Atommodell war zwar ein riesiger Schritt, doch es ergab instabile Elemente – was offensichtlich nicht richtig sein konnte.

Der Däne Niels Bohr (1985–1962) war einer der einflussreichsten Physiker des 20. Jahrhunderts. Niels Bohr legte zusammen mit Max Planck, Albert Einstein, Werner Heisenberg und Erwin Schrödinger die Grundlagen der Quantentheorie, Basis der modernen Atomphysik. Bohr hatte in Kopenhagen studiert, um dann bei J.J. Thomson in Cambridge und Ernest Rutherford in Manchester postdoktorale Studien durchzuführen. 1913 entwickelte Bohr Rutherfords Atommodell weiter, indem er Konzepte aus der Quantentheorie Max Plancks anwendete: Bohrs Modell ergab sich nicht aus Experimenten, sondern wurde durch die bestehenden Eigenschaften des Wasserstoffatoms belegt.

Bohrs Atommodell:

1. Elektronen umkreisen den Atomkern auf ausschließlich kreis- oder ellipsenförmigen Bahnen.
2. Die Elektronenbahnen befinden sich ausschließlich auf bestimmten, quantisierten Energieniveaus.
3. Übergänge zwischen den Elektronenbahnen sind nur in Sprüngen (Quantensprünge) durch die gleichzeitige Aufnahme bzw. Abgabe von Energie möglich.

Bohrs Atommodell konnte zwar die Spektrallinien und Eigenschaften einfacher Atome wie Wasserstoff exakt beschreiben, bei komplexeren Atomen war es jedoch nicht anwendbar. 1921 entwickelte Bohr schließlich das sogenannte Aufbauprinzip, das die Struktur der Elektronenbahnen spezifizierte: »Elektronen sind in klar getrennte Gruppen aufgeteilt; jede enthält eine solche Anzahl an Elektronen, die den Reihen innerhalb des Periodensystems entsprechen« (Atomic Structure, Nature, 24/1921). Elektronen bewegen sich demnach in bestimmten Gruppen auf bestimmten »Schalen«. Nur die äußeren Elektronenschalen bestimmen die chemischen Eigenschaften des Atoms. Bohrs Modell lieferte damit eine theoretische Erklärung der chemischen Elemente. Es gilt bis heute – mit Änderungen vor allem durch die Mitarbeit Werner Heisenbergs – als Grundlage der modernen Atomphysik. Für seine Forschungen über die Atomstruktur erhielt Niels Bohr 1922 den Nobelpreis für Physik. Seit 1921 leitete Bohr das Kopenhagener Institut für theoretische Physik. Es wurde in den folgenden Jahrzehnten Zentrum und Anlaufpunkt der internationalen Atomphysik-Forschung.

6

Der Erbauer des LHC: Lyn Evans

LHC-Projektleiter

Lyndon Rees Evans wurde am 24. Juli 1945 in Aberdare, Wales (Großbritannien) geboren. Evans studierte zuerst Chemie, dann Physik am University College in Swansea. Seine Doktorarbeit beschäftigte sich mit der Plasmabildung in Gasen bei starker Laserbestrahlung. Seit 1969 arbeitet Dr. Evans am CERN. 1971 kam er in das Team für das 300-GeV-Projekt, das spätere Super Proton Synchrotron (SPS) unter der Leitung von John Adams. Evans war verantwortlich für den Umbau des SPS in einen Proton-Antiproton-Beschleuniger, den ersten Ringbeschleuniger dieser Art. Inzwischen weltweit als Fachmann für Konstruktion und Bau von Teilchenbeschleunigern anerkannt, arbeitete Evans in den USA an der Fertigstellung des ersten supraleitenden Speicherrings am Fermilab bei Chicago (HERA) und 1988 bis 1993 am Superconducting Supercollider (SSC) in Texas. Am CERN übernahm Evans 1989 die Leitung des SPS und die Entwicklung des Large-Electron-Positron-Beschleunigers (LEP). 1993 wurde »Evans the Atom" Projektleiter für den Bau des Large Hadron Collider (LHC). Schon 1995 präsentierte Evans und sein Team das LHC Conceptual Design, den detaillierten Basisplan für den Bau des LHC. Dr. Evans ist seit 2001 Commander des British Empire (CBE). Er ist Mitglied der American Physical Society und der Royal Society.

Was ist der LHC?
Evans: Der LHC ist der Large Hadron Collider, der große Hadronen-Kollidierer. Ein Hadron ist ein Neutron oder ein Proton, der Kern des Wasserstoffatoms. Der LHC ist ein Teilchenbeschleuniger, der zwei Protonenstrahlen mit sehr hoher Energie kollidieren lässt. Das produziert neue Partikel. Der LHC wandelt praktisch Energie in Masse um.

Lyndon Rees Evans (© Michael Krause).

Was war Ihr Job dabei?
Evans: Ich arbeite seit 1993 an diesem Projekt. Ich bin der Projektleiter.

Wie denken Sie über das Projekt?
Evans: Es ist gerade sehr, sehr spannend. Normalerweise dauert ein Projekt vier oder fünf, vielleicht sechs Jahre. Aber dieses Projekt ist immens groß und deshalb hat es sehr lange gedauert es durchzuführen.

Wie kamen Sie zum LHC?
Evans: Das ist eine lange Geschichte, und ich bin auch schon sehr lange am CERN. Ich kam 1969 hierher; seitdem baue ich an Beschleunigern. Als der LHC vom CERN-Rat in Auftrag gegeben wurde, wurde ich der Projektleiter. Das war schon 1993, und 1994 ging es dann los. Seitdem arbeite ich daran.

Wie kamen Sie zur Physik?
Evans: Ich habe mich schon immer für die Wissenschaft interessiert. Ich habe meinen Doktor der Physik gemacht, aber nicht über Beschleuniger. Ich habe über von Lasern produzierte Plasmen promoviert. Zum CERN kam ich 1969 als Besucher für drei Monate. Seitdem bin ich nun hier. Bei meinem ersten Job habe ich an einem sehr kleinen Beschleuniger gearbeitet, der drei Millionen Elektronenvolt leistete. Der LHC hat vierzehntausend Millionen Elektronenvolt.

Sind Sie stolz auf das, was sie geleistet haben?
Evans: Der LHC ist die Zukunft des CERN und der Teilchenphysik. Diese Maschine wird das Flaggschiff für die nächsten 20 Jahre sein. Ich denke, dass kein Teilchenphysiker mehr erreichen kann.

LHC-Tunnel (© 2012 CERN, CERN-AC-120617008).

Der **Large Hadron Collider (LHC)** ist ein Synchrotron, genau wie seine Vorbeschleuniger Proton Synchrotron (PS) und Super Proton Synchrotron (SPS). In Synchrotronen wird ein synchronisiertes, hochfrequentes elektrisches Wechselfeld im Mikrowellenbereich zur Beschleunigung der Teilchen eingesetzt. Im Gegensatz zu den Vorbeschleunigern werden die Protonen im LHC jedoch in zwei parallelen, aber getrennten Strahlrohren in entgegengesetzten Richtungen beschleunigt und zur Kollision gebracht. Der LHC ist mit 27 Kilometern Länge der größte und leistungsstärkste Teilchenbeschleuniger der Welt.

Von der Protonenquelle aus werden die Teilchen mit sogenannten Kickermagneten in die Kreisbeschleuniger eingeschleust. Diese Magnete erzeugen ein Ablenkfeld, das die Teilchenpakete in den LHC umlenkt. Im LHC halten 1232 Dipol-Magnete durch ihr starkes Magnetfeld von bis zu 8,3 Tesla die Teilchen auf ihrer Kreisbahn. Diese Magnete werden mit

superflüssigem Helium (Helium II) auf 2 Kelvin abgekühlt. Das Material wird dadurch supraleitend, der elektrische Widerstand sinkt auf null und ein viel höherer Strom kann ohne Widerstand fließen. Die Beschleunigung der Protonen erfolgt auf mehreren Beschleunigungsstrecken mit sogenannten Hohlraumresonatoren, in denen elektromagnetische Wellen mit hoher Frequenz (Mikrowellen) anliegen. Bei diesem Vorgang »surfen« die Protonen auf den elektromagnetischen Wellen und werden dadurch immer schneller, bevor sie mit maximaler Energie innerhalb der Detektoren (ATLAS, CMS, etc.) aufeinanderprallen und innerhalb kürzester Zeit in andere Teilchen zerfallen.

Der Teilchenstrahl bewegt sich mit annähernd Lichtgeschwindigkeit (99,999 999 1 %) innerhalb einer Vakuumröhre. Im LHC wird bei einem Gesamtvolumen von 9000 Kubikmetern ein Vakuum von 10 bis 13 Atmosphären erzeugt. Durch das Vakuum wird verhindert, dass die Teilchen mit Gasatomen zusammenstoßen und verlorengehen. Trotz dieser Maßnahmen stoßen die beschleunigten Teilchen während ihrer »Reise« im LHC mit noch vorhandenen Atomen zusammen; der Strahl muss immer wieder fokussiert werden. Dies geschieht mit starken Quadrupol-Magneten (Magnete mit vier Polen). Im LHC sind annähernd 500 dieser etwa drei Meter langen Quadrupol-Magnete installiert, die wie die Dipol-Magnete supraleitend sind.

In den Experimenten werden bis zu 600 Millionen Mal pro Sekunde Proton–Proton-Kollisionen herbeigeführt. Neben den üblichen Wasserstoffkernen werden auch Blei–Blei-Kollisionen durchgeführt (ALICE-Experiment). Der Teilchenstrahl besteht aus 2808×2808 Paketen. Die Pakete haben einen Abstand von zirka 7,5 Metern (25 ns) voneinander und enthalten etwa 10^{11} Protonen pro Paket. Die maximale Kollisionsenergie der einzelnen Protonen ist innerhalb der gegenläufigen Strahlenpakete auf $7 + 7$ TeV (2010/11: $3,5 + 3,5$ TeV; 2012: $4 + 4$ TeV) ausgelegt. Die Kollisionsrate (Luminosität) beträgt 10^{33}–10^{34} Kollisionen pro Quadratzentimeter und Sekunde.

Gab es ein bestimmtes Ereignis, das Sie besonders motiviert hat?
Evans: Nein, es gab kein solches Ereignis. Wenn Sie an der Wissenschaft Interesse haben, dann haben Sie daran im Allgemeinen Interesse. Tatsächlich habe ich angefangen, Chemie und nicht Physik zu studieren. Aber nach meinem ersten Jahr habe ich herausgefunden, dass die Physik mich viel mehr interessiert hat.

Dies hier ist das Flaggschiff, sagten Sie. Warum?
Evans: Es gibt nichts Vergleichbares. Der LHC verschiebt die Grenze im allerhöchsten Energiebereich in ungeheurer Art und Weise. Es gibt keinen Zweifel, dass mit dieser Maschine einige fundamentale Entdeckungen gemacht werden. Es ist wirklich sehr aufregend in vollständig neues Gebiet vorzudringen, das noch niemand vorher betreten hat.

Was, denken Sie, wird man finden?
Evans: Da gibt es eine ganz lange Wunschliste. Wir wissen ja alle: Das Higgs-Boson steht ganz oben auf dieser Liste. Wenn es das Higgs-Boson gibt, dann muss es innerhalb der Kapazitäten dieser Maschine zu finden sein. Es stehen natürlich noch andere Sachen auf der Wunschliste, denn man kann in diesem Bereich immer mit riesengroßen Überraschungen rechnen. Für mich sind diese Überraschungen am interessantesten.

Welche Eckdaten hat der LHC? Wie viel Energie braucht die Maschine?
Evans: Paradoxerweise weniger Energie als wir jemals am CERN mit unseren konventionellen Beschleunigern gebraucht haben. Um Ih-

nen Zahlen zu nennen: Wir verbrauchen ungefähr 200 Megawatt. Aber der LHC ist eine Maschine mit Supraleitfähigkeit. Die Magnete sind supraleitfähig, das heißt, dass sie überhaupt keine Energie verbrauchen. Tatsächlich benötigen innerhalb des LHC-Systems die Helium-Kühlaggregate die meiste Energie. Der LHC verbraucht insgesamt gerade einmal halb so viel Strom wie die alten Beschleuniger, arbeitet dafür aber in einem viel höheren Energiebereich.

Wie lang hat der Bau des LHC gedauert und wie viele Menschen waren daran beteiligt?

Evans: Das LHC-Projekt wurde im Jahr 1984 während eines Meetings in Lausanne vorgeschlagen. Das Projekt wurde dann im Jahr 1994 bestätigt; das waren also allein 10 Jahre vom ersten Konzept bis zum Bauauftrag. Und dann hat es noch einmal mehr als 10 Jahre gedauert die Maschine zu bauen. Das ist schon ein sehr, sehr langes Projekt.

Wie viel hat der LHC gekostet?

Evans: Die endgültigen Kosten sind ungefähr dreieinhalb Milliarden Schweizer Franken.[1]

Wie viele Menschen haben am Bau des LHC mitgewirkt?

Evans: Diese Frage ist sehr schwer zu beantworten. Vom CERN haben ungefähr 400 Leute am LHC gearbeitet. Aber es waren natürlich noch andere Firmen und Labors beteiligt. Große Teile des LHC wurden außerhalb des CERN gebaut, in den USA, Russland, Kanada und Japan. Ich weiß nicht, wie viel Leute dort beschäftigt waren. Es werden also gut eintausend Menschen gewesen sein, die am Bau des LHC mitgearbeitet haben. Und das gilt nur für den Bau der Maschine; für den Bau der Detektoren ist das noch eine ganz andere Geschichte.

Wo wird der Teilchenstrahl generiert?

Evans: Selbstverständlich nutzt der LHC die schon bestehende Infrastruktur des CERN, also die alten Beschleuniger. Der Teilchenstrahl hat seinen Ursprung in einer Wasserstoffflasche. Das Wasserstoffgas

---

1) Laut CERN factsheet: 5 Milliarden Schweizer Franken. Forschung und Entwicklung, Tests und Probeläufe sind dabei mit eingerechnet, nicht der CERN-Anteil an den Kollaborationen (Stand Juni 2010). Die Zahlenangaben für die Kosten des Gesamtprojekts LHC variieren. Die durch die Länderkooperationen eingebrachten Leistungen (Forschung, Personal) sind zum großen Teil nicht in den angegebenen Kosten enthalten.

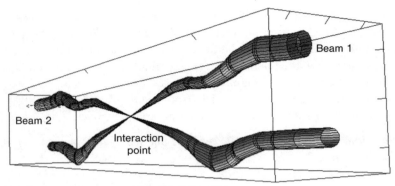

Verlauf der Teilchenstrahlen im ATLAS-Detektor (© 2012 CERN).

wird ionisiert; dabei entstehen Protonen, das heißt positiv geladene Wasserstoffatomkerne. Diese werden dann zuerst in einem Linearbeschleuniger beschleunigt. Dann geht es durch drei weitere Beschleuniger, die jeweils die Energie der Teilchen erhöhen, bevor die Teilchen in den LHC injiziert werden. Die gesamte Infrastruktur bestand schon am CERN, wir mussten sie nicht erst bauen. Hätten wir den LHC sozusagen auf der grünen Wiese errichten müssen, wären die Kosten weitaus höher als die erwähnte Summe gewesen.

Der Teilchenstrahl selbst: Wie sieht er aus? Wie groß ist er? Hat er einen bestimmten Geruch?
Evans: Der Strahl an sich besteht aus Teilchenbündeln, die mit beinahe Lichtgeschwindigkeit unterwegs sind. Innerhalb dieser Bündel, die ein paar Zentimeter lang sind, gibt es Billiarden Partikel oder Protonen. Der Teilchenstrahl ist etwa einen Millimeter dick, außer an den Kollisionspunkten der jeweiligen Experimente. Dort wird der Strahl auf ungefähr 15 Mikron fokussiert. 15 Mikron, das ist ungefähr die Hälfte eines menschlichen Haars. Ich habe übrigens noch nie versucht daran zu riechen.

Wie sieht der Strahl aus?
Evans: Man kann ihn nicht mit eigenen Augen sehen. Wir haben Bildschirme, auf denen wir das Bild des Kollisionspunktes sehen können, ein sehr helles Bild. Mit anderen Detektoren messen wir das Profil des Teilchenstrahls: Damit können wir die Dicke des Strahls bestim-

men. Und überall innerhalb der Maschine können wir die Position des Strahls messen, denn wir müssen ihn immer in der Mitte der Vakuumröhre halten. Wir haben also eine Menge Apparate, um den Teilchenstrahl indirekt beobachten zu können.

Wie gefährlich ist der Strahl?
Evans: Der Strahl enthält eine große Energiemenge, sie beträgt maximal 350 Megajoule. Das wird Ihnen vielleicht nicht viel sagen, aber es entspricht der Menge von 80 Kilogramm TNT, vielleicht sagt Ihnen das etwas mehr. Man muss die Sache also mit einigem Respekt behandeln. Wenn wir den Strahl innerhalb der Vakuumröhre verlieren würden, dann würde er einfach ein Loch durch die Röhre bohren. Deshalb sind einige der wichtigsten Komponenten die hochentwickelten Steuerungssysteme, die den Strahl sicher in der Maschine halten. Wenn wir den Strahl nicht mehr brauchen, dann leiten wir ihn in einen speziell konstruierten Betonblock, der die Energie sicher absorbieren kann. [2]

Gibt es dafür ein Bild?
Evans: Wie gesagt: 80 Kilogramm TNT. Ich habe noch nie die Explosion von 80 Kilogramm TNT beobachtet, aber ich kann es mir vorstellen.

Wenn die Teilchenstrahlen kollidieren: Wie viel Energie ist das?
Evans: Wenn die Strahlen miteinander kollidieren, dann passiert natürlich meistens gar nichts – obwohl die Teilchenstrahlen sehr, sehr dicht gepackt sind. Sie fliegen einfach durcheinander durch, ohne dass sie miteinander reagieren. Aber ein kleiner Teil der Partikel kollidiert miteinander, mit einer Energie von maximal vierzehntausend Gigaelektronenvolt. Das ist ungefähr zehnmal mehr als es vorher dem Menschen möglich gewesen ist. Kosmische Strahlung aus dem Weltraum hat viel höhere Energien, aber dort gibt es eben viel weniger Ereignisse als mit dem LHC.

Kann man kosmische Strahlung sehen? Haben normale Menschen damit zu tun?
Evans: Kosmische Strahlen durchdringen unseren Körper ständig, sie bombardieren uns geradezu. Wir fühlen sie aber nicht, sie gehen einfach durch uns hindurch.

2) »beam dump«

Wo kommen diese Strahlen her?
Evans: Sie stammen aus dem Kosmos. Wir verstehen noch nicht ganz, wie diese extrem energiereichen kosmischen Strahlen produziert werden, aber sie bombardieren uns ständig.

Ist das Produkt im LHC diesen kosmischen Strahlen ähnlich?
Evans: Kosmische Strahlen kann man nur zufällig beobachten, sie sind nicht vorhersehbar. Aber im LHC ereignen sich die Kollisionen in einer sehr präzise definierten Position, zum Beispiel mitten im ATLAS-Detektor. ATLAS zeichnet alle Ergebnisse der Kollisionen auf, um damit dann zu rekonstruieren, was wirklich während der Kollisionen geschehen ist.

Was kommt nach dem LHC?
Evans: Der LHC wird uns sagen, was wir als nächstes zu tun haben werden. Das ist wie immer: Sie machen ein Experiment und das führt zum nächsten Schritt. Auch der LHC ist ein Kompromiss, denn er kollidiert Protonen miteinander. Protonen sind zusammengesetzte Teilchen, keine fundamentalen Objekte wie zum Beispiel Elektronen. Das Elektron ist ein absolut fundamentales Objekt. Das Proton hingegen – ich mache manchmal diesen Vergleich – ist wie eine Orange. Im Proton sind drei Quarks. Die Orange hat innen Kerne und drum herum viel Fruchtfleisch. Wenn Sie zwei Orangen miteinander kollidieren, dann werden Sie manchmal Kollisionen der Orangenkerne beobachten können, aber Sie werden immer auch das Fruchtfleisch haben. Es gibt also im LHC einen sehr hohen Anteil des sogenannten »background«, das sind irgendwelche Ereignisse. Es gibt nur manchmal Quark-Quark-Kollisionen, aber erst die ermöglichen wirklich fundamentale Beobachtungen. Der LHC ist also eine recht schmutzige Maschine, denn vor dem gesamten schmutzigen Hintergrund müssen wir nach Quark-Quark-Kollisionen suchen.

Die nächste Maschine sollte ein Elektronenbeschleuniger sein. Aber wir wissen noch nicht, wie man diese Elektronen-Kollisionsmaschine bauen soll. Werden Elektronen in einem Ringbeschleuniger wie dem LHC beschleunigt, dann emittieren sie Licht und verlieren dabei Energie. Je höhere ihre Energie ist, umso mehr verlieren sie davon. Die nächste Maschine wird also ein Linearbeschleuniger sein, beziehungsweise zwei lineare Elektronenbeschleuniger, die direkt aufeinander schießen. Der LHC wird uns sagen, mit welcher Energie diese Maschinen arbeiten sollten. Die Studie darüber nennt sich International Linear Collider (ILC) und man bereitet damit gerade den nächsten Schritt nach dem LHC vor.

Beschäftigen sich Leute hier schon damit?
Evans: Ja, natürlich. DESY in Hamburg[3] arbeitet seit langem führend an der für die Realisation dieses Projekts nötigen Forschung und Entwicklung. Soweit ich weiß, sind die schon in den Startlöchern. Wir müssen jetzt die Entdeckungen des LHC abwarten, um dann zu entscheiden, in welchem Energiebereich die neue Maschine arbeiten soll. Die Konstruktionsarbeiten könnten dann ungefähr 2012 oder 2015 beginnen.

Wie sind LHC und ATLAS miteinander verbunden?
Evans: ATLAS ist einer der beiden großen Detektoren um alle Aspekte der mit dem LHC möglichen Physik abzudecken. Der andere Detektor trägt den Namen Compact Myon Spectrometer, CMS.

»CMS-Rezept für ein Universum:
Man nehme eine große Explosion, um damit eine Menge Sternenstaub und viel Hitze zu produzieren. Köcheln Sie das Ganze für eine Ewigkeit in kosmischen Mikrowellen. Lassen Sie alles erstarren und dann abkühlen. 13,7 Milliarden Jahre später kühl servieren, zusammen mit Kulturen kleinerer Organismen.«

Evans: Zusätzlich gibt es noch zwei kleinere Detektoren. Der eine ist spezialisiert auf die Kollision von schweren Ionen[4]. Wir können nämlich auch schwere Blei-Ionen beschleunigen, um dann damit ein Quark-Gluon-Plasma zu produzieren. Ein solches Plasma entstand ganz zu Beginn des Big Bang. Der andere kleine Detektor ist dafür konstruiert zu untersuchen, warum Materie überhaupt existiert und so gut wie gar keine Antimaterie mehr vorhanden ist[5]. Aber ATLAS und CMS sind die wirklich Großen und ATLAS ist der Größte von allen.

ATLAS nutzt den LHC – Wie eng ist die Zusammenarbeit?
Evans: Sie können ATLAS nicht ohne den LHC betreiben und man kann den LHC nicht bauen ohne die Detektoren. Es musste also eine wirklich enge Kollaboration geben. Natürlich ist die Konstruktionsweise dieser beiden Anlagen völlig unterschiedlich. Der LHC wurde vom CERN gebaut mit einem geringen Anteil von etwa 20 Prozent

3) Deutsches Elektronen-Synchrotron
4) ALICE
5) LHCb

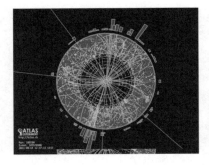

Proton-Proton-Kollisionsereignis mit 4 Myonen; d. h. 4 Myonen, ATLAS Experiment. Die Myon-Signale sind die weißen Linien, die zum Bildrand führen. Die Myon-Signale sind mögliche Signaturen eines Higgs-Teilchens (© 2011 CERN, CERN-EX-1112301).

anderer Institutionen. Die Detektoren, und das gilt besonders für AT-LAS, wurden von sehr großen internationalen Kooperationen gebaut, bei denen CERN nur etwa 20 Prozent Anteil hatte. Beides sind also vollständig unterschiedlichen Konstruktionen. Dennoch war es während der Bauphase sehr wichtig sehr eng miteinander zu arbeiten.

Was hat 2008 die Pause verursacht?
Evans: Es wurde noch nie etwas dieser Maschine Vergleichbares gebaut. Es überrascht überhaupt nicht, dass es während des Baus Probleme gab. Eines der Probleme ist in einem Bauteil entstanden, das von einem unserer Zulieferer kam. Aber ich muss schon sagen: Obwohl es kleinere Probleme gegeben hat, ist eine kleine Verzögerung von ein paar Monaten bei einem fast zwei Jahrzehnte dauernden Projekt keine große Sache – die Maschine wird ja noch weitere 20 Jahre laufen.

Am 20. Juni 2012 wurde Lyn Evans zum Linear Collider Director berufen. Ab 2013 wird Dr. Evans Planung und Entwurf des neuen Linearbeschleunigers und der dazugehörigen Detektoren leiten. Der ILC (International Linear Collider) wird Teilchen mit einer Energie von 0,5–1 TeV kollidieren lassen und mit supraleitfähigen Magneten arbeiten.

Dr. Lyn Evans

- Der LHC wandelt Energie in Masse um.
- Der LHC ist die Zukunft der Teilchenphysik. Diese Maschine wird das Flaggschiff für die nächsten 20 Jahre sein.
- Wenn die Strahlen miteinander kollidieren, passiert meistens gar nichts. Die Teilchen fliegen einfach durcheinander durch, ohne dass sie miteinander reagieren.

7
Physik, Musik, Kunst: Tara Shears

LHCb-Experiment

Sebastian White und Tara Shears 2011 in der CERN-Cafeteria (© Michael Krause).

Tara Shears und Sebastian White treffen sich während einer Kaffeepause auf der Terrasse der CERN-Cafeteria. Von hier aus ist der Mont Blanc bei gutem Wetter zu sehen, also an nur wenigen Tagen im Jahr – Sonnenschein, strahlend blauer Himmel. Der Mont Blanc ist damit der Dunklen Materie des Universums nicht unähnlich – sie ist sicher da, aber nur sehr schwer zu erblicken.

White: Es existiert das Gerücht, dass der Mont Blanc irgendwo dort drüben sein soll.
Shears: Wir können ihn nur nicht sehen. Heute jedenfalls nicht. Es ist zu dunstig, aber trotzdem ist es ein wunderbarer Tag.

Was ist so besonders an dieser Cafeteria?
White: Es gibt elegantere Cafeterien weltweit an wissenschaftlichen Orten.
Shears: Oh nein, es gibt keine Cafeteria wie diese. Hier wird wirklich Physik gemacht. Hier hat alles, was am CERN geschieht, seinen Ursprung. Bei einer Tasse Kaffee.

Worüber wird hier gesprochen?
Shears: Hier wird über alles diskutiert, und man redet hier mit allen möglichen Leuten.

Gab es schon einmal diesen einen Moment, diesen Aha-Moment?
Shears: Es ist der Moment, wenn Sie jemandem am Nachbartisch zuhören.

Wie meinen Sie das?
Shears: Also: Es passiert ja häufiger, dass Sie, wenn Sie über ein Problem nachdenken, steckenbleiben und nicht weiterkommen. Sie können in diesem Kreislauf für Stunden und Tage, manchmal sogar für Wochen gefangen sein. Aber alles, was Sie machen müssen, ist: Sie müssen da einfach raus. Und das machen Sie am besten so, dass Sie mit Ihren Freunden um einen Tisch herum sitzen und über etwas ganz anderes reden. Über Häuserkauf oder übers Skifahren. Ihre Gedanken werden zurück zum Problem kehren. Und dann geschieht etwas: Sie nehmen unbewusst Kontakt auf. Einer Ihrer Freunde sagt etwas; ein anderer antwortet darauf, sagt etwas dazu. Und dann, in diesem Tischgespräch, löst sich das Rätsel irgendwie auf – wie bei einem Puzzle.

Die Cafeteria ist also so etwas wie der große Gedanken-Kollidierer?
Shears: Wenn Sie so wollen.
White: Man könnte auch sagen: Gedankenfluss-Kollidierer.
Shears: Es ist ein sehr guter Platz zum Relaxen und um Dinge zu besprechen. Man kann hier sehr frei mit den Leuten sprechen. Hier trifft man theoretische Physiker und Experimentalisten, also auch Leute, die an anderen Experimenten arbeiten. Verstehen Sie, wir reden einfach viel miteinander. Hier ist dafür ein sehr guter Platz; sehr zivilisiert, guter Kaffee.

Tara Shears ist eine theoretische Physikerin. Sie promovierte an der Universität Cambridge und forscht als Reader (vgl. Professor extraordinarius) an der Universität Liverpool. Im Jahr 2000 begann sie im Rahmen des CDF-Experiments (Collider Detector at Fermilab) am damals energiereichsten Teilchenbeschleuniger der Welt, dem Tevatron bei Chicago (USA), ihre Studien über die Produktion von Quarks. Dr. Shears wechselte zum CERN, um am OPAL-Experiment (LEP) weiter über schwere B-Quarks und die Produktion von W-

Tara Shears in der CERN Council Chamber (© Michael Krause).

Bosonen zu forschen; sie wechselte später zum ATLAS-Experiment. Heute arbeitet Dr. Shears im Rahmen des LHCb-Experiments, das vor allem die Ursachen der ungleichen Verteilung von Materie und Antimaterie im heutigen Universum untersucht (CP violation). Ihre Forschungen konzentrieren sich auf Tests des Standardmodells im Bereich der elektroschwachen Kraft. Tara Shears ist Mitglied der CERN-Arbeitsgruppen QCD (Quantenchromodynamik) und Exotica physics – und in ihrer Freizeit der Dichtkunst und klassischen Musik zugeneigt (http://twitter.com/tarashears).

Wo sind wir hier? Was verbindet Sie mit diesem Ort?
Shears: Das hier ist die Ratskammer des CERN[1]. Hier tagen die Räte der Mitgliedsstaaten des CERN, um Dinge zu diskutieren wie zum Beispiel wie viel der weitere Betrieb des CERN kosten wird. Eben alle wichtigen Entscheidungen, um CERN am Laufen zu halten. Hier werden auch unsere Physik-Meetings abgehalten, an denen wir unsere neuesten Entdeckungen diskutieren, unsere Experimente vorstellen und Theorien diskutieren. Diskussionen auf allen Ebenen finden hier statt, von den alltäglichen Problemen innerhalb der Physik bis zu den Top-Strategiegesprächen. Ich bin eine Experimentalphysikerin, eine von Tausenden. Ich komme meistens hierher, um mir anzuhören, was es in der Physik Neues gibt. Entweder die Ergebnisse anderer Experimente oder Neuigkeiten aus dem Umfeld meines eigenen Experiments. Wir haben mehrere Wochen lang Meetings während des Jahres und informieren uns dann gegenseitig über die allerneuesten Entwicklungen.

---

1) CERN Council Chamber

Was ist Ihr Job am CERN?

Shears: Ich arbeite am LHCb-Experiment und analysiere Daten. Obwohl ich offiziell für die Universität von Liverpool arbeite, bin ich fest mit dem Experiment hier am CERN verbunden. Ich analysiere die Daten, zeige den Experten meine Ergebnisse und diskutiere sie mit ihnen. Es ist ein sehr weitgespanntes Netz an Leuten, nur sitzen wir nicht zusammen in einem Raum, sondern sind über die ganze Welt verteilt. Ab und zu treffen wir uns persönlich und sprechen über die Dinge. Ich komme zum CERN, wenn ich eine längere, konzentrierte Arbeitsphase vor mir habe, um die Daten zu analysieren und wieder mit allen zusammenzukommen, mit ihnen zu sprechen und ihnen meine Ergebnisse zu zeigen.

Wie läuft die Kommunikation ab?

Shears: Für uns ist unser System sicherlich normal, von außen betrachtet mag es ganz schön merkwürdig erscheinen, denn unsere Arbeitsweise ist recht ineffektiv in gewissem Sinne. In meinem Experiment zum Beispiel arbeiten 700 Leute. Wenn Sie unsere Papers anschauen, dann erscheinen die Autorennamen in alphabetischer Reihenfolge. Es gibt sozusagen keine Hierarchie, keiner ist wichtiger als der andere. Um das machen zu können, müssen wir in einer ziemlich starren Struktur arbeiten.

Zuerst analysieren wir die Daten mit unseren Computern und schauen, wie gut sie mit unseren Theorien zusammenpassen. Wenn wir innerhalb unserer Gruppe mit allem zufrieden sind, zeigen wir unsere Ergebnisse den anderen Gruppen und warten, was die dazu sagen. Dieser Prozess der Peer Reviews kann mehrere Monate dauern. Es kann dabei recht heftig zugehen, ehe alle zufrieden sind. Wenn das alles okay ist, dann erst präsentieren wir unsere Ergebnisse den anderen Experimentiergruppen hier am CERN, auf Kongressen oder sonst wo auf der Welt. Erst danach veröffentlichen wir die Ergebnisse, und dann gibt es wieder diesen Prozess der Peer Reviews, diesmal durch Physiker, die auf der ganzen Welt arbeiten. Es ist also insgesamt ein ziemlich langsamer Prozess, bei dem die Leute auf jeder Stufe darüber informiert werden müssen, was wir machen. Das ist aber der einzig mögliche Weg, mit so vielen Leuten zusammenzuarbeiten. Wir haben natürlich auch Meetings über das Internet oder wöchentliche Videokonferenzen, so halten wir uns gegenseitig auf dem Laufenden. Oder wir besuchen uns gegenseitig, was den persönlichen Aspekt verbessert. Dann gibt es natürlich das Telefon, Skype, was auch immer. Das alles zusammengenommen ist nötig, um alle miteinander zu verbinden und sicherzustellen, dass man den richtigen Weg geht.

Was ist der richtige Weg?

Shears: Wir suchen den richtigen Weg, und es ist sehr schwierig zu einer richtigen Lösung zu kommen, denn wir suchen nach Antworten auf sehr schwierige Fragen. Wir wollen die Natur der Antimaterie verstehen lernen, wir versuchen mehr über das Universum auf der allerkleinsten Größenordnung herauszubekommen, und wir wollen das Verhalten der allerkleinsten Teilchen verstehen lernen. Wir wissen nicht, was die richtigen Antworten auf all diese Fragen sind. Wir haben zwar eine Theorie, aber die beschreibt bestenfalls die genaueste Vermutung, was die richtigen Antworten sein könnten. Und wir haben natürlich Daten, die uns vielleicht den Weg zu einer besseren Antwort aufzeigen können.

Unser Job ist es, die Daten richtig zu interpretieren; uns nicht beeinflussen zu lassen, es so objektiv wie möglich zu machen und mit dem, was wir kennen zu vergleichen und dann weiterzusehen. Oder Unterschiede festzustellen – und in diesen Unterschieden entsteht vielleicht ein Fenster, um Dinge im Universum zu entdecken, die jenseits unseres bisherigen Verständnisses liegen. Das ist der Ansatz, dem wir immer versuchen zu folgen. Aber das ist schwierig, weil wir ja nicht wissen, was die richtige Antwort ist. Deshalb muss man immer und immer wieder prüfen und noch einmal überprüfen. Durch uns selbst, durch unsere Kollegen oder durch andere Experimente. Erst dann können wir wirklich sicher sein, dass das, was wir sehen, auch wirklich etwas ist, das wir bisher noch nicht kannten.

Francis Bacon (1561–1626)

Aphorismen über die Auslegung der Natur und die Herrschaft des Menschen, »Novum Organum Scientiarium«, 1620. Das »Neue Organon«, Bacons erkenntnistheoretisches Hauptwerk, manifestiert die Grundlagen neuzeitlicher wissenschaftlicher Forschung.

• Der Mensch ist Diener und Interpret der Natur. Er kann nur so viel von der Natur verstehen, wie er experimentell oder theoretisch erfahren kann. Darüber hinaus weiß er nichts und vermag er nichts.

• Man kann weder durch die bloße Hand noch durch den sich selbst überlassenen Verstand viel erreichen. Bestimmte Aufgaben werden durch Werkzeuge und Hilfsmittel befördert, die sowohl dem Verständnis wie auch der arbeitenden Hand hilfreich sind. So wie die Werkzeuge die Hand erwecken und leiten, so vermitteln die Werkzeuge des Geistes dem Verstand die richtige Richtung oder warnen ihn.

- Menschliches Wissen und menschliche Macht sind eins. Denn wenn die Ursache unbekannt ist, kann man den Effekt nicht produzieren. Der einzige Weg die Natur zu beherrschen ist ihr zu gehorchen. Etwas, das als Ursache für das Nachdenken über einen Prozess dient, dient ebenfalls als Regel innerhalb des Prozesses selbst.
- Alles, was der Mensch machen kann, ist natürliche Dinge zu verbinden oder sie zu trennen; den Rest macht die Natur selbst.
- Wenn etwas noch nie gemacht worden ist, dann wäre es absurd und widersprüchlich, wenn man dies nicht durch etwas erreichen wollte, was noch nie vorher versucht worden ist.
- Nahezu alles, was in den Wissenschaften von Übel ist, hat eine eindeutige Quelle: Wir bewundern und preisen fälschlicherweise die Kraft des menschlichen Geistes und suchen nicht nach den wirklichen Hilfsmitteln.
- Die Natur ist viel subtiler als unser Verstand und unsere Sinne. All jene eleganten Überlegungen, Spekulationen und Strategien des Menschen sind unnütz – nur gut dafür, nicht beachtet zu werden.
- Genauso wie die gegenwärtigen Wissenschaften nicht der Erfindung neuer Dinge dienen, so ist unsere heutige Logik nicht dazu geeignet, neuartige Wissenschaften zu entdecken.

Gibt es so etwas wie einen gemeinsamen Geist in Ihrer Community?
Shears: Es gibt so eine Art physikalischer Intuition, die sie im Laufe ihrer Arbeit entwickeln. Aber Vorsicht, denn sie beruht auf Vorurteilen! Das Vorurteil, mit dem wir alle arbeiten ist: Das Universum sollte einfach und verständlich sein. Diese Vorurteile leisten uns andererseits gute Dienste, sie wurden ja auch anhand des jeweiligen Subjekts entwickelt. Aber ob das Universum wirklich auf diese Art und Weise funktioniert, wissen wir überhaupt nicht.

Ist das Universum schön und einfach? Oder ist es unmenschlich? Wie ist es?
Shears: Wir wollen nur zu gerne glauben, dass es einfach und schön ist. Mit Schönheit meinen wir unsere Faszination und mit Einfachheit meinen wir die Eleganz, mit sehr wenigen Formeln so viel wie möglich davon beschreiben zu können. Einfachheit ist für uns eine wunderbare, wunderschöne Sache. Manchmal fühlt es sich allerdings auch sehr unmenschlich an. Wir versuchen trotzdem, es zu verstehen.

Die große Kraft unserer Beschreibung des Universums innerhalb unserer Theorie besteht darin, dass es teilweise eine sehr einfache Theorie ist – aber sie hat weitreichende Konsequenzen, und wir können damit einen sehr großen Teil des Universums beschreiben. Diese sehr einfache Idee erklärt die verschiedensten Zustände innerhalb des Universums, indem sie anscheinend nicht Zusammengehöriges zusammenzieht, zum Beispiel Elektrizität und die schwache Kernkraft, die die Radioaktivität verursacht. Es ist eine Vereinfachung, denn es gibt nicht wirklich so viele verschiedene Dinge im Universum wie man anfänglich vielleicht geglaubt hat. Und diese Vereinfachung gibt Ihnen das Gefühl, etwas sehr Tiefes und Fundamentales erreicht zu haben. Das ist ein Gefühl, dass man irgendwie dazu fähig ist, das Skelett unterhalb des Universums zu entdecken. Dieses Gefühl ist für einen Elementarphysiker wirklich überwältigend.

Was ist das für ein Gefühl?
Shears: Es ist ein sehr demütiges Gefühl. Denn warum sollten wir das Universum verstehen oder sogar eine Theorie entwickeln können, die so viel von dem erklären kann, was wir experimentell beobachten? Ich finde es atemberaubend – in einer sehr demütigen Art und Weise. Ich finde es auch eine sehr gute Eigenschaft des Menschen, dass wir gut zusammenarbeiten können. Das funktioniert sogar weltweit, über politische Differenzen hinweg und über momentane Finanzierungsprobleme hinaus. Immer unter der Annahme, dass es sehr wichtig ist, das Universum verstehen zu lernen und daran gemeinsam zu arbeiten. Wir packen einfach unsere Egos beiseite und arbeiten gemeinsam daran, so viel wie möglich davon zu verstehen wie das Universum funktioniert. Dabei erzeugt die Einfachheit des Universums in Ihnen das Gefühl, vollkommen unbedeutend zu sein. Aber es ist einfach wunderbar, all diese Zusammenhänge zu sehen. Es erzeugt ein wunderbares Gefühl und deshalb strengt man sich an, es immer mehr und besser zu verstehen. All das zusammengenommen macht meiner Ansicht nach uns Physiker, die wir in diesem Thema weiterarbeiten wollen, absolut zwanghaft. Wir alle lieben was wir machen – deshalb machen wir es. Es ist, glaube ich, schon eine sehr spezielle Eigenart.

Sie sprechen von einem demütigen Gefühl. Ist es so eine Art Bewunderung, weil das Universum so groß, großartig und dabei einfach ist?
Shears: Es gibt da selbstverständlich immer diesen Eindruck der überwältigenden Größe. Um Ihre Frage zu beantworten: nein. Es ist eher ein Gefühl wie bei großartiger Kunst. Oder wenn Sie eine wunderbare Musik hören, die Sie sehr bewegt. Die Sie von all Ihren alltäglichen Zweifeln und Bedenken befreit und das Bewusstsein von Vergäng-

lichkeit erzeugt. Oder in Ihnen das Gefühl von Leere erzeugt in Anbetracht von etwas absolut Wunderbarem. Das ist das Gefühl, wenn wir die Gleichungen betrachten, mit denen wir Elementarteilchenphysik zu beschreiben versuchen. Wenn wir uns vorstellen, was sie eigentlich bedeuten; wenn wir über das Universum in Hinsicht auf seine recht einfache Struktur nachdenken, dann entsteht diese Art von Bewunderung. Es entsteht eine gewisse Bescheidenheit und ich finde, dass dies vergleichbar ist mit dem Gefühl einer großartigen Musikerfahrung. Es führt Sie von sich selber fort, von Ihren alltäglichen Bedenken. Es entführt Sie aus diesem Zwang, etwas verstehen zu müssen. Es steht total über Ihnen, es ist wie eine große Blase über Ihnen. Allein schon die Tatsache, dass Sie als Mensch dies erleben durften, gibt Ihrer Seele einen Kick.

Erinnern Sie sich noch daran, als Sie das erste Mal diesen Kick empfunden haben?

Shears: Ich denke, als Elementarteilchenphysiker haben Sie jedes Mal, wenn Sie etwas verstanden haben, dieses Gefühl. Ich erinnere mich dabei an meine Schulzeit. Das wirklich erste Mal, dass ich so eine Art Schock über diese Welt hatte, war, als ich ungefähr fünf Jahre alt war. Ich erinnere mich noch genau daran. Es war in der ersten Schulklasse und man erzählte uns etwas über das Sonnensystem. Bis dahin hatte meine Welt aus dem Haus, in dem ich lebte, meiner Familie, meiner Schule und der unmittelbaren Umgebung bestanden. Ich hatte überhaupt keine Ahnung von dem, was darüber hinaus existieren könnte – von der anderen Seite dieses Planeten zum Beispiel. Und jetzt hörte ich etwas über die Sonne und den Mond.

Natürlich wusste ich, dass es die Sonne gab. Aber nun erzählte man mir von anderen Planeten. In diesem Moment verspürte ich einen tiefen Schock darüber, dass es diese anderen riesigen Planeten gab und nicht nur die Erde. In mir geschah in Bruchteilen von Sekunden vielleicht etwas sehr ähnliches, als aus dem Universum mit der Erde im Mittelpunkt plötzlich eine Welt mit der Sonne als Zentrum wurde. Ganz plötzlich wird Ihnen irgendwie klar, dass die Welt sich nicht um Sie herum bewegt. Dass es weitaus größere Dinge gibt – und an diesen ersten Moment, diesen Schock erinnere ich mich sehr genau. Von diesem Gefühl steckt etwas in allen Situationen, in denen ich mit bestimmten Problemen innerhalb der Teilchenphysik konfrontiert bin.

Wann haben Sie sich dazu entschieden, Teilchenphysikerin zu werden?
Wann sagten Sie sich: Genau das ist es!
Shears: Dieses Gefühl wächst in Ihnen. Wenn Sie jünger sind, wissen Sie einfach noch nicht so viel über Teilchenphysik. Sie interessieren sich für so viele Sachen und Sie möchten am liebsten alles machen. In der Schule habe ich neben anderen Dingen natürlich auch Physik gehabt. Als ich dann anfing zu studieren, war ich hin und her gerissen zwischen einem Studium der Physik oder Englisch. Ich habe dann aber die Physik gewählt, weil man ja immer noch Literatur genießen kann, während man Physik erlernen muss wegen der Mathematik, die man dafür benötigt. Was ich an der Physik wirklich gut fand, war, dass man damit komplexe Systeme verstehen kann. Man kann verstehen, aus was wir bestehen und was diese kleinsten Teilchen, aus denen wir bestehen, machen und was dessen Ursache ist. Das ist dann irgendwie ein ganz natürlicher Weg hin zur Teilchenphysik, denn es gibt keine kleineren Teilchen als Elementarteilchen – und wie diese Elementarteilchen miteinander agieren ergibt dann die Struktur des Universums. Wenn Sie so wollen ist das der einfachste Weg, um zu verstehen, was um sie herum geschieht: Sie finden heraus, aus was die Welt besteht. Ich fand das ungeheuer spannend, machte meinen Doktor in Elementarphysik und entschied mich dann, damit weiterzumachen und noch mehr zu verstehen. Und nun bin ich hier und versuche immer noch, mehr zu verstehen.

Wir kennen nur 4 bis 5 Prozent von dem, was wirklich da draußen ist. Wie denken Sie darüber?
Shears: Nun ja, es ist wieder genau dasselbe Gefühl: wieder sehr, sehr klein zu sein. Es gibt ja so viel mehr über das Universum zu erzählen, als ich es jemals für möglich gehalten hätte. Was in aller Welt ist diese Welt? Was ist diese Dunkle Materie, die 23 Prozent des Universums ausmacht? Was ist diese ominöse Dunkle Energie, die dieses Universum bestimmt? Das ist momentan wirklich eher ein Wunder als alles andere. Das Universum wird uns auch in Zukunft immer wieder Dinge entgegenwerfen, die wir erst einmal nicht verstehen. Man sollte dann nicht aufhören, sondern weitermachen und die bis jetzt noch unbekannten Dinge des Universums erforschen, um herauszufinden, wie es funktioniert. Dieser Drang etwas zu verstehen wird niemals aufhören.

Welche Voraussetzungen muss ein guter Elementarphysiker mitbringen?
Shears: Ich habe früher einmal gedacht, dass man ein wirklich guter Theoretiker und auch Mathematiker sein müsste, um die Gleichungen verstehen zu können. Das ist natürlich auch wichtig, denn Sie müssen sich in der Mathematik ja zu Hause fühlen. Aber ich habe mich während meiner bisherigen Laufbahn damit abgefunden, dass man als Elementarphysiker vor allem hartnäckig sein muss. Manchmal haben sie einfach Daten vor sich, die Sie wirklich nicht verstehen. Denn wir bewegen uns ja in einem Teil des Universums, über das noch nie jemand berichtet hat – es ist neu. Unser Job ist es herauszufinden, was darin geschieht. Das ist zeitraubend, denn Sie müssen erst einmal sicher sein, dass Sie die zu stellenden Fragen überhaupt verstehen. Dann müssen Sie Sinn in die Daten kriegen und sie immer wieder überprüfen, bis schließlich alles in eine Linie passt. Wenn das alles geschehen ist, informieren Sie Ihre Kollegen über Ihre Ergebnisse.

Es ist oftmals allerdings so, dass Sie gar nicht wissen, wie Sie die Daten interpretieren sollen. Sie müssen also einen Weg finden und ihn bis zu Ende verfolgen. Meistens führt der Weg in die Irre, und Sie müssen einen neuen finden, um die Daten richtig zu interpretieren. Das ist dann oft auch nicht der richtige Weg, und Sie müssen es dann noch einmal versuchen.

Sie müssen hartnäckig bleiben, es immer und immer wieder versuchen. Sie müssen bis zu der Stufe weitermachen, wo Sie um zwei oder drei Uhr morgens aufwachen und plötzlich eine Idee haben, wie Sie die Daten analysieren könnten. Dann müssen Sie natürlich unbedingt daran denken Ihre Idee aufzuschreiben. Das Wichtigste dabei ist, dass Sie den Mut nicht verlieren, um über die trüben Zeiten hinwegzukommen, wenn Sie nichts verstehen. Ohne diesen unbedingten Wunsch werden Sie Ihr Wissen nicht vorantreiben können, dann werden Sie niemals Antworten auf all die Fragen bekommen.

An welchen Grenzen bewegen wir uns heute in der Elementarphysik? Was liegt hinter diesen Grenzen?
Shears: Wir sind heute in einer Situation, die der am Ende des 19. Jahrhunderts ähnelt, als wichtige Physiker erklärten, dass es nichts mehr zu entdecken gäbe, dass man alles wüsste.

Und dann gab es plötzlich etwas total Neues, das den damals gültigen Theorien völlig widersprach und alles auf den Kopf stellte. In gewisser Weise sind wir heute in einer sehr ähnlichen Situation, obwohl wir die komplette Geschichte noch nicht wissen. Wir haben heute innerhalb der Teilchenphysik eine ganz wunderbare Theorie, die wir bisher noch an keiner Stelle widerlegen konnten. Wir konnten allerdings auch nicht beweisen, dass sie vollständig richtig ist. Aber was wir wirklich auf Grund unserer Experimente sagen können ist, dass diese Theorie auf gar keinen Fall die komplette Geschichte des Universums erzählen kann. Die Schwerkraft zum Beispiel ist darin überhaupt nicht vorhanden. Sie kann bestimmte Phänomene nicht erklären, was eine so fundamentale Theorie jedoch leisten sollte.

Es ist so, als wären wir in einem Raum und hätten eine gläserne Wand vor uns. Man will natürlich darüber hinausschauen, aber wir haben die Tür noch nicht gefunden. Die Tür ist vielleicht versteckt, aber irgendwo muss ja ein Spalt sein. Irgendwo muss es den Weg geben, um darüber hinauszukommen. Wir befinden uns gerade in dem Zustand, dass wir gegen diese Glaswand hämmern, um herauszufinden, wo die Schwachstelle ist. Erst wenn wir diese Stelle gefunden haben, können wir weitergehen, um zu sehen, was es darüber hinaus gibt. Das werden wir hoffentlich schaffen.

»Innerhalb der Physik gibt es nichts Neues mehr zu entdecken. Es geht nur mehr um immer genauere Messungen.«

William Thomson (Lord Kelvin, 1824–1907)

»Ein herausragender Physiker hat erklärt, dass die Zukunft der Physik in der sechsten Stelle hinter dem Komma zu finden ist.«

Albert Abraham Michelson (1852–1931, Michelson-Morley-Experiment)

Was könnte hinter dieser Tür sein?
Shears: An diese Dinge denken wir die ganze Zeit; es gibt überhaupt keinen Mangel an Visionen über das, was möglicherweise hinter dieser gläsernen Wand existiert. Wir wissen aber nicht, welche dieser Theorien oder Visionen die richtige ist. Man muss sie experimentell testen, damit sie Fakt werden können oder wenigstens wissenschaftliche Gesetze. Wir müssen Experimente machen, um sie zu testen und zu sehen, welche diesen Prozess heil überstehen. Erst wenn die

Vorhersagen mit den Tests übereinstimmen, wird diese Vision oder Theorie veröffentlicht werden.

Warum ist die Entdeckung des Higgs-Bosons so wichtig?
Shears: Das Higgs-Boson ist deshalb so wichtig, weil es den noch unbewiesenen Teil innerhalb unseres Verständnisses der Elementarteilchenphysik darstellt. Es wird von unserer Theorie vorhergesagt, und nach eben dieser Theorie sollte dieses mysteriöse Teilchen nicht nur existieren, es sollte auch eine bestimmte Masse haben und ein Verhalten, das wir mit dem LHC entdecken können. Jetzt ist wirklich der interessanteste Zeitpunkt seit 10 oder 20 Jahren. Wir haben während der ganzen Zeit darauf hingearbeitet, diesen letzten Test unserer Theorie belegen zu können. Bis jetzt ist uns das noch nicht möglich gewesen, denn wir konnten nicht in diese Energieregionen vordringen und wir hatten bis jetzt nicht genügend Daten, um zu belegen, ob es da ist oder nicht.

Was sagen die bisher vorliegenden Daten?
Shears: Das sagt man mir ja nicht, obwohl ich es unbedingt wissen will! (lacht) Ich hoffe sehr, dass wir während der nächsten großen Konferenzen mit den Ergebnissen unserer Analysen das Higgs präsentieren können – dort, wo das Standardmodell es vermutet. Eindeutige Hinweise jedenfalls würden mir schon genügen, das wäre toll.

»Wir müssen uns darüber im Klaren sein, dass im Bereich der Atome Sprache nur als Poesie verwendet werden kann. Auch der Dichter ist ja nicht annähernd so sehr damit beschäftigt Fakten zu beschreiben als damit Bilder zu kreieren und gedankliche Verbindungen herzustellen.«

Niels Bohr, in: Physics and Beyond, 1971

Was sind die hauptsächlichen Fragen innerhalb der heutigen Physik?
Shears: Die wirklich interessanten Fragen innerhalb der heutigen Physik haben alle mit dem Universum zu tun. Wie es sich verhält, wie es funktioniert. Für mich beschäftigen sich die interessantesten Fragen mit dem, was über unser momentanes Verstehen hinausgeht. Sind die elementaren Teilchen, die wir studieren, wirklich elementar oder gibt es darüber hinaus noch etwas anderes?

Mein Experiment beschäftigt sich mit der Frage, was Antimaterie ist, warum sie ein klein wenig anders als normale Materie ist – und warum wir von diesem bizarren Material nichts innerhalb des heutigen Universums finden, es aber die Hälfte des Universums zur Zeit des Big Bang ausgemacht hat. Dieses Verhalten hat dazu geführt, dass sich das Universum überhaupt entwickelt hat und dass wir jetzt miteinander reden können. Wir fragen uns, warum sich das Universum so verhalten hat. Warum gibt es keine Antimaterie mehr? Woraus besteht das Universum wirklich?

Wo ist die ganze Antimaterie denn hin?
Shears: Das wissen wir nicht. Wir haben schon viele Experimente unternommen, um das herauszubekommen. Hier am CERN gibt es ja den LHC, mit dem man Materie und Antimaterie erzeugen kann, um damit diese Experimente zu unternehmen. Es gibt das ALPHA-Experiment, in dem für 15 Minuten Anti-Atome erzeugt werden können. Dann kann man ihre Eigenschaften anschauen und mit denen von normalen Atomen vergleichen. Man versucht also auf allen erdenklichen Wegen, die Probleme zu lösen und am Ende eine sinnvolle Lösung zu haben. Das ist es, worüber ich vorhin gesprochen habe – erst mit einer sinnvollen Lösung hat man ein wirkliches Argument dafür, dass man auf dem richtigen Weg ist.

Welches dieser drei Dinge repräsentiert für Sie das Universum am besten?[2]
Shears: Innerhalb der Walnuss besteht eine relativ komplexe und komplizierte Struktur. Innerhalb der Zwiebel gibt es verschiedene Schichten, über die wir nicht hinauskommen. Der Granatapfel repräsentiert ein völlig anderes Modell, das haufenweise Universen in sich hat, vielleicht Multiversen.

Als Wissenschaftler entscheide ich mich für keines davon – denn ich weiß es ja wirklich nicht. Das ist der Punkt bei Experimentalphysikern wie mich: Man ist sehr zurückhaltend damit, irgendwelche Voraussagen über irgendetwas zu machen.

In unserer Vorstellung versuchen wir das Universum einfach zu machen. Im Inneren – so glauben wir – ist das Universum einer dieser Idealkörper, der perfekte Raumkörper vielleicht. So wollen wir das Universum gerne haben. Wenn wir aber mit unseren Messungen anfangen, stellen wir fest, dass es nicht so ist. Wir müssen dann dieses Bild des perfekten Körpers immer hässlicher machen, damit es das

2) Zwiebel, Nuss, Granatapfel

Tara Shears – nachdenklich (© Michael Krause).

Universum, so wie es wirklich ist, wiedergibt. Je mehr wir unser Bild erweitern, umso hässlicher wird es. Aber je mehr wir daran arbeiten, umso mehr wächst unser Wunsch, dass, wenn wir weiter und tiefer forschen oder das Ganze aus einem anderen Blickwinkel betrachten, dass dann diese hässlichen Dinge verschwinden werden und wir wieder einen idealen Körper entdecken werden.

Für mich persönlich ist das Universum nicht so etwas wirklich Konkretes. Für mich ist das Universum eine Art von Idealisierung. Besser kann ich es nicht ausdrücken.

Dr. Tara Shears

- Wir wollen zu gerne glauben, dass das Universum einfach und schön ist. Mit Schönheit meinen wir unsere Faszination und mit Einfachheit meinen wir die Eleganz, mit sehr wenigen Formeln so viel wie möglich davon beschreiben zu können.

- Unser fundamentales Verständnis des Universums ist atemberaubend in einer sehr demütigen Art und Weise. Denn warum sollten wir das Universum verstehen oder sogar eine Theorie entwickeln können, die so viel von dem erklären kann, was wir experimentell beobachten?

- Das Universum erzeugt ein Gefühl wie bei großartiger Kunst oder wunderbarer Musik, die Sie sehr bewegt, von all Ihren alltäglichen Zweifeln und Bedenken befreit und das Bewusstsein von Vergänglichkeit erzeugt.

- Die wirklich interessanten Fragen innerhalb der heutigen Physik haben alle mit dem Universum zu tun. Sind die elementaren Teilchen, die wir studieren, wirklich elementar oder gibt es darüber hinaus noch etwas anderes? Woraus besteht das Universum wirklich?

8

Der Theoretiker: John Ellis

CERN-Theoriegruppe

Jonathan Richard (John) Ellis wurde am 1. Juli 1946 in London geboren. Nach dem Abitur besuchte er die Universität von Cambridge, wo er im Jahr 1971 in theoretischer Hochenergiephysik promovierte. In den folgenden Jahren arbeitete Ellis am Stanford Linear Accelerator Center (SLAC) und am Caltech (California Institute of Technology) in den USA. Seit 1973 ist Dr. Ellis am CERN tätig. Er hält derzeit die Clerk-Maxwell-Professur für Theoretische Physik am King's College London. Dr. Ellis' Aktivitäten am CERN sind breit gefächert. Sein primäres Forschungsinteresse gilt der Teilchenphysik jenseits des Standardmodells, der Stringtheorie, der CP-Verletzung, dem Higgs-Boson und verwandten Bereichen der Hochenergie-Astrophysik und Kosmologie. Ellis war 1988–1994 Leiter der CERN-Theorie-Abteilung und ist Mitglied des CLIC (Compact Linear Collider Committee) für die nächste Beschleuniger-Generation nach dem LHC am CERN. Er ist auch für die Verbindung des CERN zu Nichtmitgliedstaaten zuständig. Ellis erhielt die Maxwell-Medaille und den Paul-Dirac-Preis. Er ist Mitglied der Royal Society und Commander des British Empire (CBE). John Ellis ist der meistzitierte theoretische Physiker aller Zeiten. Auf ihn geht die Bezeichnung Theory of Everything (ToE) zurück.

Jonathan Richard Ellis (© Michael Krause).

Als Sie ein Junge waren und Sie den Nachthimmel betrachteten – was war das für ein Gefühl? Welchen Eindruck hat die Natur auf Sie damals gemacht?

Ellis: Als Kind habe ich auf dem Land gelebt, und ich bin damals oft über die Felder gewandert. Ich war damals auch – wie wahrscheinlich alle Jungs – an Astronomie interessiert. Und ich erinnere mich daran, dass ich ein Buch besaß, in dem ich alle Sternzeichen nachlesen konnte, die ich mit den bloßen Augen sehen konnte. Ich denke, dass mich das für die Wissenschaft und speziell für die Physik interessiert hat.

Fanden Sie die Sternzeichen mathematisch interessant?

Ellis: Nein. Ich habe mich eher dafür interessiert, warum die Sterne überhaupt scheinen; oder: Was ist die Milchstraße, was ist ein Stern? Eben nicht so sehr die geometrische Form und Erscheinung, die Sie mit dem bloßen Auge sehen können und die ja wirklich nicht sehr informativ ist. Natürlich ist es wichtig, dass Sie überhaupt die Milchstraße sehen können – das sagt Ihnen, dass es eine bestimmte Struktur unter den Sternen gibt. Aber wenn Sie einfach nur die Sterne betrachten und sie mit den bekannten Konstellationen vergleichen, dann hat das keine fundamentale Bedeutung.

Wie ging es dann weiter? Wie haben Sie das Universum entdeckt?

Ellis: Ich erinnere mich daran – ich war ungefähr 12 Jahre alt – dass ich viele Bücher aus der Leihbücherei las. Damals war es so, dass Kinder unter 14 Jahren keine Bücher für Erwachsene ausleihen konnten. Aber die Kinderbücher waren einfach uninteressant für mich. Was für mich natürlich interessant war, waren die Sachbücher. Ich habe also einiges über Geschichte gelesen, auch über Wissenschaften, viele verschiedene Sachen. Ich dachte mir, dass Physik die bedeutendste aller Wissenschaften ist und deshalb habe ich mich damals besonders dafür interessiert. Vielleicht ist es dabei auch wichtig zu erwähnen, dass damals der Sputnik ins All geschossen wurde. Ich erinnere mich daran, dass gerade der Sputnik meine Sicht auf die Welt verändert hat.

Seit wann haben Sie sich für Quantenphysik interessiert?

Ellis: Wie gesagt, ich interessierte mich für Physik, Astrophysik und Kosmologie, seit ich ungefähr 12 Jahre alt war. Als ich dann etwa 14 Jahre alt war, musste ich mich entscheiden, ob ich in der Schule eher die wissenschaftlichen oder die klassischen Fächer belegen wollte. Ich habe mich für die wissenschaftlichen Fächer entschieden – sehr zur Enttäuschung meines Klassenlehrers, der lieber gesehen hätte, dass ich die klassischen Fächer weitergemacht hätte. Ein Jahr später unternahm er dann noch einmal einen Versuch, aber ich wollte bei der Wissenschaft bleiben. Ich hatte das große Glück, einen sehr guten Mathematik- und auch einen sehr guten Physiklehrer zu haben. Also – so erinnere ich mich wenigstens – habe ich mich dazu entschieden, so etwas wie theoretische Physik zu machen und meine Lehrer haben mir sehr dabei geholfen.

Woher nehmen Sie die Kraft immer weiterzumachen?
Ellis: Ich interessiere mich für alles, was neu ist – neue Entdeckungen, wie zum Beispiel das Universum funktioniert. Ich interessiere mich für neue Entdeckungen in der Astronomie, in der Paläontologie oder auch in der Archäologie. Aber was mich natürlich am meisten interessiert, sind neue Entdeckungen in der Physik. Und das hat, glaube ich, eine Reihe unterschiedlicher Gründe. Ein Grund ist, dass sie einen tatsächlichen Nutzen haben, denn wir erreichen dadurch ein erweitertes Verständnis der Physik. Das kann uns dabei helfen, die Phänomene im Universum besser zu verstehen, und es kann vielleicht sogar einige grundlegende Aspekte des Universums erklären. Darüber hinaus sind neue Entdeckungen in der Physik oftmals wunderschön und das ist etwas, was ich sehr befriedigend finde.

Was ist die Schönheit daran?
Ellis: Die Schönheit besteht darin, dass, wenn es ein Phänomen gibt, das irgendwie sehr kompliziert aussieht und auch schwierig zu verstehen ist; wenn Sie dann mit den Dingen, die Sie entdecken, einen einfachen Grund finden, warum die Dinge so sind, wie sie eben sind. Und vielleicht können Sie damit auch Dinge miteinander verbinden, die von vornherein total unabhängig voneinander schienen. Ich denke, dass eine meiner tieferen Motive darin besteht, Zusammenhänge herauszufinden oder verbindende Erklärungen. Und es gibt nichts, was ich mehr mag als die Entdeckung einer Verbindung zwischen zwei Dingen, die man a priori überhaupt nicht vermuten konnte.

Ist die Natur einfach oder ist sie schwer zu verstehen? Und was macht es leichter, die Komplikationen der Natur zu verstehen?
Ellis: Die Natur ist selbstverständlich nicht einfach zu verstehen. Je tiefer Sie in die Erklärungen vordringen, warum das Universum so

ist wie es ist, umso komplizierter wird die Sache. Das ist in etwa so, als wenn Sie ein Loch an einem Strand graben wollen. Da müssen Sie eben den ganzen Sand abgraben, wenn Sie bis zum Felsen darunter gelangen wollen. Aber das ist natürlich auch der Reiz an der Sache. Denn wenn es zu einfach wäre, dann wäre es intellektuell auch nicht so befriedigend, oder?

Wo in der Geschichte der Wissenschaft befinden wir uns heute?

Ellis: Wir befinden uns gerade an einem wirklich faszinierenden Wendepunkt in der Geschichte der fundamentalen Physik, würde ich sagen. Ich bin schon seit einiger Zeit Physiker und der einzige Moment, an den ich mich erinnern kann, an dem die Dinge so fließend und in gewisser Weise unsicher waren wie jetzt, das war in den 1970er Jahren. Damals wurden viele neue Partikel entdeckt, was dann später zur allgemeinen Anerkennung von dem führte, was wir heute als das Standardmodell bezeichnen. Dieses Modell beschreibt die Phänomene der Elementarteilchen, die wir im Labor beobachten können schon ganz gut. Einige Fragen kann das Standardmodell allerdings nicht beantworten, so auf der kosmologischen Seite zum Beispiel die Dunkle Materie.

Das Standardmodell

Das sogenannte Standardmodell der Teilchenphysik fasst das heute gültige Wissen über die fundamentalen Teilchen zusammen. Das Modell beschreibt alle bekannten Phänomene dieses Mikrokosmos in einer dem Periodensystem der Elemente ähnlichen Klassifizierung.

Das Standardmodell ermöglicht die Zusammenfassung (Vereinheitlichung) der elektromagnetischen und der schwachen Kernkraft und beschreibt präzise fast alle bis heute beobachteten Teilchenreaktionen. Das Modell beruht auf der Quantenfeldtheorie: Die fundamentalen Objekte (Teilchen) werden als Felder in der Raumzeit (Feldtheorie) angesehen, die nur in bestimmten Paketen (Quanten) verändert werden können. Das Standardmodell gehorcht den Gesetzen der speziellen Relativitätstheorie, es ist »relativistisch«.

Das Standardmodell beinhaltet alle insgesamt 61 Teilchen, aus denen die Materie aufgebaut ist (Materieteilchen) und die Wechselwirkungen zwischen ihnen, die über Kraftteilchen (Bosonen) vermittelt werden.

Es gibt insgesamt zwölf Materieteilchen, sechs Quarks und sechs Leptonen – *und ihre Antiteilchen*. Quarks und Leptonen bestehen aus je drei Familien oder Generationen. Die gesamte bekannte Materie besteht aus diesen Materieteilchen; sie sind die Bausteine des Universums.

Die Vektor-Bosonen (Photon, Gluon, W- und Z-Bosonen) vermitteln die Wechselwirkungen zwischen den Teilchen, können aber auch als eigenständige Teilchen auftreten; so ist das Photon auch die Quantengröße elektromagnetischer Wellen.

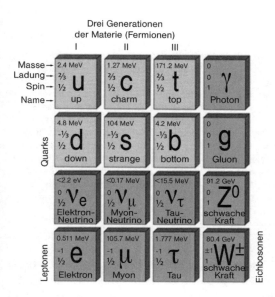

Drei Generationen der Materie (Fermionen)

	I	II	III	
Masse → Ladung → Spin → Name →	2.4 MeV $\frac{2}{3}$ $\frac{1}{2}$ **u** up	1.27 MeV $\frac{2}{3}$ $\frac{1}{2}$ **c** charm	171.2 MeV $\frac{2}{3}$ $\frac{1}{2}$ **t** top	0 0 1 **γ** Photon
Quarks	4.8 MeV $-\frac{1}{3}$ $\frac{1}{2}$ **d** down	104 MeV $-\frac{1}{3}$ $\frac{1}{2}$ **s** strange	4.2 MeV $-\frac{1}{3}$ $\frac{1}{2}$ **b** bottom	0 0 1 **g** Gluon
Leptonen	<2.2 eV 0 $\frac{1}{2}$ **νe** Elektron-Neutrino	<0.17 MeV 0 $\frac{1}{2}$ **νμ** Myon-Neutrino	<15.5 MeV 0 $\frac{1}{2}$ **ντ** Tau-Neutrino	91.2 GeV 0 1 **Z⁰** schwache Kraft
	0.511 MeV -1 $\frac{1}{2}$ **e** Elektron	105.7 MeV -1 $\frac{1}{2}$ **μ** Myon	1.777 MeV -1 $\frac{1}{2}$ **τ** Tau	80.4 GeV ±1 1 **W±** schwache Kraft

Eichbosonen

Das Standardmodell der Elementarteilchen: 12 fundamentale Fermionen und 4 fundamentale Bosonen (ohne das Higgs-Boson) (© Wikipedia, Fermilab, DoE).

Der Higgs-Mechanismus erklärt, wie die Elementarteilchen ihre Masse bekommen und warum die Kraftteilchen der schwachen Wechselwirkung (Bosonen) Masse besitzen, während Photonen masselos sind. Wissenschaftler gehen davon aus, dass überall ein Higgs-Feld existiert, das den Teilchen in Wechselwirkung ihre Masse vermittelt. Um dieses Feld zu beweisen, ist die Beobachtung des Higgs-Bosons und aller seiner Eigenschaften mit dem LHC nötig. Die Entdeckung eines »Higgs-ähnlichen« Teilchens wurde vom CERN am 4. Juli 2012 mit 99,999 99 (5 Sigma) prozentiger Sicherheit bekanntgegeben. Die zweifelsfreie Entdeckung des Higgs-Bosons mit allem vom Modell vorgeschriebenen Parametern komplettiert das Standardmodell.

Das Standardmodell der Teilchenphysik kann zwar fast alle bisher beobachteten teilchenphysikalischen Beobachtungen erklären, es ist aber unvollständig

und hat zu viele offene, nur experimentell bestimmbare Größen (Masse, Spin etc.).

Offene Fragen des Standardmodells:

- Was ist Gravitation? Das Standardmodell bezieht die Gravitation (gravitative Wechselwirkung) nicht mit ein.
- Warum ist die Gravitation so viel (10^{32} mal) schwächer als die elektroschwache Kraft? (Hierarchieproblem)
- Gibt es das Higgs-Boson und hat es wirklich die vom Modell verlangten Eigenschaften?
- Wenn das Higgs-Boson der Materie ihre Masse gibt, warum haben die Teilchen dann so unterschiedliche Massen?
- Warum gibt es keine nennenswerten Überreste der Antimaterie im Universum? (Nach dem Standardmodell müssten Materie und Antimaterie gleichermaßen vorhanden sein).
- Warum gibt es genau drei Teilchengenerationen oder Quark-Lepton-Familien?

- Warum haben Neutrinos eine von null verschiedene Ruhemasse? (Laut Standardmodell dürften Neutrinos keine Masse haben).
- Was ist Dunkle Materie? Könnte sie aus supersymmetrischen Teilchen bestehen?

Das Standardmodell ist zwar die Grundlage der modernen Teilchenphysik, es gibt aber dennoch zahlreiche Bemühungen es zu erweitern oder abzulösen. Es existieren viele alternative Modelle für eine Physik jenseits des Standardmodells, die sogenannte Neue Physik. Eines der bekanntesten Modelle ist die Große vereinheitlichte Theorie (Grand Unified Theory, GUT), die die drei im Standardmodell vorkommenden Wechselwirkungen zu einer einzigen Grundkraft vereinheitlichen will. Supersymmetrie ist ein weiteres Modell; in ihr wird eine Symmetrie zwischen Bosonen und Fermionen postuliert, in der jedes Teilchen des Standardmodells ein symmetrisches Partnerteilchen hat. Bis heute konnten allerdings keinerlei Hinweise auf die Existenz supersymmetrischer Teilchen gefunden werden. Andere Ansätze zur Erweiterung des Standardmodells sind Theorien der Quantengravitation oder Stringtheorien.

Ellis: Der LHC hat die Kapazität, um über das Standardmodell hinauszugehen. Damit können wir dann vielleicht einige der Geheimnisse lüften wie zum Beispiel: Woher kommt Dunkle Materie? Das ist eine der Sachen, für die ich persönlich viel Arbeit aufwende. Der Vorteil des LHC ist, dass er als erster Beschleuniger eine ganze Bandbreite hoher Energien erkunden kann, einige Größenordnungen höhere Energien als wir hier in diesem Labor vorher erzeugen konnten. Wir haben gute Gründe anzunehmen, dass es eine Art Neuer Physik geben kann, aber wir wissen es einfach nicht. Das macht diesen Moment ja gerade so spannend.

Was sind die Eckpfeiler einer Neuen Physik?
Ellis: Ich glaube, einer der Eckpfeiler wird sicherlich das Higgs-Boson sein oder was auch immer diesen Job machen wird, den Elementarteilchen ihre Masse zu geben. Das werden wir sicherlich innerhalb der Energieskala des LHC herausfinden können. Meiner Meinung nach wäre es zu heuristisch anzunehmen, dass die Idee des elementaren Higgs-Bosons aus dem Jahr 1964 die Gesamtantwort darstellt. Vielleicht ist es noch nicht einmal Teil der Antwort. Vielleicht gibt es eine komplett andere Antwort. Aber was auch immer die Antwort sein wird, sie wird hier durch die Experimente mit dem LHC gefunden werden.

Das wäre also einer der Eckpfeiler. Meiner Meinung nach ist Dunkle Materie ein weiterer Eckpfeiler. In vielen Theorien über Dunkle Materie besteht sie aus Partikeln, die irgendwann einmal in

Halo Dunkler Materie um die Milchstraße (Quelle: ESO/L. Calçada).

der kosmischen Ursuppe vorhanden waren. In diesen Theorien hat das Dunkle Materiepartikel eine Masse irgendwo zwischen 100 GeV – das ist ungefähr die hundertfache Masse des Protons – und dem Tausendfachen. Auch das ist innerhalb des Energielevels des LHC. Also, ich denke, das ist ein weiterer Eckpfeiler der neuen Physik.

Mehr als 60 Prozent des Universums besteht nach neuesten Erkenntnissen aus Dunkler Energie. Könnten Hinweise darauf entdeckt werden?
Ellis: Dunkle Energie ist ein ganz großes Rätsel. Die Theorien, die wir haben – denken Sie an die Higgs-Theorie oder Supersymmetrie – all diese Theorien sagen die Existenz Dunkler Energie voraus. Vielleicht sollte man sagen: Ja, das ist gut. Weil es eben eine richtige Vorhersage war. Aber das stimmt gerade nicht, denn unsere Vorhersagen sagen viele, wirklich sehr viele Größenordnungen zu viel Dunkle Energie voraus. Das wirklich große Rätsel ist also nicht: Warum gibt es Dunkle Energie? Das Rätsel besteht eher darin: Warum gibt es nur so wenig Dunkle Energie? Für eine ganze Weile haben die Theoretiker es mit der Hypothese versucht, dass es gar keine Dunkle Energie gäbe. Für viele kam dann in den 1990er Jahren der große Schock, als die Astronomen und Kosmologen und Astrophysiker kamen und sagten: Nein, nein, es gibt sie wirklich, diese Dunkle Energie – sie ist eben nur sehr klein.

Ganz ehrlich, wir haben wirklich keine gute Idee, warum es nur so wenig Dunkle Energie gibt. Ich betrachte das so: Der beste Weg ist meiner Ansicht nach, dass wir die Fundamentalphysik betrachten sollten, die die Dunkle Energie erklärt. Nach unseren Berechnungen ergibt diese Physik eine viel zu große Dunkle Energie. Vielleicht bekommen wir ja heraus, was wir falsch machen. Und vielleicht kann uns das dazu befähigen, eine bessere Theorie zu entwickeln, die dann eine geringere Dunkle Energie ergibt – vielleicht wird das mit einem neuen Experiment möglich sein.

Welche Eigenschaften sollte ein Physiker haben? Was treibt Sie an?
Ellis: Es ist klar, dass Sie wirklich davon besessen sein müssen. Sie müssen verstehen wollen, wie das Universum funktioniert. Sie müssen davon überzeugt sein, dass es wenigstens für ein paar Leute auf diesem Planeten wichtig ist, was Sie tun.

Es gibt ungefähr 7 Milliarden Menschen auf diesem Planeten. Ungefähr einer in einer Million ist ein Teilchenphysiker. Es ist sicherlich nicht unerheblich, wenn von allen Menschen auf diesem Planeten einer in einer Million diese Obsession teilt. Aber es muss wirklich eine Obsession sein. Sie dürfen das nicht als ein Hobby betreiben. Eine der Sachen, die Sie wirklich antreiben, wenn Sie morgens aufstehen muss dieser Drang sein, das Universum besser zu verstehen. Wenn Sie das nicht wirklich wollen; wenn das nicht eine der wichtigsten Sachen in Ihrem Leben ist, vergessen Sie's!

War das für Sie immer befriedigend, mit diesem Drang aufzuwachen und dann etwas ganz anderes oder eben gar nichts herauszufinden? Gab es bei Ihnen auch »magische Momente«?
Ellis: Es gibt verschiedene Stufen der Befriedigung, die Sie daraus ziehen, dass Sie heute eine bestimmte Sache besser verstehen als gestern. Wenn Sie wirklich tatsächlich einmal Glück haben, dann haben Sie möglicherweise die Vorstellung, dass Sie der einzige Mensch auf diesem Planeten sind, der eine bestimmte Sache versteht. Meistens besteht die Arbeit allerdings darin, dass Sie sehr kleine Fortschritte innerhalb irgendeines bestimmten Experiments machen. Kleine Freuden, wenn Sie so wollen. Von Zeit zu Zeit sind dann da noch die großen Heureka-Momente. Ich hatte das große Glück, ein oder zwei dieser großen Heurekas erleben zu dürfen. Aber, wie gesagt, in der alltägliche Arbeit sind es eben nur kleine Heurekas.

Was waren diese beiden großen Heurekas? Wie hat sich das angefühlt?
Ellis: Einer der größten Heureka-Momente für mich passierte hier am CERN, als ich einfach nur einen Korridor entlanglief. Es war genau hier um die Ecke, als mir klar wurde, wie man das Gluon-Teilchen nachweisen könnte. Das war Mitte der 1970er Jahre. Wir hatten eine allgemein anerkannte Theorie über die starke Kernkraft – genannt QCD[1] – und nach dieser Theorie sollte es Teilchen geben, die die Quarks untereinander festhalten, besagte Gluonen. Das ist ähnlich wie bei den Photonen, die die Elektronen innerhalb des Atoms binden. Also waren fast alle Theoretiker davon überzeugt, dass es diese Gluonen geben müsste, aber man konnte sie nicht direkt experimentell nachweisen.

Ich lief also eines Nachmittags zurück zur Cafeteria. Ich kam von einer Diskussion über die Streuung von Partikeln mit hoher Energiedichte – und dann hatte ich plötzlich die Idee, wie wir das Gluon auf klare, einfache Art und Weise entdecken könnten. Nicht durch die Streuung von Partikeln, sondern indem man Elektronen und Positronen sich gegeneinander aufheben lässt – und dabei würden bestimmte Partikel entstehen und dann und wann würde darunter eben auch ein Gluon sein. Das sollte man klar und deutlich erkennen können, denn man kollidiert nicht große Mengen an Material, sondern man macht ganz einfache Kollisionen. Also haben wir diesen Vorgang mit ein paar Kollegen durchkalkuliert, haben einen Artikel geschrieben und mit den Experimentalleuten gesprochen. Einige Jahre später haben sie dann dieses Experiment durchgeführt und haben dabei das Gluon entdeckt.

Wie war Ihr Gefühl in eben diesem Moment?
Ellis: Es ist komisch, aber manchmal kommen Ideen so ganz aus dem Blauen heraus ohne offensichtlichen Anlass oder Grund. Es muss ein bestimmtes, unbewusstes Level geben, irgendeinen Mechanismus in unserem Gehirn, wo verschiedene Ideen nur so herumschwirren. Manchmal stoßen sie dann zusammen und erzeugen dabei vielleicht etwas Neues. Und das war es wohl, was bei dieser beschriebenen Situation geschehen sein muss. Ich hatte einfach nur Glück, dass diese umherschwirrenden Sachen gerade diese bestimmte Idee hervorgebracht haben.

---

1) Quantum Chromo Dynamics

Wie war es, als Sie mit Ihren Kollegen darüber gesprochen haben?
Ellis: Das war zwar keine besonders komplizierte Idee, aber als wir die Sachen später den anderen Leuten erklärten, gab es schon Schwierigkeiten. Ich war damals in einem Labor in Deutschland. Einige der dortigen Theoretiker waren der Sache gegenüber recht skeptisch, und sie haben mir das auch zu verstehen gegeben. Nun ja, das hat mich nicht wirklich gestört. Ich dachte, dass ihr Verhalten nur zeigt, dass Sie die Theorie nicht verstehen.

Was waren für Sie die spannendsten Momente innerhalb der Physik?
Ellis: Die andere – neben der heutigen – wirklich spannende Zeit waren die 1970er Jahre. Im Jahr 1974 wurde beinahe jede Woche ein neues Teilchen entdeckt. Es war sehr spannend herauszubekommen, was diese neuen Teilchen wirklich bedeuteten, was sie eigentlich waren und was das grundlegende Prinzip sein würde. Dann, in den 1980er Jahren, wurden hier am CERN die W- und Z-Teilchen gefunden. Ich war in jenem Jahr gerade in Kalifornien und habe dort für einen meiner Kollegen eine Konferenz organisiert, auf der er die ersten Ergebnisse mitteilen sollte, und das waren dann die ersten W-Partikel. Das war also schon recht aufregend, diese Computerausdrucke zu sehen und – nun ja, das waren also diese W-Partikel. Endlich! Ich erwarte, dass etwas Ähnliches hier mit dem LHC passieren wird.

Was erwarten Sie?
Ellis: Das Higgs-Boson, wenn es existiert, oder was auch immer es ersetzen wird, wenn es nicht existiert. Ich bin optimistisch über die Entdeckung von Dunkle Materieteilchen. Soweit es das Higgs angeht – es war uns klar, dass es nicht leicht sein würde, es hier mit dem LHC zu finden. Ich finde es sehr erstaunlich, wie schnell der Beschleuniger und die Detektoren ihre Arbeit gemacht haben. Und ich denke, dass wir auch bald mit Antworten rechnen können. Ob wir sie dieses Jahr oder nächstes Jahr bekommen werden, egal. Auf jeden Fall sehr bald im kosmischen Sinne. Dunkle Materie – da bin ich, sagen wir mal, schon ein wenig enttäuscht, dass wir noch keinerlei Anzeichen davon gesehen haben. Ich und andere haben schon geschätzt, was die Massen dieser Dunkle Materiepartikel wohl sein könnte. Mit einfachen Modellen kommt man da nicht weiter. Aber wir sind weiterhin optimistisch und erwarten neue Daten vom LHC.

Wo in der Geschichte der Wissenschaft ist der LHC anzusiedeln?
Ellis: Ich denke, dass der LHC einen Wendepunkt darstellt, der uns möglicherweise in die Lage versetzen wird, eine neue Seite der Grundlagenphysik aufzuschlagen. Wenn Sie sich das 20. Jahrhundert anschauen, dann war das ein goldenes Jahrhundert für die Grundlagenphysik, in dem viele wichtige Entdeckungen über die Prinzipien der Natur gemacht worden sind. Genauer gesagt haben wir mehrere neue Schichten von dem entdeckt, was wir als »kosmische Zwiebel« bezeichnen könnten. Wenn Sie sich an das Ende des 19. Jahrhunderts erinnern wollen: Damals waren die Physiker endlich dazu bereit, die Existenz von Atomen zu akzeptieren. Also beinahe, nicht ganz und gar. Genau am Ende des 19. Jahrhunderts wurde das Elektron entdeckt. Die Leute wurden sich klar darüber, dass Atome nicht irgendwie unteilbare Objekte waren, sondern dass sie tatsächlich Dinge in sich und eine komplizierte Struktur hatten.

Die erste Schale der Zwiebel bedeutete, die Elektronen an der Außenseite des Atoms abzuschälen. Im nächsten Schritt musste dann der Kern eröffnet werden, um zu entdecken, dass er aus Protonen und Neutronen besteht. Die nächste Schale, die wir öffnen mussten, ergab, dass Protonen und Neutronen komplizierte Objekte sind, die Quarks enthalten. All das ist während des 20. Jahrhunderts passiert. Ich glaube, dass wir wahrscheinlich gerade dabei sind, eine weitere Schale der Zwiebel abzuschälen. Ich weiß nicht, was das sein wird. Vielleicht entdecken wir, dass das Higgs-Boson ein Objekt ist, das aus einzelnen Teilchen zusammengesetzt ist. Oder vielleicht werden wir entdecken, dass das Higgs-Boson nur eines in einer ganzen Familie neuer Teilchen ist. Wir wissen es nicht.

Wie würde diese »Familie« aussehen?
Ellis: Darüber gibt es verschiedene Theorien. Die meisten Theorien, die über das Standardmodell hinausgehen, sagen soweit ich weiß voraus, dass das Higgs-Boson nicht allein ist; sie sagen eine Art Familie neuer Partikel voraus. Ich denke, die kleinste Erweiterung – wenn Sie so wollen – der Higgs-Idee ist Supersymmetrie. Supersymmetrie sagt voraus, dass es für jedes bekannte Partikel ein anderes Partikel gibt, das sich nur durch den internen Spin unterscheidet. Alle Partikel drehen sich, sie haben einen Spin. Manche drehen sich anders herum als andere. Supersymmetrie sagt voraus, dass es für jedes bekannte Partikel mit einem gewissen Spin ein anderes Partikel gibt mit gleicher

elektrischer Ladung, aber einem irgendwie anderen Spin. Nach dieser Theorie muss die Anzahl der Elementarpartikel verdoppelt werden. Das ist irgendwie die ökonomischste Vorgehensweise.

Das Higgs-Boson könnte auch aus anderen Teilchen zusammengesetzt sein. Wenn es zusammengesetzt ist aus irgendeiner Art kleinerem Ding, dann können Sie diese kleineren Dinge auf viele verschiedene Art und Weise miteinander kombinieren. Tatsächlich, möglicherweise, auf unendlich viel unterschiedliche Arten und Weisen. Ganz genau so, wie Sie Quarks und Gluonen in vielen verschiedenen Arten und Weisen miteinander kombinieren können, um daraus die sogenannten Elementarteilchen zu erzeugen. Das ist genauso, als man damals dachte, es gäbe nur das Proton und das Neutron ... und dann hat man das Pion entdeckt und dann das Kaon. Man hat tatsächlich Hunderte, wenn nicht Tausende anderer Partikel entdeckt, die alle aus Quarks bestehen. Es kann also ganz gut sein, dass wir das Higgs aufmachen und dann entdecken, dass sich etwas darin befindet. Diese Teilchen könnten dann in hunderter-, wenn nicht auf tausenderlei Art und Weise miteinander kombiniert werden – ein ganzes Spektrum neuer Teilchen.

Es gibt im Zusammenhang mit dem LHC eine Analogie: Kolumbus wollte nach Indien, aber er fand Amerika. Ist das miteinander vergleichbar?
Ellis: Ich mag diese Analogie. Tatsächlich habe ich sie selbst schon einmal in einem Artikel vor ein paar Jahren benutzt. Wie Sie sagen, Kolumbus segelte los, um Asien zu entdecken, und er entdeckte Amerika. Es kann also sehr gut sein, dass wir den LHC starten, um das Higgs-Boson zu entdecken und stattdessen entdecken wir ... Ich glaube, dass wir schon per definitionem nicht wissen können, was wir zu entdecken haben, oder?

Ist es dieses Moment der Unsicherheit, das Sie zufriedenstellt?
Ellis: Ja, das ist wirklich aufregend. Es ist schon oft gesagt worden: Wenn wir wüssten, was wir machen, dann wäre es keine Forschung. Die Physik am LHC ist deshalb so aufregend, weil wir eben nicht wissen, wohin die Reise gehen wird. Obwohl ich glaube, dass es ein ungeheurer Fortschritt sowohl für die theoretische Physik wie auch die experimentelle Physik und für die Beschleuniger-Physik wäre, das Higgs-Boson zu entdecken, so wäre es viel aufregender, wenn wir etwas Komplexeres entdecken würden.

Die Landung des Columbus 1492 von Theodor de Bry,
Kupferstich aus dem Jahr 1594 (US Library of Congress).

Was wäre für Sie persönlich die verrückteste theoretische Idee?

Ellis: Eine der größten offenen Fragen in der Grundlagenphysik
ist, wie man die Quantenmechanik und die Allgemeine Relativitätstheorie miteinander kombinieren könnte. Ungefähr ein Jahrhundert
ist jetzt vergangen, seit die Quantenmechanik entdeckt worden ist
und beinahe ein ganzes Jahrhundert seit der Relativitätstheorie von
Einstein. Sie können es natürlich einen furchtbaren Misserfolg der
Theoretischen Physik nennen, dass wir diese beiden Theorien noch
nicht miteinander verbinden konnten. Natürlich haben wir Ideen, wie
man es machen könnte, die String-Theorie ist dabei die am weites-
ten entwickelte. Aber wir haben für solche Art von Theorien zurzeit
soweit ich weiß keine Art von experimentellem Beweis. Deshalb sind
unsere String-Theoretiker auch oft so frustriert. Weil die Leute die
String-Theorie oftmals kritisieren, indem Sie fragen: Wie kann man
die Theorie testen? Nun ja, jede Art von Quanten-Gravitationstheorie
ist sehr, sehr schwierig. Deshalb halte ich das auch für ein sehr interessantes Gedankenobjekt.

Ich glaube, man muss außerhalb seiner Grenzen denken, wenn
man eine Art von Quantengravitationstheorie testen will. Ich würde da so herangehen: Wenn Sie die Quantentheorie mit der Relativitätstheorie kombinieren wollen, dann wird wahrscheinlich eine von
beiden oder sogar beide modifiziert werden müssen. Aber wenn Sie
das sagen, sind Sie augenblicklich ein Häretiker. Sofort würden ungefähr 90 Prozent meiner Zuhörer mit dem Kopf schütteln und sa-

John Ellis – Wie kann man Relativität oder Quantenmechanik modifizieren? (© Michael Krause).

gen: Ellis ist jetzt endgültig verrückt geworden. Okay, das kann sein. Ich bin alt genug, um verrückt werden zu können. Wenn also entweder die Relativitätstheorie oder die Quantenmechanik scheitern sollten: Wie werden sie scheitern? Und wie können Sie das beweisen? In meiner Arbeit beschäftige ich mich vielleicht einmal pro Jahr damit, wie man Relativität oder Quantenmechanik modifizieren könnte, um dabei auch darüber nachzudenken, was die Auswirkungen einer so radikalen Idee wären.

Wie könnte man das theoretisch fassen?
Ellis: Vielleicht ist es falsch zu sagen, eine Theorie ist falsch oder eine Theorie muss modifiziert werden. Es ist vielleicht nicht die richtige Art und Weise mit dieser Fragestellung umzugehen. Relativitätstheorie funktioniert über einen weiten Bereich von Energiezuständen und Entfernungen; Quantenmechanik funktioniert zweifelsfrei. Meiner Ansicht nach geht es eher darum, die Grenzen dieser Theorien zu erweitern und vielleicht an diesen Grenzen irgendeine kleine Abweichung zu entdecken, die wir näher betrachten müssen. Ich glaube eine gute Analogie ist die mit Newtons Gravitationstheorie.

Newtons Gravitationstheorie funktioniert sehr gut für alle Objekte innerhalb des Sonnensystems, solange Sie nicht allzu genau hinschauen. Denn wenn Sie sich die Umlaufbahn von sagen wir einmal Merkur anschauen, dann werden Sie eine sehr, sehr kleine Abweichung feststellen, die Sie nicht mit Newtons Gravitationsgesetzen erklären können. Aber sonst funktionieren Newtons Gravitationsgesetze sehr gut. Ich könnte also sagen, dass sie sowohl für die Relativitätstheorie wie auch die Quantenmechanik gelten, dass sie für die meisten Zwecke sehr gut funktionieren, aber wenn man wirklich an die Sache herangeht, dann gibt es da etwas, was dahinter liegt und sie auf die eine oder die andere Art modifiziert.

Zerfällt die Theorie oder bleibt sie bestehen?
Ellis: Zur Zeit funktionieren Quantenmechanik und Relativitätstheorie sehr gut. Momentan gibt es keine Anzeichen, dass wir eine der beiden modifizieren müssten. Es ist also reine Spekulation, aber ich glaube, dass es eben auch sinnvoll ist darüber nachzudenken, was über die Theorien hinaus bestehen könnte.

Was könnte dort sein?
Ellis: Zum Beispiel sagt man uns, dass masselose Teilchen immer mit Lichtgeschwindigkeit reisen. Lichtgeschwindigkeit ist eine Konstante, die unabhängig von der Frequenz des Lichts ist oder – wenn Sie das lieber haben – von der Energie des Photons, dem Lichtquantum. Vielleicht stimmt das aber nicht. Vielleicht sind Quanta mit unterschiedlichen Energien mit irgendwie anderer Geschwindigkeit unterwegs. Sie mögen nun denken, dass die natürlichste Möglichkeit die ist, dass Elektronen mit höherer Energie auch mit höherer Geschwindigkeit reisen, wie das sicherlich bei normalen Teilchen der Fall ist: Packen Sie mehr Energie in ihr Auto hinein, dann fährt es auch schneller. Aber vielleicht ist das mit masselosen Teilchen genau anders herum. Das ist eine Idee, die wir vor vielen Jahren vorgestellt haben, und wir haben dafür die verschiedensten experimentellen Tests vorgeschlagen. Es wurden auch die unterschiedlichsten Beobachtungen gemacht, aber man hat keinerlei Effekt festgestellt. Ich glaube die Leute denken, das ist eine komplett verrückte Idee, aber immerhin.

Dr. John Ellis

- Es gibt nichts, was ich mehr mag als die Entdeckung einer Verbindung zwischen zwei Dingen, die man a priori überhaupt nicht vermuten konnte.
- Meiner Meinung nach wäre es zu heuristisch anzunehmen, dass die Idee des elementaren Higgs-Bosons aus dem Jahr 1964 die Gesamtantwort darstellt. Vielleicht ist es noch nicht einmal Teil der Antwort. Vielleicht gibt es eine komplett andere Antwort.
- Das wirklich große Rätsel ist nicht: Warum gibt es Dunkle Energie? Das Rätsel besteht eher darin: Warum gibt es nur so wenig Dunkle Energie?
- Es muss ein unbewusstes Level geben, irgendeinen Mechanismus in unserem Gehirn, wo verschiedene Ideen nur so herumschwirren. Manchmal stoßen sie zusammen und erzeugen dabei etwas Neues.

9
Oersted, Ampère, Faraday, Maxwell

Der dänische Physiker und Chemiker Hans Christian Oersted (1777–1851) entdeckte 1820 die magnetische Wirkung des elektrischen Stroms. Oersted verband die beiden Pole einer Voltabatterie miteinander und hielt einen Kompass an den Draht. Floss der Strom, zeigte die magnetische Kompassnadel nicht mehr nach Norden, sondern stand im rechten Winkel zum Batteriedraht. Oersted hatte den grundlegenden Gedanken, dass es eine direkte Verbindung der elektrischen mit der magnetischen Kraft geben muss. Oersted glaubte allerdings, dass Schwerkraft, Elektrizität und Magnetismus alle nur verschiedene Erscheinungen einer einzigen, völlig unbekannten Kraft seien.

Der französische Mathematiker und Physiker André-Marie Ampère (1775–1836) wiederholte die Versuche Oersteds und stellte die Hypothese auf, dass der Strom innerhalb des Drahtes ein magnetisches Feld erzeugt – der elektrische Strom musste die Ursache des Magnetismus sein. Ampère bestimmte die mathematische Beziehung zwischen Strom und magnetischem Feld. Richtung und Stärke dieses Feldes waren abhängig vom Stromfluss und der Form des Drahtes. Ampère beschrieb die Feldkräfte durch die Rechte-Hand-Regel oder Rechtsschrauben-Regel. Dieses Konzept der Kraftfeldlinien wurde von Michael Faraday aufgegriffen und verallgemeinert.

Michael Faraday (1791–1867)

»Nichts ist zu schön um wahr zu sein, wenn es mit den Gesetzen der Natur übereinstimmt.«

Michael Faraday , Labor-Eintrag 1849

Der gelernte Buchbinder und wissenschaftliche Autodidakt Michael Faraday ist einer der wichtigsten Naturwissenschaftler aller Zeiten und mit etwa 30 000 durchgeführten Experimenten und zirka 450 wissenschaftlichen Veröffentlichungen einer der produktivsten. Der von den Naturwissenschaften begeisterte Faraday wurde 1813 Assistent von Sir Humphry Davy (1778–1829) an der ehrwürdigen Royal Institution in London. Davy, Chemiker, Pionier der Wissenschaft und Erfinder der Bogenlampe, förderte den jungen Faraday nach Kräften. Ab 1816 ließ er Faraday Experimente aufbauen und vorbereiten. Faraday führte bald eigene Versuche durch, hielt eigene Vorträge, gründete private Forschungszirkel und machte Auftragsanalysen. Er galt schon 1820 als der beste chemische Analytiker des Königreichs Großbritannien.

Faraday lieferte seine größten Beiträge zur Wissenschaft im Bereich der Elektrotechnik. 1821, kurz nachdem der Däne Oersted das Phänomen des Elektromagnetismus entdeckt hatte, baute Faraday eine Vorrichtung, um das herzustellen, was er elektromagnetische Rotation nannte: eine konstante kreisförmige Bewegung einer magnetischen Kraft um einen Draht. Sein Experiment bewies, dass Elektrizität im Stande ist Arbeit zu verrichten. Faraday schuf damit die Grundlagen für die Entwicklung von Generatoren, Dynamos und Elektromotoren (»Historical Statement respecting Electro-Magnetic Rotation«, 1823).

Faraday machte auch innerhalb der Chemie und Optik große Entdeckungen. 1823 gelang ihm die Verflüssigung verschiedener Gase (Chlor, Kohlendioxid) und bewies, dass die Zustände fest, flüssig und gasförmig ineinander überführbar sind. 1825 entdeckte Faraday das Benzol, einen aromatischen Kohlenwasserstoff und Grundbaustein der organischen Chemie. Seine weiteren Untersuchungen und Entdeckungen innerhalb der Chemie veröffentlichte Faraday im April 1827 unter dem verheißungsvollen Titel »Chemical Manipulation«. Während dieser Jahre stieg Faraday zum angesehensten Wissenschaftler seiner Zeit auf. Im Jahr 1824 wurde er Mitglied der Royal Society und schon 1825 Nachfolger seines Förderers Sir Humphry Davy als Labordirektor der Royal Institution. Faradays Popularität wuchs in den folgenden Jahren kontinuierlich, indem er die Royal Institution für öffentliche Vorträge öffnete, von denen er selbst einen Großteil hielt.

1831 nahm Faraday seine Untersuchungen zur Elektrizität wieder auf. Ihm gelang der Beweis der elektromagnetischen Induktion mit Hilfe eines Apparats, der heute als Transformator bekannt ist. Er erklärte seine Versuchsergebnisse mit dem Vorhandensein magnetischer Kraftlinien. Faraday schuf damit die Grundlage für die Theorie des elektromagnetischen Feldes: Strom entsteht nur dann in einer Spule, wenn sich die magnetischen Kraftlinien in einem bewegten Magnetfeld schneiden. In weiteren Experimenten testete Faraday die Eigenschaften der Elektrizität aus verschiedenen Quellen (Voltabatterie, Reibungselektrizität usw.) und stellte abschließend fest, dass Elektrizität immer »identisch ist in ihrer Natur« (Annalen der Physik, 1833).

1832 begann Faraday seine einjährigen Experimente zur Elektrolyse, der damals sogenannten elektrochemischen Zersetzung. Die Elektrolyse war auch wirtschaftlich interessant: Durch sie konnte das erste Mal chemisch reine Metalle hergestellt werden. Faraday prägte die Begriffe Ion, Elektrolyt, Anode und Kathode für die beiden Elektroden und formulierte in seinem Bericht (Researches in Electricity, 1834) an die Royal Society die *Faradayschen Grundgesetze der Elektrolyse*:

1. Die chemische Kraft eines elektrischen Stroms ist direkt proportional zur absoluten Menge der durchgeflossenen Elektrizität.
2. Die elektrochemischen Äquivalente sind den gewöhnlichen chemischen gleich (Äquivalenzgesetz).

Die Faradayschen Gesetze beschreiben die Beziehung zwischen den an den Elektroden abgeschiedenen Stoffmengen und dem Stromfluss. Das zweite Faradaysche Gesetz stellt dabei einen wichtigen Zusammenhang zwischen Materie und elektrischer Ladung her: Es konnte nur bedeuten, dass sowohl Materie wie auch Elektrizität einer atomistischen Struktur unterlagen – es musste unterschiedliche Bestandteile der Materie (Atome, Ionen, Elektronen) mit unterschiedlichen Ladungen geben. Die auf Faradays Gesetzen beruhenden nächsten Schritte in der Entwicklung der Atomtheorie wurden allerdings erst viel später von Hermann von Helmholtz (1821–1894, »Reichskanzler der Physik«) und Robert Millikan (1868–1953) vollzogen.

Michael Faraday selbst war davon überzeugt, dass »alle Naturkräfte unter einem übergeordneten Gesetz zusammenhängen, die Schwerkraft, das Licht, Elektrizität, Magnetismus, Wärme und selbst die in der Materie schlummernden Kräfte.« Diese Zusammenfassung sämtlicher Naturkräfte unter ein Gesetz, die Vereinheitlichung der Kräfte, ist bis heute ein Traum der Physiker. Faraday war ein zutiefst religiöser Mensch und Mitglied der Sekte der Sandemanianer. Möglicherweise hatte auch dies großen Einfluss auf seinen Wunsch, alles Bekannte (und Unbekannte) unter ein Gesetz – letztendlich das Gesetz Gottes – zu stellen.

Elektromagnetismus: James Clerk Maxwell

»Faraday sah im Geiste den ganzen Raum durchdringende Kraftlinien.«

James Clerk Maxwell

James Clerk Maxwell (1831–1879) war ein brillanter schottischer Physiker. 1641, als Zehnjähriger, gewann er die Mathematik-Medaille der Edinburgh Academy. Daraufhin nahm er an den Sitzungen der Edinburgh Royal Society teil, studierte Physik und schloss sein Studium 1854 in Cambridge ab. 1856, mit nur 25 Jahren, wurde Maxwell Professor für Physik am Marischal College in Aberdeen. Von dort ging er 1861 an das King's College, London. 1871 wurde Maxwell erster Professor für Experimentalphysik am neu gegründeten Cavendish Laboratory in Cambridge.

Maxwell bewunderte Faradays experimentelle Beobachtungen und Befunde und wollte diese in eine mathematische Darstellung überführen. Sein erster größerer Aufsatz »On Faraday's Lines of Force« (Über Faradays Kraftlinien) erschien 1856, in denen die von Faraday beobachteten Kraftlinien als imaginäre Röhren gedacht waren, die eine inkompressible Flüssigkeit enthielten. 1864 präsentierte Maxwell »A Dynamical Theory of the Electromagnetic Field«, die mathematische Theorie elektromagnetischer Felder vor der Royal Society in London. In diesem historischen Vortrag wurden die vier (ursprünglich 20) Formeln der Maxwellschen Gleichungen das erste Mal öffentlich vorgestellt. Mit ihnen ließen sich alle von Faraday gefundenen elektromagnetischen Phänomene mathematisch korrekt erklären. Maxwell kleidete Faradays geniale Versuche in die mathematisch strenge Form der Feldphysik: »Maxwells wunderbare Gleichungen« wurden die Grundlagen der modernen Elektrodynamik. Sie enthalten das Induktionsgesetz und die Gesetzmäßigkeiten aller elektromagnetischer Wellen.

Maxwell machte über seine Erforschung der Elektrodynamik hinaus zahlreiche wissenschaftliche Entdeckungen in anderen Gebieten. Im Jahr 1855 formulierte er eine eigene Farbtheorie, und er erforschte die Farbblindheit. 1861 gelang ihm die erste Farbfotografie der Welt. 1857 beobachtete Maxwell die Ringe des Saturn und behauptete, die Ringe seien aus einzelnen Gesteinsbrocken zusammengesetzt. Erst 100 Jahre später konnte die NASA-Raumsonde Voyager diese Vorhersage Maxwells bestätigen.

1. Maxwell-Gleichung (Durchflutungsgesetz): Jedes zeitlich veränderliche elektrische Feld erzeugt ein magnetisches Wirbelfeld.

2. Maxwell-Gleichung (Induktionsgesetz): Jedes zeitlich veränderliche magnetische Feld erzeugt ein elektrisches Wirbelfeld.

3. Maxwell-Gleichung (Elektrische Quelle): Elektrische Ladungen sind die Quellen elektrischer Felder.

4. Maxwell-Gleichung (Magnetische »Quelle«): Das Feld der magnetischen Flussdichte ist quellenfrei. Magnetfelder sind stets Wirbelfelder.

Maxwell untersuchte die verschiedenen Gleichungen und erhielt eine Geschwindigkeit für die elektromagnetischen Wellen, die der Lichtgeschwindigkeit entsprach. Maxwells Kommentar:

»Diese Geschwindigkeit ist so nahe an der Lichtgeschwindigkeit, dass wir guten Grund zu der Annahme haben, dass das Licht selbst (einschließlich Wärmestrahlung und anderer Strahlung, falls es sie überhaupt gibt), eine elektromagnetische Welle ist.«

Die volle Bedeutung dieses Satzes – Licht ist nichts anderes als eine elektromagnetische Welle – konnte damals überhaupt noch nicht erfasst werden. Tatsächlich sollte es Jahrzehnte dauern, bis die Maxwellschen Gleichungen gänzlich verstanden und anerkannt wurden. Maxwell selbst war davon überzeugt, dass die Ausbreitung des Lichtes ein Medium, den sogenannten Lichtäther benötigte. Er schrieb darüber 1878 in der Encyclopaedia Britannica:

»Es kann keinen Zweifel geben, dass der interplanetarische und interstellare Raum nicht leer ist, sondern dass beide von einer materiellen Substanz erfüllt sind, die gewiss die umfangreichste und vermutlich einheitlichste Materie ist, von der wir wissen.«

Die Maxwellsche Elektrodynamik versammelte alle vorherigen Beobachtungen, Experimente und Gleichungen der Elektrizität, des Magnetismus und der Optik zusammen in einer Theorie. Maxwells Gleichungen zeigten, dass Licht, Elektrizität und Magnetismus alle Manifestationen desselben Phänomens sind, des *elektromagnetischen Feldes*. Maxwells Elektrodynamik bildet zusammen mit der von Newton stammenden Mechanik das Grundgerüst der klassischen Physik. Seine Gleichungen gelten als die zweite große Vereinheitlichung in der Physik nach Newton. Sie sind nach Richard Feynman sogar »das bedeutendste Ereignis des 19. Jahrhunderts.«

»War es ein Gott, der diese Zeichen schrieb?«

Ludwig Boltzmann über Maxwells Gleichungen (Zitat Goethe)

10

Der Kommunikator: Rolf Landua

CERN-Public-Outreach-Gruppe

Rolf Landua wuchs in Wiesbaden auf, studierte Physik an der Universität Mainz und promovierte dort 1980 mit einer Arbeit über »Exotische Atome«. Dr. Landua ging im selben Jahr als delegierter Mitarbeiter zum CERN, 1982–1985 war er CERN-Fellow. Sein Forschungsgebiet konzentrierte sich auf Antimaterie-Experimente innerhalb des LEAR-Experiments (Low Energy Antiproton Ring: Antinukleon-Nukleon-Reaktionen, Meson-Spektroskopie und die Suche nach exotischen Quarks und Gluonen). 1996 konnten mit dem LEAR-Experiment erstmals Antiwasserstoffatome beobachtet werden. Dieser CERN-Coup fand große mediale Aufmerksamkeit und bildete sogar den Stoff zu einer Hollywood-Verfilmung (Angels and Demons, Ron Howard, 2009). Dr. Landua ist Mitbegründer des ATHENA-Experiments (AnTiHydrogEN Apparatus), dessen Sprecher er 1999–2004 war. In diesem Experiment konnten erstmals Millionen von Antimaterie-Atomen produziert werden.

Rolf Landua engagiert sich heute für die Intensivierung des naturwissenschaftlichen Schulunterrichts. Seit 2005 ist er Leiter der Public-Outreach-Gruppe am CERN. Landuas Arbeitsgruppe organisiert nationale und internationale Programme für Physiklehrer mit etwa 1000 Teilnehmern pro Jahr. Ziel des Programms ist es, moderne Physikforschung in den europäischen Klassenzimmern präsenter zu machen. Seine Gruppe ist auch verantwortlich für die Ausstellungen und Besucherprogramme des CERN, z. B. im Globe of Science, dem vom Schweizer Architekten Peter Zumthor entworfenen kugelförmigen CERN-Ausstellungspavillon. Rolf Landua ist Autor populärer Bücher über CERN (Am Rand der Dimensionen). Er erhielt 2003 den Preis für Kommunikation der Europäischen Physikalischen Gesellschaft. Dr. Landua empfiehlt als hilfreiche Zutaten für eine berufliche Karriere am CERN Geduld, Enthusiasmus, gute Englischkenntnisse

Wo Menschen und Teilchen aufeinanderstoßen. Erste Auflage. Michael Krause.
© 2013 WILEY-VCH Verlag GmbH & Co. KGaA.

und den freundlichen Umgang mit Ausländern (man ist schließlich selbst einer).

Rolf Landua: Was ist das Universum und was hat es mit uns Menschen zu tun? (© Michael Krause).

Was fanden Sie in Ihrer Schulzeit am interessantesten?
Landua: Ich habe Science Fiction geliebt, das mochte ich am allermeisten. Das brachte mich dazu über das Universum nachzudenken, über Teilchen und einfach alles.

Welche Art von Science Fiction, auch Perry Rhodan?[1]
Landua: Das auch; aber einfach alles an Science Fiction, was ich kriegen konnte. Ich mochte es wirklich, über Dinge zu fantasieren; darüber, was sein könnte und welche Möglichkeiten es gab.

Worum ging es dabei?
Landua: Wenn Sie sich die Science-Fiction-Literatur jener Zeit anschauen, dann finden Sie darin alles was wir heute diskutieren. Es gibt Extra-Dimensionen, auch Überlichtgeschwindigkeit. Es gibt auch die Frage: Warum ist das Universum so wie es ist? Gibt es Wurmlöcher oder schwarze Löcher? All das wurde schon damals diskutiert. Heute hat die Wissenschaft endlich die Literatur ein wenig eingeholt.

Wenn Sie damals den Nachthimmel angeschaut haben, was haben Sie gesehen?
Landua: Ich habe ein Versprechen gesehen. Ich sah etwas, das viel größer als meine Umgebung war. Es war gleichzeitig ein Versprechen

---

1) Perry Rhodan ist eine deutsche Science-Fiction-Reihe, die seit 1961 mit inzwischen über 2500 in hoher Auflage veröffentlichten Heften erscheint.

und die Versuchung, den Raum da draußen zu erkunden oder herauszufinden, woraus ich bestehe. Es war einfach nur ein Traum, so wie
andere Leute davon träumen, Berge zu besteigen oder die Weltmeere
zu erkunden. Für mich war der Traum das Universum zu erkunden.

*Wann haben Sie sich dazu entschlossen Ihren Traum zu Ihrem Beruf zu
machen?*

Landua: Da gab es mehrere Stufen. Es begann damit, dass ich als
Fünfzehnjähriger Chemie ganz wichtig fand. In der Chemie ging
es um all diese Sachen mit Atomen und Molekülen, daraus besteht
schließlich alles. Aber dann habe ich herausgefunden, dass der Teil
an der Chemie, der mich wirklich interessierte, die Physik war. Ich
entschloss mich also ein paar Jahre später Physik zu studieren. Ich
wollte herausfinden, woraus alles besteht und woher alles kommt. Ich
begann zu studieren und natürlich landete ich in der Teilchenphysik,
denn dort denkt man wirklich über die fundamentalen Teilchen und
die fundamentalen Kräfte in der Natur nach. Ich ging also auf die
Universität und ich habe dann versucht, in das Team zu kommen,
das am CERN arbeitete. Glücklicherweise landete ich dann wirklich
als Postdoktorand in einer externen Gruppe am CERN und dann
schaffte ich es sogar, eine feste Stelle am CERN zu bekommen.

*Wie hat Ihre Familie damals reagiert, als Sie sagten, Sie wollten Physiker
werden?*

Landua: Sie haben mich angeschaut und gefragt: Was macht eigentlich ein Physiker? Ich habe dann versucht, es zu erklären, aber das hat
nicht so richtig geklappt. Mein Vater kannte nämlich einige Physiker,
die damals bei Hoechst, einem großen Chemiekonzern arbeiteten.
Das waren nicht viele, und sie kontrollierten die Dicke bestimmter
Folien über einer radioaktiven Quelle. Mein Vater fragte mich: Ist es
das, was du machen willst? Die Dicke von Folien kontrollieren? Ich
antwortete natürlich, dass Physiker noch andere Dinge tun. Ich glaube, sie haben es damals nicht wirklich verstanden. Aber nach einer
Weile wurde ihnen klar, dass es doch ein ganz interessantes Feld war
und dass es mir Spaß machte, und dann waren sie auch zufrieden
damit.

Was sind Ihre Hobbys?

Landua: Ich liebe Sport. Sport, Lesen, Ferien, Reisen – das sind meine
Hobbys. Zum Lesen komme ich leider kaum, denn ich habe drei Kin-

der und darum muss man sich eben eine ganze Zeit lang kümmern. Allmählich habe ich wieder etwas mehr Zeit für meine Hobbys, auch für die Musik – nur bin ich darin nicht so gut.

Welche Art von Musik?
Landua: Welche mit Noten! Ich spiele ein wenig Klavier, das konnte ich leider früher viel besser. Ich hoffe, dass ich das in den kommenden Jahren verbessern kann.

Gibt es dabei eine Verbindung zur Physik?
Landua: Na ja, das kann man schon so weit dehnen; es ist Akustik, bestimmte Harmonien. Andererseits: nein.

Gibt es in Ihrem Privatleben irgendeine Verbindung zur Physik?
Landua: Ich hoffe nicht. Üblicherweise ist es eher ein ausgezeichnetes Rezept für ein totales Desaster, wenn Sie die Physik in Ihr Privatleben mit hineinbringen.

Sie unterrichten Lehrer. Was ist das für ein Programm?
Landua: Ich habe 20 Jahre lang über Antimaterie geforscht. Immer wenn ich einen Vortrag vor Schülern gehalten habe, die CERN einen Besuch abstatteten, ist mir aufgefallen, wie sehr diese Schüler fasziniert waren von Antimaterie und allem, was dazu gehört. Oder vom Big Bang oder der Umwandlung von Energie in Masse und so weiter. Mir ist dabei aufgefallen, dass es in unseren Schulen nicht gelingt, die Schüler für solche Themen wirklich zu begeistern. Physik wird als ein totes Thema präsentiert, mit vielen Formeln, die man lernen muss, um die Prüfung zu bestehen. Die Schüler wissen nicht, was sie mit diesen Formeln anfangen sollen und was diese mit dem wirklichen Leben und unserer Umgebung zu tun haben. Irgendwann habe ich mich dazu entschlossen, diesen jungen Menschen einen besseren Zugang zur Wissenschaft zu ermöglichen. Wir haben das Problem nicht nur in Deutschland, sondern in vielen anderen Ländern auch.

Man geht heute in die Finanzwelt, studiert Geschichte, Geografie oder Sozialwissenschaften. Nur wenige gehen in die Physik oder in die Ingenieurswissenschaften. Das hat natürlich auch teilweise damit zu tun, dass die Physik nicht besonders aufregend erscheint. Ich wollte, dass am CERN versucht wird, diesen jungen Leuten etwas von der Begeisterung der Wissenschaftler hier zu vermitteln. Zwischen diesen jungen Leuten und uns am CERN stehen die Lehrer. Lehrer fungieren als Vorbilder. Sie sind wirklich wichtig innerhalb der Gesellschaft, aber dem wird oftmals nicht in angemessener Weise Rechnung getragen. Ich habe mich dann also dazu entschlossen, hier eine Gruppe aufzubauen, die sich mit den Lehrern auseinandersetzt. Ziel ist es, sie in die Lage zu versetzen, unsere moderne Wissenschaft in anregender und sogar aufregender Art und Weise darstellen zu können. Damit können die Kids dann im Alter von vielleicht 16 Jahren entscheiden, ob Physik wirklich eine interessante Sache ist – so wie ich damals wegen der Science-Fiction-Literatur, die ich gelesen habe. Und dann können sie weitermachen und vielleicht Wissenschaftler werden, immer mit dem Wissen um den ganzen Prozess, der wissenschaftlichen Methode. Für uns ist es ein sehr erfolgreiches Programm. In den vergangenen 5 Jahren hatten wir über 5000 Lehrer hier und alle waren begeistert. Ich glaube, dass das Programm wirklich etwas bringt, obwohl es nur ein kleiner Tropfen im Riesenozean des Wissens ist. Aber es kann wachsen, und ich hoffe, das wird es auch.

Was ist so aufregend und anregend an der Wissenschaft?
Landua: Einstein hat einmal sinngemäß Folgendes gesagt: Das Unverständlichste am Universum ist doch, dass es verständlich ist. Sie können ja tatsächlich über den Ursprung von allem Fragen stellen, über die grundsätzlichen Bausteine. Wenn Sie das richtig anstellen und bestimmte Regeln beachten, dann werden Sie auch Antworten erhalten. Sie können dann die Antworten testen und auch testen, ob Sie alles richtig verstanden haben. Und man kann es wirklich verstehen, das Universum ist verstehbar. Sie starten also mit einer sehr einfachen Frage, wie zum Beispiel: Woraus besteht das Atom? Oder: Was ist Elektrizität? Und dann finden Sie die Gesetze der Natur über Elektrizität und Magnetismus. Und plötzlich verstehen Sie etwas, und dann können Sie diese Theorie auch für Ihr tägliches Leben nutzen.

Man hätte niemals die Glühbirne erfunden, wenn man keine Experimente mit der Elektrizität gemacht hätte. Jegliche Forschung zur Verbesserung von Kerzen hätte niemals, nicht in einhundert Jahren die Glühbirne entdeckt. Grundlagenforschung ist dazu da, Grenzen zu verschieben und weiterzugehen. Das basiert auf unserer natürlichen Neugier, die jeder hat, zumindest als Kind. Manchmal geht das verloren und manchmal ist man auch mit 50 Jahren noch neugierig. Es ist als Forscher eben besonders wichtig neugierig zu sein.

Muss ein guter Forscher Kind bleiben, um diesen Entdeckungsdrang zu erhalten?

Landua: Ja, ich denke, dass Neugierde in jedem Alter von Vorteil ist. Dazu sollte vielleicht Geduld und ein gewisses Maß Skepsis kommen. Man sollte alte Theorien anzweifeln und immer nachfragen, ob das, was ich als wahr empfinde, auch wirklich wahr ist. Kann ich dies oder jenes mit der bekannten Theorie erklären? Also: Neugier ist gut. Aber es gibt darüber hinaus noch ein paar andere Eigenschaften, die ein guter Forscher haben sollte.

Was sollte einen Forscher noch auszeichnen außer Neugier?

Landua: Ein guter Forscher sollte zuallererst skeptisch sein. Skeptisch dahingehend, dass alte Theorien eben falsch sein können, obwohl man 30 Jahre lang an sie geglaubt hat. Experimente können falsche Ergebnisse haben. Und man sollte Autorität immer anzweifeln. Denn es gibt nichts Schlimmeres als jemandem zu glauben, nur weil er alt und berühmt ist.

Geduld ist sehr wichtig, denn nichts innerhalb der Wissenschaften geschieht schnell. So funktioniert das nicht. Es dauert oftmals Jahre. Hier am CERN dauert es manchmal 10 Jahre, ehe wir einen Schritt vorwärts machen. All die einfacheren Experimente sind vor Jahrzehnten gemacht worden. Heute fordern wir die Natur auf viel höherer Ebene heraus als das in der Vergangenheit geschehen ist. Wir müssen uns jetzt also richtig anstrengen.

Was machen die Menschen am CERN?

Landua: Sie machen sehr viele verschiedene Sachen, aber sie arbeiten alle für ein gemeinsames Ziel. Dieses gemeinsame Ziel ist herauszufinden, wie das Universum ganz kurz nach dem Big Bang ausgesehen hat. Und deshalb werden zwei Partikel oder Protonen mit der höchstmöglichen Energie zur Kollision gebracht. In diesen Kollisionen schaffen wir Zustände, wie sie ganz kurz nach dem Big Bang, eine Picosekunde nach dem Big Bang waren. [Picosekunde = $1/1\,000\,000\,000\,000$ Sekunde]. Dabei gibt es neue Phänomene, die wir uns anschauen, um herauszubekommen, wie diese Phänomene das Universum geformt haben wie es heute ist. Das ist unser Ziel. Um dieses Ziel zu erreichen, müssen wir unsere Werkzeuge bauen. Diese Werkzeuge nennt man Teilchenbeschleuniger. Diese sind dazu da, die Teilchen auf fast Lichtgeschwindigkeit zu beschleunigen und sie dann miteinander zur Kollision zu bringen. Dann müssen wir natürlich Detektoren haben, die in etwa so wie riesengroße Kameras funktionieren. Sie sind 40 Meter lang und haben 25 Meter Durchmesser[2]. Diese Kameras können Aufnahmen jeder einzelnen Kollision machen und damit festhalten, was wirklich geschehen ist. Sie halten die sogenannten Signaturen fest von Ereignissen, die wir vielleicht noch nicht kennen. Das ist kurz gesagt das, was wir hier tun. Das wird natürlich von verschiedensten Abteilungen und Berufsgruppen hier am CERN bewerkstelligt. Da gibt es Physiker, Ingenieure, Techniker, Verwaltungsleute, die IT-Spezialisten, Elektriker, Mechaniker und so weiter. Diese verschiedenen Fachleute arbeiten alle zusammen und verfolgen alle zusammen ein gemeinsames Ziel.

Wenn CERN ein Organismus wäre, was wäre dann das Gehirn?
Landua: Ich denke, das ist ungefähr so wie in unserem Gehirn, in dem es sehr, sehr viele Zellen gibt. Aber eine Zelle ist eben noch kein Gehirn, und ich würde einen Forscher eher mit einer Zelle vergleichen wollen als mit dem gesamten Gehirn. Tatsächlich haben wir hier am CERN ein großes Gehirn, das aus vielen, vielen Forschern besteht, die zusammen genommen wie eine gemeinsame, kollektive Intelligenz funktionieren. Hier am CERN sind wir ungefähr 10 000 Wissenschaftler, die glücklicherweise nicht alle ständig hier arbeiten. Die Cafeteria wäre sonst furchtbar voll. Im Durchschnitt arbeiten hier ungefähr 3000 bis 4000 Menschen. Sie arbeiten an der Auswertung und der Verbesserung der Experimente und an vielen anderen Dingen, und sie befinden sich in ständiger Kommunikation miteinander. Man redet miteinander, hört sich an, was der andere zu sagen hat, kritisiert und macht so gemeinsame Fortschritte. Es gibt nicht diesen einzelnen Wissenschaftler, der in seinem kleinen Büro sitzt und denkt, um dann am Ende seines Denkprozesses herauszukommen und jedermann zu erzählen, was denn das Ergebnis ist. So funktioniert die Sache hier nicht. Es hat eher etwas mit kollektiver Intelligenz zu tun.

Sie benutzen in Ihrer Lehrtätigkeit ein Bild von Paul Gauguin. Warum?
Landua: Dafür gibt es zwei Gründe. Erstens ist es ein gutes Gemälde. Außerdem mag ich Gauguin. Er bewies guten Geschmack, indem er in die Südsee gefahren ist, um dort zu leben. Aber der wirkliche

2) ATLAS

Woher kommen wir? Wer sind wir? Wohin gehen wir? Paul Gauguin, 1897.

Grund ist folgender: Es wurde im Jahr 1897 gemalt. 1897 begann auch die Teilchenphysik, denn in diesem Jahr wurde das Elektron von J.J. Thomson entdeckt. Es war der erste einzelne Bestandteil der Materie, der jemals gefunden worden ist. Das war die Geburt der Teilchenphysik.

Ein weiterer Grund ist der Titel des Bildes, der lautet: Woher kommen wir? Wer sind wir? Wohin gehen wir? Das sind im Grunde genommen genau die Fragen, die wir uns hier am CERN heute stellen.

Woher kommen wir? Das ist die Frage nach dem Urknall, dem Ursprung des Universums und der Entwicklung der Materie bis heute.

Wer sind wir? Das ist, was die Teilchenphysik beschäftigt. Was sind die Bestandteile der Materie?

Und wohin gehen wir? Das ist die offensichtliche Frage, wenn Sie alles verstanden haben, was in der Vergangenheit passiert ist. Dann wollen Sie wissen, was geschehen *wird*.

Und natürlich gibt es eine vierte Frage, die lautet: Was gibt es heute zum Abendessen? Aber das ist Woody Allen, der diese Frage gestellt hat.

Warum sind sich Teilchenphysik und Kosmologie so nahegekommen?
Landua: Diese beiden Disziplinen sind sich nähergekommen, als die Kosmologen entdeckten, dass man zur Beschreibung der ersten Sekunden des Universums die Teilchenphysik benötigt. Und die Teilchenphysiker bemerkten, dass alles, was die Kosmologen innerhalb des Universums entdeckten eine direkte Anwendung innerhalb der Teilchenphysik nach sich zog. Zum Beispiel: Seit langer Zeit ist man von der Existenz der sogenannten Dunklen Materie überzeugt, doch man weiß nicht, welche Teilchen dafür verantwortlich sind. Die Kos-

mologen dachten sich, nun, das könnte das Neutrino sein. Aber damit die Neutrinos für die Dunkle Materie verantwortlich sein könnten, müssten sie eine Masse von ungefähr 10 Elektronenvolt oder mehr haben. Doch die Teilchenphysiker konnten anhand ihrer Experimente bereits sagen, dass die Neutrinos leichter sein müssen. Es gab also in diesem Fall eine direkte Verbindung zwischen den beiden Fächern, und dabei ist es geblieben. Diese beiden Forschungsrichtungen sind seitdem wirklich auf einer Linie.

Wie sieht die Welt der Neuen Physik aus?
Landua: Das möchte ich auch gerne wissen. Und wenn ich es wüsste, dann bekäme ich möglicherweise bald den Nobelpreis dafür. Früher hatte man ja nur die Mythologie. Man machte irgendwelche Analogien zwischen dem Leben hier auf der Erde und dem auf einer größeren, weiteren Ebene. Man wusste natürlich nicht, wie groß das Universum war. Das weiß man erst seit 70, 80 Jahren, nach Hubble und seiner Entdeckung.

Für eine Weile hat man geglaubt, dass das Universum einzig und allein aus der uns bekannten Materie besteht, aus Atomen, Protonen, Neutronen und Elektronen. Dann hat man herausgefunden, dass das Universum zu 96 Prozent aus anderen Dingen besteht, die wir nicht verstehen, aus Dunkler Materie und aus Dunkler Energie. Dieses Unwissen erzeugt bei uns eine riesengroße Motivation, und ich weiß wirklich nicht, was dabei herauskommen wird. Dunkle Energie ist nämlich absolut mysteriös. Es ist doch wirklich erstaunlich, dass das Universum plötzlich neun Milliarden Jahre nach dem Big Bang anfängt, schneller als vorher zu expandieren und sich dabei immer mehr beschleunigt. Wir wissen wirklich nicht, was diesen Vorgang verursacht, aber es ist sehr aufregend.

Edwin Hubble (1889–1953)

»Der Mensch untersucht das Universum mit seinen fünf Sinnen und nennt dieses Abenteuer Wissenschaft.«

The Nature of Science, 1954

Der amerikanische Astronom Edwin Powell Hubble (1889–1953) entdeckte Anfang der 1920er Jahre zusammen mit seinem Kollegen Milton Humason (1891–1972) am Mount-Wilson-Observatorium in Los Angeles, dass sich alle Spiralnebel (Galaxien) außerhalb unserer eigenen Milchstraße befinden. Hubble wurde damit zum Pionier der modernen extragalaktischen Astronomie. Bei den weiteren Untersuchungen entdeckte Hubble im Jahr 1929, dass die Rotverschiebung der entfernteren Galaxien mit zunehmender Entfernung proportional zunahm – was bedeutete, dass fast sämtliche Galaxien sich von uns fortbewegen und je weiter sie entfernt sind, umso schneller. Hubbles Entdeckung, die Expansion des Weltalls, bedeutete einen Paradigmenwechsel in der Kosmologie. Obwohl Hubble selbst noch nicht zu diesem Schluss kam, sondern seine Beobachtungen mit »scheinbarer Geschwindigkeit« beschrieb: Das Universum ist nicht statisch, sondern es dehnt sich aus.

Von Georges Lemaître (1894–1966) zuerst beschrieben, gibt die sogenannte Hubble-Konstante »H« in der heutigen Physikwissenschaft die Zunahme der Geschwindigkeit sich von uns entfernender Galaxien an. Nach neuesten Messungen beträgt sie zirka 71 km/Sekunde pro Megaparsec (= 3,08 Millionen Lichtjahre). Edwin Hubble zu Ehren trägt das Weltraumteleskop »Hubble« seinen Namen.

»Die Suche wird weitergehen. Dieser Drang ist älter als unsere Geschichte.«

Edwin Hubble,
The Nature of Science, 1954

Nach all dieser Anhäufung von immer mehr Wissen müssen wir feststellen, dass es da draußen noch viele Dinge gibt, von denen wir absolut nichts wissen. Ist das nicht frustrierend?

Landua: Ich denke, dass es nicht frustrierend, sondern sehr aufregend ist. Es regt einen doch eher dazu an, weiterzudenken, neue Hypothesen aufzustellen und sie, wenn möglich, im Labor zu testen. Am meisten frustriert es doch, wenn man irgendwie feststeckt. Wenn man alles hat, eine Theorie, die alles beschreibt, aber Sie wissen nicht, wo die Theorie herkommt. Das ist so, als wenn Sie ein Rezept für ein ausgezeichnetes Essen haben. Jemand hat das Rezept geschrieben,

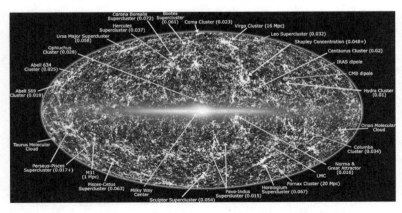

Struktur des Universums jenseits unserer Milchstraße (helles Band im Zentrum der Grafik) (Quelle: NASA/T. Jarett/IPAC/Caltech).

und es funktioniert. Aber Sie fragen sich: Warum diese Zutat und nicht doppelt oder halb so viel? Wir wollen das Rezept des Universums verstehen lernen. Das ist wirklich sehr aufregend für neugierige Leute wie uns.

Welche dieser drei Dinge repräsentiert Ihrer Meinung nach das Universum am besten?[3]
Landua: Tatsächlich keines dieser drei Dinge. Für mich hat das Universum einfach keine Grenze. Das ist das große Problem mit diesen drei Sachen. Das Universum ist für mich weder räumlich noch zeitlich begrenzt. Es ist irgendetwas, wenn Sie so wollen, mit weiteren Dimensionen. Wir befinden uns innerhalb einer vierdimensionalen Kugel und wir leben auf der Oberfläche dieser Kugel, einem dreidimensionalen Objekt. Das ist meine Vorstellung, und so gibt es auch keine Probleme damit, was an der Grenze, am Übergang passiert. Kann man etwa aus dem Universum herabstürzen?

Sie denken, das Universum ist grenzenlos?
Landua: Als dreidimensionales Objekt ist es endlos. Es hat vielleicht ein endliches Volumen, aber keinen Anfang und kein Ende. Ein zweidimensionales Lebewesen kann über die Oberfläche kriechen, so lange es will. Es wird niemals einen Anfang oder ein Ende finden.

Und außerhalb des Universums ist nichts?
Landua: Ich kann nicht sagen, was außerhalb existiert. Das können wir irgendwie nicht ermessen oder beobachten. Es mag irgendetwas

Rolf Landua: Wir wollen das Rezept des Universums verstehen (© Michael Krause).

3) Nuss, Granatapfel, Zwiebel

da draußen geben. Aber wir haben überhaupt keine Ahnung, was es sein könnte.

Dr. Rolf Landua

- Wenn ich damals den Himmel betrachtete, sah ich etwas, das viel größer als meine Umgebung war. Es war gleichzeitig ein Versprechen und die Versuchung, den Raum da draußen zu erkunden oder herauszufinden, woraus ich bestehe.
- Schüler sind fasziniert von Antimaterie, vom Big Bang oder der Umwandlung von Energie in Masse. Es gelingt in unseren Schulen nur nicht, die Schüler für solche Themen wirklich zu begeistern. Physik wird als ein totes Thema präsentiert mit vielen Formeln, die man lernen muss, um die Prüfung zu schaffen.
- All die einfacheren Experimente sind vor Jahrzehnten gemacht worden. Heute fordern wir die Natur auf viel höherer Ebene heraus als das in der Vergangenheit geschehen ist. Wir müssen uns jetzt also richtig anstrengen.
- Wir haben hier am CERN ein großes Gehirn, das aus vielen, vielen Forschern besteht, die zusammengenommen wie eine gemeinsame, kollektive Intelligenz funktionieren.

11
Albert Einstein

Albert Einstein (1879–1955) wurde in Ulm geboren. Sein Vater produzierte elektrische Geräte und Lampen. Albert besuchte bis 1894 das katholische Luitpold-Gymnasium in München. Er soll ein etwas verträumter und nachdenklicher Schüler gewesen sein. Als die Lampenfirma seines Vaters Bankrott machte, zogen die Eltern nach Mailand. Albert verließ das Münchner Gymnasium ohne Abitur, ging in die Schweiz und machte 1896 dort seine Matura. Einstein wollte Wissenschaftler werden. Er studierte Mathematik und Physik an der Eidgenössischen Technischen Hochschule in Zürich und schloss sein Studium mit dem Fachlehrerdiplom für Mathematik und Physik ab. Anschließend bewarb sich Albert Einstein erfolglos für mehrere Universitätsstellen, bis er schließlich 1902 eine Anstellung als Technischer Experte am Berner Patentamt antreten konnte. Im selben Jahr heiratete er seine Kommilitonin Mileva Maric, mit der er bereits ein Kind hatte. Sein wissenschaftliches Interesse galt den klassischen Arbeiten der theoretischen Physik. Einstein beschäftigte sich intensiv mit den Schriften von Ernst Mach, Henri Poincaré und Hendrik A. Lorentz.

1905 wurde das »annus mirabilis«, das Wunderjahr Albert Einsteins. Er veröffentlichte in rascher Folge mehrere Arbeiten zu grundlegenden Problemen der Physik. Es sind Meilensteine in der Geschichte der Naturwissenschaft. Am 9. Juni 1905 erschien Einsteins Artikel »Über einen die Erzeugung und Umwandlung des Lichtes betreffenden heuristischen Standpunkt« in den »Annalen der Physik«. Darin erklärte Einstein den photoelektrischen Effekt mit der Annahme, dass elektromagnetische Wellen, wie zum Beispiel das Licht, auch als Strom winziger Partikel beschrieben werden können. Dieser Welle-Teilchen-Dualismus ist die Grundlage der Quantentheorie. Einsteins Theorie geht davon aus, dass alles in der Natur, auch elektromagnetische Wellen wie das Licht, aus allerkleinsten Quanten korpuskulär aufgebaut ist. Für seine Erklärung des photoelektrischen Effekts erhielt Albert Einstein 1922 den Nobelpreis für Physik.

Wenige Wochen später, am 30. Juni 1905, reichte Einstein einen weiteren Artikel unter dem wenig spektakulären Titel »Zur Elektrodynamik bewegter Körper« bei den »Annalen der Physik« ein. Einstein begründete darin die Spezielle Relativitätstheorie. Sie revidiert das menschliche Verständnis von Raum und Zeit, indem sie vollständig auf einen absoluten Bezugsrahmen, den Lichtäther, verzichtet. Raum und Zeit sind in Einsteins Theorie nicht mehr absolut, sondern sie müssen immer *relativ* bestimmt werden. Die Dimensionen des Raums und die der Zeit werden mathematisch zur vierdimensionalen Raumzeit miteinander verknüpft (Minkowski-Raum). Als Nachtrag zur Speziellen Relativitätstheorie veröffentlichte Einstein kurze Zeit später, wieder in den »Annalen der Physik«, den Artikel »Ist die Trägheit eines Körpers von seinem Energieinhalt abhängig?« Dieser Artikel enthält die berühmteste Formel der Welt: $E = mc^2$. Nach dieser einfachen Formel sind Masse und Energie äquivalent. Sie lassen sich ineinander umwandeln; sie sind zwei Seiten einer Medaille. Nach Einsteins Formel muss schon einer kleinen Masse ein hoher Energiebetrag innewohnen, die – schon bald die Militärs interessierende – Atomenergie. Mit zunehmender Geschwindigkeit wird ein Körper immer schwerer; die Lichtgeschwindigkeit kann nicht überschritten werden, sie ist eine absolute Grenze.

Einsteins Theorie setzte sich in der Welt der Wissenschaft schnell durch. Er wurde 1909 Professor für theoretische Physik an der Universität Zürich. 1911/1912 ging er an die Universität Prag, 1913 als außerordentlicher Professor für Theoretische Physik an die ETH Zürich, seiner Alma Mater. 1914 wurde Einstein auf Einladung Max Plancks Mitglied der Preußischen Akademie der Wissenschaften und Professor ohne Lehrverpflichtung an der Universität Berlin. Einstein zog nach Berlin und konnte sich jetzt, von Lehrverpflichtungen befreit, vollständig der Wissenschaft widmen. Er arbeitete an seiner Allgemeinen Relativitätstheorie, die er im November 1915 in der Preußischen Akademie der Wissenschaften vorstellte.

Die Grundidee Einsteins Spezieller Relativitätstheorie ist, dass Zeit eine relative Größe ist. Sie vergeht in einem bewegten System langsamer. Diese Grundidee erweiterte Einstein in der Allgemeinen Relativitätstheorie auf sich relativ zueinander beschleunigt bewegende Systeme. Dabei gilt, dass im vierdimensionalen Raum (drei Raumdimen-

Albert Einstein (1879–1955) in Wien, 1921 (Foto von F. Schmutzer).

sionen plus eine Zeitdimension) keine geraden Linien vorkommen können, weil Zeit und Raum sich in Abhängigkeit von der Stärke der Schwerkraft verändern. Einstein leitete daraus ab, dass auch das Licht der Sterne durch die Gravitation der Sonne abgelenkt werden müsse. Dieser Effekt wurde 1919 durch eine britische Sonnenfinsternis-Expedition bestätigt. Einstein und die Relativitätstheorie wurden weltberühmt. Sie bestimmt bis heute die physikalische Beschreibung des Universums.

Einstein Zitate

- Wichtig ist, dass man nicht aufhört zu fragen. Neugierde existiert aus ureigensten Gründen. Man kann nicht anders, als staunend über die Ewigkeit, das Leben und die wunderbare Struktur der Realität nachzudenken [...] Verliere niemals diese heilige Neugierde. (Nachruf im Life Magazin, 2.5.1955; Miller, William)
- Nicht alles was zählt, kann gezählt werden, und nicht alles was gezählt werden kann, zählt! (Schild in Einsteins Büro in Princeton)
- Je weiter die geistige Entwicklung des Menschen fortschreitet, in desto höherem Grade scheint mir zuzutreffen, dass der Weg zu wahrer Religiosität nicht über Daseinsfurcht, Todesfurcht und blinden Glauben, sondern über das Streben nach vernünftiger Erkenntnis führt. (Wissenschaft und Religion, 1940)
- Nur zwei Dinge sind unendlich soweit wir wissen: das Universum und die menschliche Dummheit. (Zugeschrieben: aus Frederick S. Perls, Ego, Hunger and Agression, 1942)
- Wissenschaft ohne Religion ist lahm. Religion ohne Wissenschaft ist blind. (Wissenschaft und Religion, 1940)
- Ich möchte wissen, wie Gott diese Welt erschaffen hat. Ich bin nicht an dem einen oder anderen Phänomen interessiert, an dem Spektrum des einen oder anderen Elements. Ich möchte Seine Gedanken erkennen, alles Übrige sind nur Einzelheiten. (aus: Salaman, E., A Talk with Einstein, 1955)

- Mach dir keine Sorgen wegen deiner Schwierigkeiten mit der Mathematik. Ich kann dir versichern, dass meine noch größer sind. (Brief an eine Schülerin, die in der Schule Probleme in Mathematik hatte, 1943)
- Raffiniert ist der Herrgott, boshaft ist er nicht. (1921)
- Ich habe keine besondere Begabung, sondern bin nur leidenschaftlich neugierig. (Brief an Carl Seelig, 1952)

12

Der japanische Weg: Masaki Hori

Das ASACUSA-Experiment

Der Experimentalphysiker Dr. Masaki Hori stammt aus Japan, wo er an der Universität Tokyo promoviert wurde. Dr. Hori kam 1995 als Stipendiat das erste Mal zum CERN. 2003 erhielt er den Inoue-Preis für junge Forscher. Im Jahr 2007 wurde er für seine Arbeiten über Antimaterie mit dem European Young Investigator Award ausgezeichnet. Dr. Hori leitet die Antimaterie-Spektroskopie-Gruppe am Max-Planck-Institut für Quantenoptik in Garching. Er arbeitet am CERN im Rahmen des ASACUSA-Experiments (Atomic Spectroscopy And Collisions Using Slow Antiprotons) an der Synthetisierung exotischer Atome, die Antimaterie-Teilchen enthalten, z. B. antiprotonisches Helium. 2011 gelang es der ASACUSA-Kollaboration, Antimaterie-Teilchen mit mehr als 1000 Sekunden »Lebenszeit« zu erzeugen. Mit Hilfe modernster Lasertechnologie werden im ASACUSA-Experiment die Eigenschaften der Anti-Atome wie Ladung und Masse experimentell untersucht. Hiermit wird die fundamentale Symmetrie zwischen Materie und Antimaterie weiter erforscht, um möglicherweise Hinweise darauf zu finden, auf welche Art und Weise sich Materie und Antimaterie, außer in Spin und Ladung, voneinander unterscheiden. Unterschiede könnten Hinweise darauf geben, warum es so viel Materie und so wenig Antimaterie im Universum gibt.

Antimaterie I

Das Universum entstand nach Berechnungen mit der Hubble-Konstanten vor ca. 13,75 Milliarden Jahren beim sogenannten Big Bang. Infolge der augenblicklich einsetzenden Ausdehnung und der damit einhergehenden Abkühlung wandelte sich ein Teil der Energie in Materie um. Auch bei den Kollisionen, wie sie im LHC mit hochenergetischen Materieteilchen gemacht werden, entstehen neue Materieteilchen – und immer auch ihre entsprechenden Antimaterie-Teilchen (Paarerzeugung). Demgemäß müsste auch beim Big Bang gleich viel Materie wie Antimaterie entstanden sein, die sich daraufhin sofort wieder gegensei-

Masaki Hori (© Michael Krause).

tig vernichtet hätte. Tatsächlich ist das uns bekannte Universum aber vollständig aus Materie aufgebaut – doch wo ist die Antimaterie? Die Experimente am CERN (ASACUSA, ATHENA) dienen der Erforschung dieser Asymmetrie und ihrer Ursachen.

Masaki Horis neuester Prototyp eines »Antimaterie-Magneten« besteht aus zwei Tesla-Spulen, die ein starkes elektromagnetisches Feld aufbauen, in dem die Antimaterie sehr lange existent gehalten werden kann. Antimaterie entsteht und vergeht sehr schnell wieder – auch auf der Erde, zum Beispiel bei heftigen Blitzen und beim Eintritt kosmischer Strahlung in die Erdatmosphäre.

Antimaterie eignet sich auch als Filmstoff, denn sie ist die ultimative Waffe, die alles zerstören kann. In »Angels and Demons«, einem Hollywood-Blockbuster aus dem Jahr 2009, soll der Vatikan mit Antimaterie, die in die Hände von Verbrechern gelangt ist, zerstört werden. In einem anderen, neuen deutschen Film muss die Welt gerettet werden, nachdem ein Antimaterie-Experiment am CERN schiefgegangen ist. Alles pure Fantasie – Antimaterie kann mit unserer heutigen Technologie nur in sehr geringen Menge hergestellt werden und das nur mit riesigen Maschinen wie zum Beispiel am CERN.

Wann haben Sie sich dazu entschieden, Physiker zu werden? Wie hat ihre Karriere angefangen?

Hori: Ich habe niemals daran gedacht, das, was ich tue, als Karriere zu betrachten. In der heutigen Situation haben vielleicht die anerkannten wissenschaftlichen Professoren eine Karriere. Aber die jungen Leute, mich eingeschlossen, wir haben die Physik als ein Hobby angefangen. Wenn Sie es als Karriere betrachten, dann halten Sie das nicht über eine längere Zeit durch. Im jetzigen System betreiben Sie es für sagen wir einmal eine Zeit von 10 Jahren als ein Hobby, und am Ende dieser 10 Jahre haben Sie vielleicht einen Job. Der Übergang von Hobby zu Job ist für mich dabei nicht so ganz klar. Aber viele Leute – das gilt auch für mich – beginnen es als ein Hobby. In den ersten Jahren erscheint Ihnen Physik als ungeheuer schwierig. Wenn Sie also

Ihren Eltern oder Ihren Freunden erzählen, dass Sie eine Physiker-karriere anstreben... Das erscheint denen schon als etwas außerhalb des Normalen. Ich denke also, normalerweise beginnen die Leute es als ein Hobby. Nach einer Weile betrachten Sie es auch als Karriere. Das hat bei mir aber noch nicht stattgefunden.

Ich arbeite zwar als Physiker, aber ich denke nicht, dass ich ein Karrierephysiker bin. Ich versuche meinen Studenten klar zu sagen, dass sie es nicht als eine Karriere betrachten sollten, nicht so wie:»Ich muss meine Karriere weiter ausbauen!« Ich denke, das ist nicht damit vereinbar, wie ein Grundlagenphysiker sein sollte. Wenn Sie nämlich nur an die Karriere denken, dann bedeutet das, dass Sie genau das tun müssen, was gerade modisch ist. Und die modischen Dinge sind nicht unbedingt immer neu. Es gibt also immer einen Kompromiss, das sollte jeder Wissenschaftler vor Augen haben. Also, ich weiß es nicht, aber das Wort Karriere ist für mich so eine Art Reizwort.

Ein Hobby ist etwas, was man liebt. Lieben Sie es Physiker zu sein?
Hori: Man wählt den Weg für sich, der einem am interessantesten erscheint. Das geschieht nicht in Hinblick auf eine Karriere. So geht es den meisten Physikern. Es gibt da keinen goldenen Weg der Kar-riereplanung. Sie sollten diese Sachen also wirklich gerne machen, denn wenn Sie es nicht wirklich gerne machen, dann können Sie nur sehr schwer weitermachen, besonders unter den heutigen Um-ständen. Das gilt gerade für die jüngeren Leute, zum Beispiel meine Studenten. Ich sage denen immer:»Passt auf, wofür ihr das Ganze macht!« Und:»Warum macht ihr das überhaupt – doch nicht weil es gut für die Karriere ist!«

Warum sind Sie Physiker geworden?
Hori: Diese Frage war für mich wichtig, als ich noch viel jünger war. Jetzt fühlt es sich so an wie Atmen. Meine Studenten fragen mich auch oft:»Warum machen Sie das?« Vielleicht um selbst eine Ant-wort auf diese Frage zu bekommen. Ich glaube, man macht es ein-fach, und es wird Teil Ihres täglichen Lebens, und manchmal haben Sie Erfolg mit ihren Experimenten. Meistens haben Sie jedoch kei-nen Erfolg. Dann treten Sie in Kontakt mit anderen Wissenschaftlern. Einige werden Ihren Ideen feindlich gegenüber sein, einige werden Sie dabei unterstützen. Innerhalb dieser Kommunikation entsteht die Antwort.

In unserem Kulturkreis sagen wir, dass es oftmals wichtiger ist, Kartoffeln zu schälen als über das Universum nachzudenken. Innerhalb der experimentellen Physik versuchen wir bestimmte Dinge über das Universum herauszufinden und ich kann jetzt nur für mich sprechen: Als Experimentalphysiker habe ich keinen großartigen Plan oder eine großartige Philosophie, mit der ich arbeite. Ich hatte das große Glück mit Leuten arbeiten zu können, die innerhalb der Wissenschaft extrem berühmt sind, sowohl in Japan als auch in Deutschland und am CERN. Ich habe da sehr genau hingeschaut, was diese Menschen bewegt; was sie dazu bringt Entdeckungen zu machen, die den Nobelpreis nach sich ziehen, und auch andere Dinge, die in intellektueller Hinsicht einen großen Fortschritt bedeuten. Mein Eindruck ist, dass es eben eher Kartoffelschälen bedeutet als einen übergroßen philosophischen Ansatz zu haben. Das ist mein Eindruck, aber vielleicht sagen andere Leute andere Sachen.

»Kartoffelschälen« – was ist das für ein Prozess?
Hori: Ich glaube, Feynman hat einmal gesagt, dass die Natur möglicherweise so etwas wie eine Zwiebel ist. Sie schälen die Schalen ab, und darunter befindet sich mehr – und Sie schälen und schälen. Innerhalb des Atomkerns gibt es die Protonen, und innerhalb der Protonen sind die Quarks. Innerhalb der Quarks könnte es kleinere Dinge geben, und unendlich so weiter. Vielleicht sind wir diese Suche am Ende leid – ich glaube es ist ein Irrweg, wenn Sie irgendeine letztendliche Weisheit erlangen wollen um damit alles zu verstehen. Ich glaube, der Mensch ist nicht dazu fähig alles zu verstehen. Wir können nur einen sehr kleinen Teil verstehen. Wenn jemand glaubt, dass wir fast alles in der Natur verstehen – das ist der Gipfel des Unwissens.

Wir verstehen einfach viele Dinge nicht und ich glaube, dass wir auch in absehbarer Zeit nicht alles verstehen können, nicht innerhalb meiner Lebenszeit und nicht innerhalb der Lebenszeit meiner Studenten. Der gesamte Komplex besteht aus bestimmten Phänomenen und wir versuchen jeden einzelnen zu verstehen. Wenn Sie also diese eine spezifische Frage beantworten können, dann haben Sie die intellektuellen Bestrebungen der Menschen vielleicht ein kleines Stück weitergebracht. Es gibt natürlich auch die Frage, ob Ihr Tun wichtig für die Gesellschaft ist. Das ist eine ernsthafte Frage, die Sie immer beantworten sollten.

Masaki Hori und das ASACUSA-Experiment (© 2012 CERN, CERN-EX-1206116 10).

Ich möchte meine Studenten zu möglichst klarem Denken anhalten. Das bedeutet, sie sollten versuchen, diesen kleinen Teil der Natur zu verstehen. Wenn sie die Natur dann ein klein wenig besser verstehen und sie damit auch erreichen, dass andere Leute in der Community die Sache besser verstehen, dann ist es gut. Darum geht es eigentlich im wissenschaftlichen Fortschritt, wenigstens verstehe ich das so. Viele Leute glauben, dass wir versuchen absolut alles zu verstehen und ich glaube das ist eine Illusion.

Gibt es einen weiter entfernten Erkenntnishorizont, den wir vielleicht im Laufe der Menschheitsentwicklung erreichen können – und als näherliegende Stufe eine Erkenntnis, die wir noch in unserer Lebenszeit erreichen können?

Hori: Die Tatsache, dass die Erde rund ist und die Schwerkraft herrscht; dass dieser riesengroße, unvorstellbar schwere Ball um die Sonne kreist – das ist an sich schon eine äußerste Erkenntnis. Heute bekommen schon Kinder im Kindergarten diese äußerste Erkenntnis unterrichtet. Offensichtlich gibt es immer höhere Stufen der Erkenntnis. Wir halten diese Dinge heute für sehr kompliziert, aber in Zukunft wird schon den jüngeren Generationen die Relativitätstheorie oder Quantenphysik beigebracht werden. Offensichtlich gibt es hier einen Fortschritt. Aber ich glaube nicht, dass wir die Stufe der ultimativen Erkenntnis erreichen werden, und ich glaube auch nicht, dass das das Ziel sein sollte. Die Welt ist kompliziert genug, sodass ich nicht glaube, dass wir in absehbarer Zeit dieses Ziel erreichen werden. Wir sollten so darüber denken, dass wir schon jetzt viel wissen.

Ich zum Beispiel komme von der anderen Seite der Erde. Vor drei- oder vierhundert Jahren war das überhaupt nicht vorstellbar. Sie können natürlich sagen, dass die Wissenschaft uns nicht unbedingt immer von Nutzen gewesen ist. Aber Sie müssen auch sagen, dass die Wissenschaft einen sehr großen Einfluss darauf hat, wie die Menschen die Dinge wahrnehmen und wie sie sich selbst sehen. Dazu brauchen Sie kein Wissenschaftler zu sein, Sie können ein Historiker oder eine ganz normale Person sein, um das sehen zu können. Ich glaube nicht, dass die Wissenschaftler während der vergangenen dreihundert Jahre vorhatten, die Welt zu verändern – zumindest die meisten nicht, einige schon. Sie haben möglicherweise alle nur Kartoffeln geschält. Ich interpretiere das alles vielleicht nicht richtig, aber vielleicht waren die meisten einfach nur an bestimmten Phänomenen interessiert wie zum Beispiel: Warum sieht der Flügel eines Schmetterlings so aus, wie er aussieht? Sie haben versucht, das herauszukriegen, und bei einem sehr kleinen Teil ihrer Untersuchungen haben sie etwas wirklich Wichtiges herausgefunden, das sogar einen Einfluss auf unser heutiges Leben hat. Wenn Sie also an all die heutigen Probleme denken, dann ist es sicherlich notwendig, dass wir etwas Neues herausfinden. Das meiste wird möglicherweise unnütz sein, aber ein kleiner Teil wird sehr, sehr wichtig sein. Und genau deshalb ist es sehr wichtig so weiterzumachen wie unsere Vorfahren.

Wie wichtig ist der LHC?
Hori: Die meisten Theorien wurden in der Mitte des vergangenen Jahrhunderts entwickelt. Sie sind also 30, 40 oder 50 Jahre alt. Bis heute konnten wir nicht den Grundbaustein dieses sogenannten Standardmodells nachweisen, das Higgs-Boson. Der Higgs-Mechanismus sorgt für die Masse der Teilchen. Wenn sich dieser Teil des Standardmodells als falsch herausstellen sollte, bedeutet das, dass eine größere Operation notwendig wird. In der Geschichte der Wissenschaft gibt es viele Theorien, die sich als falsch herausgestellt haben. Über lange Zeit hieß es dann immer: »Das stimmt, das stimmt!« Aber dann stellte sich heraus, dass wir der Natur nicht zu sagen haben, was sie zu tun hat.

Kolumbus segelte los, um den Seeweg nach Indien zu entdecken und er kam in Amerika an. Wohin steuert der LHC?

Hori: Es ist noch zu früh, um zu sagen, ob der LHC das Higgs-Boson finden wird oder nicht. Es kann aber sein, dass schon im nächsten Jahr etwas Neues entdeckt werden wird. Es passiert immer unerwartet, das liegt in der Natur der Wissenschaft. Kein Komitee, keine Forschergruppe kann vorhersagen, ob etwas entdeckt wird oder nicht. Die Natur ist eben wie sie ist. Sie kümmert sich nicht um uns.

Was denken Sie, was passieren wird?

Hori: Wir wissen es nicht, und es wäre historisch gesehen irgendwie nicht korrekt vorherzusagen, was in der Zukunft, sogar in allernächster Zukunft passieren wird. Genauso ist es inkorrekt etwas über die historische Wichtigkeit dessen zu sagen, was möglicherweise in der Zukunft passieren wird – doch genau das machen die Leute. Nehmen wir einmal an, das Higgs-Boson wird entdeckt. Das müssen wir erst einmal abwarten. Wir haben jeden vernünftigen Grund anzunehmen, dass es existiert. Das Higgs-Boson ist ein fundamentaler Teil des Standardmodells und alle bisherigen Experimente stimmen vollkommen mit dem Modell überein.

Wenn das Higgs-Boson nicht entdeckt werden sollte, dann bedeutet das, dass der grundlegende Teil dieses Modells geändert werden müsste. Das würde allem widersprechen, was wir bis jetzt beobachtet haben und was alles total mit dem Standardmodell übereinstimmt. Darum sind viele Wissenschaftler fest davon überzeugt, dass das Higgs existiert. Die Wahrscheinlichkeit ist nicht 50 zu 50; 95 Prozent der Leute sind davon überzeugt, dass es existiert. Das ist in etwa so wie Einstein die spezielle Relativitätstheorie damals aufstellte. Da gab es ein sehr berühmtes Experiment, das Michelson-Morley-Experiment, mit dem man den unsichtbaren Äther im All nachweisen wollte. Man hat nichts gefunden, aber dennoch haben viele Leute weiter an diese Theorie geglaubt.

Sehr intelligente und wichtige Wissenschaftler hatten vorher daran geglaubt. Wenn das Higgs-Boson nicht gefunden werden sollte, dann wird es die gleiche Geschichte haben. Wenn es aber entdeckt wird, dann wird das ein *Triumph für das Standardmodell* sein. Wir befinden uns gerade am Scheidewege dieser beiden Möglichkeiten, und wir werden in ein oder zwei Jahren das Ergebnis haben.

Das **Michelson-Morley-Experiment** war ein physikalisches Experiment, das von dem Physiker Albert Abraham Michelson 1881 in Potsdam und in verbesserter Form zusammen mit dem amerikanischen Chemiker Edward Morley 1887 in den USA durchgeführt wurde. Das Experiment sollte klären, ob sich die Lichtwellen im Universum in einem Medium ausbreiten, analog Schallwellen in der Luft oder im Wasser. Das Michelson-Morley-Experiment hatte zum Ziel, diesen sogenannten Licht-Äther und dessen Geschwindigkeit relativ zur Erde nachzuweisen. Es zeigte sich, dass es diesen Licht-Äther nicht geben konnte, denn die gemessene Geschwindigkeit des Lichts war mit oder »gegen den Äther« immer gleich. Das Michelson-Morley-Experiment gilt als eines der bedeutendsten Experimente in der Geschichte der Physik, ein »Experimentum Crucis«. Mit dem Ergebnis des Experiments war die Idee des Äthers nicht mehr zu halten. Die Spezielle Relativitätstheorie Albert Einsteins verzichtete vollständig auf ein universelles Bezugssystem wie den Äther.

Wie stehen die Leute hier in der CERN-Community zu dieser Situation?
Hori: Das erste Mal bin ich 1995 hierhergekommen. Ich habe die Suche nach dem Higgs-Boson immer von außen betrachtet. Ich habe mich nie damit beschäftigt. Aber mir ist aufgefallen, dass es schon seit etwa 15 Jahren Gerüchte über seine Entdeckung gegeben hat. Anfänglich haben mich diese Gerüchte wirklich berührt: Aha, es ist entdeckt; nein, ist es nicht. Das war wie in einer Achterbahn.

Ich habe eine sehr nüchterne Seite in mir. Ich misstraue den Daten, solange sie nicht wirklich eindeutig sind. Wenn ich mich mit Antiprotonen-Physik beschäftige, dann sehe ich manchmal irgendetwas, das ich für etwas Neues halte. Aber es stellt sich dann oft heraus, dass ich von mir selbst ausgetrickst worden bin, weil ich unbedingt etwas sehen *wollte*. Es ist sehr hilfreich, wenn eine Person nüchtern darauf schaut und Okay sagt oder nicht.

Ich denke, die Frage, ob das Higgs-Boson existiert oder nicht wird innerhalb der nächsten Jahre gelöst werden und ich schätze mich glücklich, dass ich in dieser Situation dabei sein darf. Denn das letzte Fundamentalteilchen, das entdeckt worden ist, war das Top-Quark. Das war 1995 in den USA, und davor waren es im Jahr 1983 das W- und das Z-Boson. Ich war damals noch sehr jung und konnte das nicht verstehen. Deshalb: Hier zu sein, wenn ein neues Teilchen entdeckt wird oder nicht, ist sehr aufregend – sogar für mich, der ich gar nichts damit zu tun habe.

Sie haben Antimaterie für mehr als 10 Minuten »am Leben erhalten«. Wie haben Sie das gemacht?

Hori: Wir müssen das nicht machen, denn es ist eingebaut. Das Proton ist schon erstaunlich: Warum ist das Proton ein stabiles Teilchen, obwohl es doch wirklich kompliziert ist? Es enthält 3 Quarks und viele andere Partikel, die man Gluonen nennt. Warum ist es stabil? Zwei Quarks zusammen – auch das ist instabil und kann nur für etwa 10 Nanosekunden existieren. Drei Quarks zusammen bilden also ein Proton, und das ist äußerst stabil. Wir haben noch niemals den Zerfall eines Protons beobachten können. Vielleicht wird uns das irgendwann einmal gelingen, mit sehr großen Detektoren. Aber bis jetzt sind alle Protonen – das ist das Zeug, aus dem wir gemacht sind – stabil. Antimaterie hat genau die gleichen Eigenschaften wie Protonen. Wenn Sie Antimaterie nicht mit Materie zusammenbringen, wird sie immer weiter existieren. Wir wissen genauso wenig, warum Antimaterie stabil ist, wie wir auch nicht wissen, warum das Proton stabil ist.

Wie stabilisieren Sie die Antimaterie?

Hori: Lassen Sie es mich so sagen: Teilchen werden aus Energie gemacht. Am Anfang des Universums war nur Energie. Die Energie wurde zur Materie. Wenn wir in unseren Experimenten hier am CERN versuchen, diesen Zustand herbeizuführen, dann stellen wir immer genauso viel Materie wie Antimaterie her. Beide sind stabil. Wenn man sie auseinanderhält, werden sie möglicherweise ewig weiter existieren. Unglücklicherweise ist es so: Wenn Sie Antimaterie mit irgendeiner Substanz zusammenbringen – das kann die Luft um uns herum sein – dann wird sie vernichtet, beziehungsweise wird sie wieder zu Energie. Die Idee ist: Wenn man es schafft, Antimaterie im Vakuum zu erhalten, ohne dass sie mit irgendetwas in Kontakt kommt, wird sie überleben.

Müssen Sie so eine Art Mauer drumherum errichten?

Hori: Antimaterie verhält sich ganz genauso wie Materie, nur die Ladung ist unterschiedlich – aber das ist nur ein kleines Detail. Sie verhalten sich in einem magnetischen und in einem elektrischen Feld genau gleich, sie werden von Magneten angezogen. In einem elektrischen Feld wird Antimaterie vom Pluspol abgestoßen, und Minus und Plus ziehen sich gegenseitig an. Durch diesen Effekt können wir gewisse Mengen an Antimaterie in einer sogenannten

»magnetischen Flasche« aufbewahren. Es sind also eine Reihe von Magneten so angeordnet, dass die Antimaterie nicht heraus kann. Die Antimaterie-Teilchen werden durch die magnetischen Felder im Raum gehalten. Der neue Prototyp arbeitet etwas anders. Hierbei werden die Antiteilchen durch hochfrequente Radiowellen abgeschirmt. Das ist allerdings noch in der Entwicklung und wir wissen nicht, ob es funktioniert – wir werden es aber in vielleicht ein oder zwei Jahren herausbekommen.

Ist das Modell vielleicht falsch, dass es gleiche Mengen Materie wie Antimaterie geben muss?

Hori: Wir müssen sehr vorsichtig sein, wenn wir über den Beginn des Universums sprechen. Irgendetwas ist damals passiert, und seitdem sind Milliarden Jahre vergangen. Wir sehen immer noch die Überreste davon. Wir können versuchen, den Zustand in einem Experiment nachzuvollziehen, aber wir wissen nicht genau, was passiert ist. Das muss man immer im Hinterkopf bewahren: Wir wissen es nicht – wir versuchen nur, diesen Zustand so gut es geht nachzuvollziehen. Tatsächlich kreieren wir ja zusammen mit Materie immer den fast genau gleichen Betrag an Antimaterie. Materie und Antimaterie haben exakt die gleiche Masse, das haben die Experimente hier gezeigt. Wir können uns deshalb nicht wirklich erklären, wo all die Materie herkommt.

Diese Diskussion ist nicht kompliziert, sie ist einfach: Wir sagen, am Anfang des Universums gab es eine unvorstellbare Energie-Explosion. Diese Energie wurde zu Materie und zu Antimaterie. Wenn Sie die beiden zusammenbringen, gehen sie ineinander auf und werden wieder zu Energie. Der einfachste Gedanke ist: Wie in unseren Experimenten muss Materie und Antimaterie in gleicher Menge entstanden sein – oder nicht? Deshalb haben viele Leute versucht, Sterne oder Galaxien aus Antimaterie zu finden, doch vergeblich. Es könnte einen Effekt in unserem Universum gegeben haben, der Materie und Antimaterie getrennt hat. Das ist plausibel, aber nach den Satelliten-Beobachtungen der sogenannten Hintergrundstrahlung ist das nicht so. Wenn es Materie- und Antimateriegalaxien gäbe, dann müssten sich diese beiden Wolken irgendwo begegnen, und es würde viele solcher Annihilierungen geben. Aber wenn Sie in den Himmel schauen, kann niemand eine solche Quelle finden.

Temperaturschwankungen der kosmischen Hintergrundstrahlung innerhalb des gesamten Universums: Abbild der Verteilung von Materie 380 000 Jahre nach dem Big Bang (Quelle: WMAP Science Team, Nasa).

In einem anderen Experiment versuchen wir Anti-Helium- oder Anti-Kohlenstoffteilchen herzustellen, schwere Teilchen also. Wir wissen, dass die Materie, aus der wir bestehen in den Sternen entstanden ist. Das bedeutet: Wenn man schwere Antimaterie-Teilchen entdecken würde, müsste irgendwo da draußen ein Antimaterie-Stern existieren. Das ist eine weitere Theorie, die sich aber bisher ebenfalls als falsch erwiesen hat. Also bleibt nur die merkwürdigste Lösungsmöglichkeit übrig: Die Antimaterie muss irgendwohin verschwunden sein.

Antimaterie II

Isaac Newton ging in seinem Werk »Opticks« 1704 davon aus, dass Licht aus Teilchen (Korpuskeln) besteht, die sich in Wellen durch den Äther im Raum ausbreiten. James Clerk Maxwell hatte erkannt, dass Licht eine Art von elektromagnetischer Welle ist (1864). Der photoelektrische Effekt jedoch – eine metallische Oberfläche sendet Elektronen aus, wenn man sie mit Licht einer bestimmten Wellenlänge bestrahlt – ließ sich nur erklären, wenn Licht keinen Wellencharakter hat, sondern die Merkmale eines Teilchens (Welle-Teilchen-Dualismus). Albert Einstein postulierte im Jahr 1905 (Spezielle Relativitätstheorie), dass Licht aus Lichtquanten oder Photonen besteht. Das Photon ist demnach eine einzelne,

»diskrete« Energieportion. Licht kann Energie nur in ganzzahligen Vielfachen dieser Energiequanten aufnehmen oder abgeben. Licht (wie auch andere elektromagnetische Erscheinungen) verhält sich demnach sowohl wie eine Welle wie auch als Teilchen (de Broglie, 1924).

Erwin Schrödinger und Werner Heisenberg wendeten Mitte der 1920er Jahre das von Max Planck in die Physik eingeführte Quanten-Konzept auf die Atomtheorie an. Die neue Quantenmechanik war jedoch nicht relativistisch, das heißt, sie funktionierte nicht bei sehr hohen Energiezuständen beziehungsweise Geschwindigkeiten nahe der Lichtgeschwindigkeit.

Im Jahr 1928 stellte der französische Physiker Paul Dirac eine Formel auf, die

die Quantenmechanik Heisenbergs mit Einsteins spezieller Relativitätstheorie zusammenführte und die Bewegung von Elektronen in elektrischen und magnetischen Feldern beschrieb. Dirac erhielt 1933 dafür den Nobelpreis für Physik. Diracs Formel sagte jedoch gleichzeitig auch die Existenz von Elektronen voraus, die genau entgegengesetzte oder symmetrische Eigenschaften wie normale Elektronen haben mussten – die Positronen.

In den 1930er Jahren wurde die Existenz von Positronen vom amerikanischen Physiker Carl Anderson (1905–1991, Nobelpreis für Physik 1936) in kosmischer Strahlung nachgewiesen. Ernest Lawrence (1901–1958, Nobelpreis für Physik 1939) baute Anfang der 1930er Jahre den ersten Teilchenbeschleuniger, das Zyklotron. Mit seinen Forschungen zu Mesonen und Antimaterie ebnete Lawrence den Weg für die moderne Hochenergiephysik.

1955 gelang es einer Forschergruppe um den amerikanischen Physiker Emilio Segrè (1905–1989, Nobelpreis für Physik 1959), das Antiproton nachzuweisen – ein weiterer Beweis für die grundlegende Symmetrie der Natur. Schon ein Jahr später wurde das Antineutron entdeckt; 1965 schließlich gelang es einer CERN-Forschungsgruppe um Antonino Zichichi und zeitgleich einer Gruppe in Brookhaven unter der Leitung von Leon Lederman einen Atomkern aus Antimaterie (Antideuteron) nachzuweisen. 1995 gelang es mit dem LEAR-Experiment (Low Energy Antiproton Ring) am CERN erstmals, eine kleine Anzahl kompletter Antimaterie-Atome (Antimaterie-Kern und Positron) nachzuweisen. Die laufenden Programme zur Antimaterie-Forschung am CERN sind das ALPHA-, ATRAP- und das ASACUSA-Experiment.

Wohin ist die Antimaterie verschwunden?

Hori: Darüber gibt es diverse Theorien. Eine der Theorien – sie wurde von Sacharow vertreten – besagt, dass es einen Effekt gegeben hat, den man CP-Verletzung nennt. Das ist ein sehr kleiner Effekt, nach dem Materie und Antimaterie sich in bestimmten Reaktionen nicht absolut gleich verhalten. Also haben die Wissenschaftler gesagt: Das muss die Lösung sein. Sie nehmen also die beobachtete CP-Verletzung, stecken die Daten in eine Computersimulation, die das Universum simuliert – und man bekommt eine Antwort, die überhaupt keinen Sinn macht.

Das Ergebnis dieser Simulation ist nämlich, dass man ein klein wenig mehr Materie als Antimaterie erzeugt. Das reicht vielleicht um *eine* Galaxie zu bilden, aber wenn man die vielen existierenden Galaxien betrachtet... Das tatsächliche Ergebnis ist, dass wir einfach nicht wissen, woher die Materie kommt und wohin die Antimaterie verschwunden ist. Genauso ist der momentane Status. Es existieren zwar einige Theorien, die auch von Leuten hier vertreten werden, aber keine von ihnen stimmt mit dem überein, was wir wissen oder was wir in den Experimenten beobachten können. Es gibt immer wieder sehr fantasievolle Theorien, aber keine davon konnte je bewiesen werden. Um Ihre Frage zu beantworten: Wir wissen es nicht. Ich weiß natürlich auch nicht, ob wir in absehbarer Zukunft etwas darüber wissen werden – aber man weiß ja nie. Momentan stimmen unsere Modelle jedenfalls nicht damit überein, wie das Universum tatsächlich ist.

Nach der Theorie war das Universum einmal eine sehr, sehr kleine Singularität. Ich kann mir das nicht vorstellen. Gibt es andere Theorien?
Hori: Es gibt dazu eine berühmte Geschichte, die vielleicht ein wenig unfair erscheinen mag. Als Einstein seine Allgemeine Relativitätstheorie entwickelte, beinhaltete seine Formel einen Terminus, der besagte, dass sich das Universum ausdehnt. Er hat diesen Terminus dann entfernt, denn das war einfach für ihn nicht akzeptabel und es lag außerhalb des sogenannten gesunden Menschenverstands. Auch hier gilt wieder, dass das Universum so ist, wie es ist, unabhängig unseres gesunden Menschenverstandes. Wir mögen denken, dass etwas Riesiges, die gesamte Zeit und der gesamte Raum nicht in einen einzelnen Punkt zusammengezogen werden kann. Das sagt uns der gesunde Menschenverstand, aber wir wissen ja bereits, dass die Gesetze der Natur nicht immer dem gesunden Menschenverstand folgen. Wir müssen also die wissenschaftlichen Tatsachen betrachten. Dann sollten wir die eindeutigste Folgerung ziehen, und die besagt, dass das Universum als Punkt begonnen hat und sich die Ausdehnung beschleunigt. Das ist unsere Vorstellung und sie stimmt mit unseren Daten am besten überein.

Für Japaner ist das gar kein Problem, denn unsere Religion besagt nicht, dass alles mit einem punktförmigen Zustand begann. Nach unserer Religion bewegt sich die Welt in einem Kreislauf. Ich denke aber nicht, dass Sie sich von religiösen Beweggründen beeinflussen lassen sollten. Ob diese Theorien mit Ihren religiösen Vorstellungen übereinstimmen oder nicht, ist ihre persönliche Angelegenheit. Es gibt keinen Widerspruch zwischen dem persönlichen Glauben und wissenschaftlichen Fakten. Viele Wissenschaftler sind religiös, aber wir sehen darin keinen Widerspruch.

Einsteins kosmologische Konstante

Einsteins kosmologische Konstante wird mit dem griechischen Buchstaben Lambda bezeichnet. Sie ist die physikalische Konstante in seiner allgemeinen Relativitätstheorie. Ihr Wert ist nicht festgelegt, sie kann positiv, negativ oder gleich null sein. Einstein fügte die kosmologische Konstante in seine Feldgleichungen ein, damit sie ein statisches, homogenes Universum ergaben, so wie es nach damals vorherrschender wissenschaftlicher Meinung sein sollte. Einsteins Kunstgriff brachte seine Theorie mit der wissenschaftlichen Vorstellung der damaligen Zeit in Übereinstimmung, denn die Dynamik des sich ausdehnenden Universums, so wie wir es heute kennen, war damals völlig unbekannt.

Als Edwin Hubble 1929 die Expansion des Universums nachwies und damit klar wurde, dass das Universum nicht statisch ist, strich Einstein die kosmologische Konstante wieder aus seinen Gleichungen. Er soll sie als »den größten Fehler meines Lebens« bezeichnet haben. Heute wissen wir, dass sich das Universum immer schneller werdend ausdehnt. Für dieses Phänomen wird die Dunkle Energie verantwortlich gemacht – sie wirkt dabei der Gravitation entgegen, die sonst das Universum irgendwann kollabieren lassen würde. Möglicherweise sind Einsteins kosmologische Konstante und unser äußerst beschränktes Verständnis von Dunkler Energie Annäherungen an die tatsächliche Energiedichte des Vakuums – das nicht leer, sondern offensichtlich voller Energie ist.

Wie würden Sie die Gemeinschaft hier am CERN beschreiben?

Hori: In diesem eigentlich rein europäischen Labor arbeiten tausende Wissenschaftler aus aller Herren Länder. Ich komme nicht aus Europa, viele andere kommen aus den USA, Südamerika, Afrika und so weiter. Der gemeinsame Geist am CERN besteht daraus, was diese Menschen mitbringen. Es ist also immer eine eher dynamische Situation. Ich selbst finde es manchmal fast unvorstellbar, dass Menschen aus so vielen Nationen miteinander an einem Experiment zusammenarbeiten.

Die Nationalität oder die verschiedenen Kulturen treten am deutlichsten darin zutage, wie man Schwierigkeiten löst. Die Europäer haben da sehr viele unterschiedliche Arten und Möglichkeiten. Die Japaner, die Chinesen und so weiter haben wieder andere. Ich bin teilweise geradezu schockiert über diese Verschiedenheit. Manchmal muss man sehr kreativ sein, um die Probleme lösen und dann weitermachen zu können. Ich selbst wusste nicht, wie unterschiedlich die Menschen sind, bis ich zum CERN kam. Das zu verstehen ist Teil des CERN-Spirit, wenn es so etwas überhaupt gibt.

Könnte das ein Modell für unsere Gesellschaft sein, um andere Probleme zu lösen?

Hori: Es gibt keine endgültige Lösung für Auseinandersetzungen, glaube ich. Sicherlich müssen Sie die verschiedenen Kulturen verstehen lernen, um zu wissen, wie sie reagieren werden. Wenn Sie aus Deutschland kommen, dann haben Sie bestimmte Vorstellungen und wenn Sie aus Japan kommen, dann haben Sie ebenfalls bestimmte Vorstellungen. Manchmal sind diese Vorstellungen in anderen Ländern genau umgekehrt und dann müssen Sie sehr diplomatisch oder psychologisch reagieren. Sie müssen viel mehr denken, wenn Sie mit Leuten zusammenarbeiten. Ich weiß nicht, ob das normal ist, aber so ist es eben. Ich arbeite auch in München, in Bayern. Dort gibt es eine Art Verhaltenskodex, der es den Leuten ermöglicht, sehr natürlich miteinander umzugehen. Wenn ich als Außenseiter eine Art von Auseinandersetzung am Arbeitsplatz sehe, dann muss ich herausfinden, wie man das in Deutschland löst. Ich brauche dafür sehr viel Zeit, und hier am CERN passiert das ständig für jeden von uns. Das ist der Unterschied, wenn Sie für längere Zeit im Ausland tätig sind. Es wird eine Art natürlicher Zustand, dass Sie mehr mit Ihrem Verstand arbeiten als dass Sie Ihrem ersten Impuls folgen. Den haben Sie von Ihren Eltern oder von Ihren Freunden im Kindergarten gelernt. An anderen Orten sind die Menschen eben alle etwas anders ... Das müssen Sie einfach lernen.

Ist das hier so etwas wie ein Modell?

Hori: Es ist ein Modell, ja. Es ist vielleicht nicht das Beste, denn ich denke, dass die unterschiedlichen Kulturen unterschiedliche Bauchreaktionen haben. Wenn Sie zu international werden, dann werden diese Bauchreaktionen unterdrückt. Wenn Sie so wollen, dann unterdrücken Sie auch einen Teil Ihrer Tradition; es besteht also immer auch ein Konflikt. Wir müssen auf andere Menschen zugehen: Was wollen die? Was denken die? Alle, die außerhalb ihres Heimatlandes arbeiten, müssen immer daran denken: Überall auf der Welt sind die Sitten und Gebräuche anders und deshalb müssen wir eben flexibel sein.

Dr. Masaki Hori

- Ich habe niemals daran gedacht, das, was ich tue als Karriere zu betrachten. Wir jungen Leute fangen die Physik als ein Hobby an.
- Es ist oftmals wichtiger Kartoffeln zu schälen als über das Universum nachzudenken.
- Es ist ein Irrweg, wenn Sie irgendeine letztendliche Weisheit erlangen wollen. Ich glaube, der Mensch ist nicht dazu fähig alles zu verstehen. Wenn jemand glaubt, dass wir fast alles in der Natur verstehen – das ist der Gipfel des Unwissens.
- In Zukunft wird schon den jüngeren Generationen die Relativitätstheorie oder Quantenphysik beigebracht werden. Offensichtlich gibt es immer höhere Stufen der Erkenntnis.

13
Der Nobelpreisträger: Carlo Rubbia

UA1-Kollaboration

»Die Schönheit der grundlegenden Gesetze der Naturwissenschaften, die sich im Studium der Partikel und des Kosmos offenbaren, ist verbunden mit der Leichtigkeit eines Vogels, der sich auf einen klaren schwedischen See niederlässt oder der Grazie eines Delphins, der seine im Mondlicht glitzernde Fährte im Golf von Kalifornien verfolgt.«

Murray Gell-Mann, Nobelpreisrede 1969

Carlo Rubbia wurde am 31. März 1934 als Sohn eines Elektroingenieurs und einer Grundschullehrerin in Gorizia im Friaul (Italien) geboren. Nach seiner Schulzeit studierte Carlo Rubbia an der Physikfakultät der renommierten Scuola Normale in Pisa, wo er 1959 mit einer Arbeit über kosmische Strahlung promoviert wurde. Danach ging Rubbia an die Columbia University (USA) und begann mit experimentellen Arbeiten über den Zerfall von My-Mesonen (heute: Myonen). Seit 1961 arbeitet Dr. Rubbia am CERN in Genf, gleichzeitig führte er seine Arbeiten in den USA (Fermilab, Brookhaven) fort. Dr. Rubbia hatte von 1970 bis 1988 die Higgins-Professur an der Harvard-Universität inne. Am CERN forschte Rubbia mit den Beschleunigern Synchro-Cyclotron, Proton-Synchrotron und Super-Proton-Synchrotron über die elektroschwache Kraft. Ab 1976 wurde auf seinen Vorschlag hin ein vollkommen neuartiger Typ von Beschleunigerring mit zwei gegenläufig zirkulierenden Teilchenstrahlen erbaut, der ISR (Intersecting Storage Rings), der erstmals Protonen und Antiprotonen im gleichen Ring miteinander kollidieren ließ. Mit diesem neuen Konzept ließen sich zum ersten Mal Kollisionsenergien erzeugen, um die gesuchten Vektorbosonen beobachten zu können. Die neue Technologie wurde von einer Forschungsgruppe unter der Leitung von Simon van der Meer in die Praxis umgesetzt. Der ISR wurde 1981 gestartet. Schon im Frühjahr 1983 konnte die UA1-Kollaboration unter Carlo Rubbia die gesuchten W- und Z-Bosonen experimentell zweifelsfrei nachweisen. Für den Beweis

Wo Menschen und Teilchen aufeinanderstoßen. Erste Auflage. Michael Krause.
© 2013 WILEY-VCH Verlag GmbH & Co. KGaA.

Carlo Rubbia (© Michael Krause).

dieser Überträgerteilchen der elektroschwachen Kraft innerhalb des Atomkerns erhielten Carlo Rubbia und Simon van der Meer den Nobelpreis für Physik 1984.

Carlo Rubbia war 1989 bis 1994 Director-General des CERN und 2006 bis 2009 wissenschaftlicher Chefberater am spanischen Forschungszentrum für Energie, Umwelt und Technologie. Seit 2009 ist Dr. Rubbia Energieberater des Generalsekretärs der UN-Wirtschaftskommission für Lateinamerika und die Karibik und seit Juni 2010 wissenschaftlicher Direktor am Institute for Advanced Sustainability Studies (IASS e.V.) in Potsdam. Carlo Rubbia erhielt zahlreiche Auszeichnungen (Cavaliere di Gran Croce 1985, Italien; Officier De La Légion d'Honneur 1989, Frankreich), 27 Ehrendoktorate und ist Autor von mehr als 500 wissenschaftlichen Veröffentlichungen.

Carlo Rubbia ist ein vielbeschäftigter, rastloser und immer aktiver Wissenschaftler, der überall auf der Welt seinen vielen Verpflichtungen als Berater großer Institutionen und anderer staatlicher Behörden nachkommt. Seine Sekretärin ist vollauf damit beschäftigt, die vielen Interviewtermine wieder abzusagen, weil Carlo Rubbia doch wieder auf einer anderen, noch wichtigeren Konferenz weilt.

Was hat Sie ans CERN gebracht?
Rubbia: Ganz einfach: Es war damals eines der besten Dinge, die man tun konnte.

Hat sich das geändert und wenn ja, in welche Richtung?
Rubbia: Das ist eine schwierige Frage. Es gibt sicherlich eine Generationslücke. Ich weiß nicht, ob es besser oder schlechter geworden ist, aber ganz sicher hat es sich verändert.

Sie arbeiten auch über alternative Energien?

Rubbia: An neuen Energien und neuen alternativen Technologiekonzepten arbeite ich heute die meiste Zeit. Tatsächlich ist Energie ja ein physikalisches Konzept, also sollten gerade Physiker wissen, was Energie ist. Das gilt besonders heute bei all den Problemen, die wir haben: das Klima, der Klimawandel und so weiter. Das Verbrennen von immer mehr fossilen Brennstoffen ist ein fundamentales Problem der gesamten Gesellschaft. Es ist ein riesengroßes Problem und es wird unweigerlich die Welt destabilisieren. Eine Welt ganz ohne Öl wird keine moderne Welt mehr sein – also müssen wir schnell eine andere Lösung finden. Das alles ist also ein größeres Problem, von dem die Wissenschaftler meiner Meinung nach ein Teil der Lösung sein sollten.

Wo soll die Reise hingehen?

Rubbia: Meine Arbeit geht wesentlich in Richtung Forschung und Entwicklung. Heute haben wir noch nicht die nötigen Mittel und Wege, um eine sinnvolle Alternative zu entwickeln. Aus meiner Sicht gibt es heute noch keinen Weg, ohne das Öl zu leben. Momentan reduzieren wir zwar den Verbrauch von Öl, Gas und Kohle, zumindest regional. Wind hat da große Möglichkeiten, auch Sonnenkollektoren funktionieren ja schon gut. Trotzdem kann ich mir nicht vorstellen, dass die »Lufthansa« mit Sonnenkollektoren-Flugzeugen herumfliegen wird. Deshalb benötigen wir neue Sachen, neue Produkte. Wie in der Vergangenheit müssen Wissenschaft und Technologie dazukommen und neue Dinge erfinden. Und ich denke, es gibt diese neuen Dinge.

Ich glaube, dass die Antworten auf all diese Fragen aus der Forschung kommen werden. Wir Wissenschaftler müssen – wie auch schon wiederholt in der Vergangenheit geschehen – gute Dinge für die Unterstützung der Menschheit leisten. Wir müssen etwas leisten und intervenieren und sehen, was wir machen können, um eine akzeptable Welt für die Menschheit zu ermöglichen.

Wo soll die Energie herkommen?

Rubbia: Es gibt jede Menge Energie, zum Beispiel Energie direkt von der Sonne oder durch den Wind. Es gibt Möglichkeiten viel mehr Energie herzustellen als wir heute verbrauchen. Aber für die Verwendung erneuerbarer Energien muss man neue Wege der Verteilung bauen, um die Energie von dem Ort, wo sie erzeugt wird, zu den Orten zu bringen, wo sie benötigt wird. Dafür können wir heute zum Beispiel die Supraleitfähigkeit nutzen, um Energie ohne große Verluste über größere Entfernungen zu transportieren. Wer heute Technologien in diesem Bereich entwickelt wird den anderen in Zukunft voraus sein.

Wird es in Zukunft noch die friedliche Nutzung der Atomenergie geben?
Rubbia: Ich denke ja, aber in anderer Form als heute. Zum Beispiel gibt es die Kernfusion. Praktisch einsetzbar ist sie noch nicht, aber wir als Wissenschaftler müssen immer an die Zukunft denken.

Das Rubbiatron

Das sogenannte Rubbiatron beruht auf einem Konzept Carlo Rubbias, bei dem langlebige Radionukleide (zum Beispiel Plutonium und andere hochradioaktive Stoffe) in weniger toxische Stoffe mit Energiegewinn umgewandelt werden. Die Transmutation (Umwandlung) hochradioaktiver Stoffe in diesem Atommüllverbrennungsofen soll nachhaltig der Energieversorgung dienen. Rubbia nannte seine Anlage Energy Amplifier, weil durch die Funktionsweise des Prozesses hundertmal mehr Energie freigesetzt werden kann als eingesetzt wird.

Rubbias Konzept kombiniert einen konventionellen Teilchenbeschleuniger mit einem Spaltreaktor (Accelerator Driven Transmutation Technology ADTT): In einem Cyclotron werden Protonen auf eine Energie von etwa 1 GeV beschleunigt und auf ein Ziel aus flüssigem Blei gelenkt. Dieser Vorgang produziert Neutronen, die auf eine Brennstoffmischung aus Thorium und radioaktivem Abfall (zum Beispiel aus Kernreaktoren) treffen. Die Neutronen werden dabei vom Thorium-Atomkern absorbiert; das Tho-

rium wird in ein sich spontan spaltendes Uranisotop (^{233}U) umgewandelt. Dieser Prozess setzt Energie frei, die als Wärme abgegeben wird. Diese Wärme kann wie in konventionellen Kraftwerken über einen Kühlkreislauf abgeführt werden und in elektrische Energie umgewandelt werden. Das Rubbiatron ist eine unterkritische Anlage, das heißt, die Kettenreaktion kann niemals außer Kontrolle geraten (überkritisch werden). Ein GAU, z. B. Kernschmelze des Reaktors, ist schon vom Grundsatz her nicht möglich. Ziel des Rubbia-Konzepts ist der Bau eines Reaktors, der mehr Energie liefert als für die Erzeugung des Protonenstrahls aufgebracht werden muss.

Eine erste Testanlage in Belgien, »Guinevere«, konnte im Januar 2012 die Funktionsweise ihres »ADS«-Systems (Accelerator Driven System) erfolgreich beweisen. Die kleine belgische Anlage ist das Pilotprojekt für die größere Anlage »Myrrha« (Multipurpose Hybrid Research Reactor for High-tech Applications), die ab 2015 gebaut werden soll.

Was bedeutet das Higgs-Boson Ihrer Meinung nach?
Rubbia: Das Higgs-Boson ist das Endergebnis von 20 Jahren sehr, sehr harter Arbeit. Die Suche nach dem Higgs ist so groß und großartig wie in der Medizin die Suche und Entdeckung einer neuen Me-

thode zur Bekämpfung von Krebs. Die Entdeckung des Higgs ist ein großer Schritt in der Geschichte der Menschheit.

Was können künftige Generationen aus der Suche nach dem Higgs-Boson lernen?

Rubbia: Sehr viel. Sie können darüber lesen, dass das Higgs wirklich Teil der Wahrheit geworden ist. Das wird sie möglicherweise dazu bringen, weitere, andere Forschungen zu betreiben.

Was für einen Nutzen hat die Suche nach dem Higgs?

Rubbia: Die Suche nach dem Higgs entspringt der menschlichen Neugier. Diese Suche hat überhaupt keinen praktischen Zweck, zuerst einmal. Das ist gleich null. Aber wir sind neugierig, wir wollen wissen, woher wir kommen. Die Neugier ist meiner Meinung nach eine der wichtigsten menschlichen Eigenschaften.

Ich bin mir sicher, dass man nicht wirklich sagen kann, dass das Verlangen nach Wissen wächst. Dennoch – auch das wurde schon gesagt – wächst es auf ganz bestimmte Weise. Denn was auch immer wächst, ist – genau gesagt – immer eines: Das Verlangen nach Wissen ist immer vieles. Denn wenn ein Verlangen endet, beginnt das nächste. Das bedeutet, dass – ehrlich gesagt – sein Ansteigen kein Wachsen, sondern ein Ansteigen von kleinen zu großen Dingen ist.

Denn wenn ich die Prinzipien der Natur erkennen möchte, dann ist dieses Verlangen erfüllt und zu einem Ende gebracht, sobald ich sie erkenne. Wenn ich dann wissen möchte, was und wie jedes einzelne dieser Prinzipien ist, dann ist dies ein neues und separates Verlangen. Nicht durch das Erscheinen dieses Verlangens werde ich von der ersteren gebracht, zu der ich von der ersteren gebracht wurde, und dieses Anwachsen ist nicht der Grund für Unzulänglichkeit, sondern zu noch größerer Perfektion.

Das Gastmahl (Il Convivio) IV, xiii, 1–2 von Dante Alighieri (1265–1317), einem der bedeutendsten Dichter des europäischen Mittelalters (»Die Göttliche Komödie«)

Was gibt es außer der Suche nach dem Higgs zu tun?

Rubbia: Wir wissen doch überhaupt nicht, woraus 95 Prozent des Universums bestehen. Unser Standardmodell, das wir während der vergangenen Jahrzehnte entwickelt haben, erklärt nicht mehr als gerade einmal 5 Prozent des Universums. Es gibt also für die junge Generation sehr viel zu tun und sehr viel Neues zu entdecken. Wenn die jungen Leute wirklich etwas entdecken wollen, sind die Chancen heute riesengroß. Es wird sicherlich nicht einfach sein, aber die Ressourcen sind da. Das Problem ist, dass die nicht so schwierigen Dinge alle schon gefunden worden sind.

Carlo Rubbia

- Das Verbrennen von immer mehr fossilen Brennstoffen ist ein fundamentales Problem der gesamten Gesellschaft und es wird unweigerlich die Welt destabilisieren.
- Wir Wissenschaftler müssen gute Dinge für die Unterstützung der Menschheit leisten. Wir müssen intervenieren und sehen, was wir machen können, um eine akzeptable Welt für die Menschheit zu ermöglichen.
- Es gibt für die junge Generation sehr viel zu tun und sehr viel Neues zu entdecken, aber es wird nicht einfach sein. Das Problem ist, dass die nicht so schwierigen Dinge alle schon gefunden worden sind.

14

Der amerikanische Freund: Sebastian White

ATLAS-ZDC-Experiment

»Die Wissenschaft kann nichts erklären; je mehr wir wissen, desto fantastischer wird die Welt und umso bedeutender die Dunkelheit, die sie umschließt.«

Aldous Huxley (1894–1963)

Sebastian Nicholas White hat Physik am Harvard College und an der Columbia-Universität in New York studiert. Er wurde 1976 mit einer Doktorarbeit über hochenergetische Proton–Proton-Kollisionen promoviert. Sein Doktorvater ist Leon Lederman, der den Terminus »Gottesteilchen« für das Higgs-Boson geprägt hat (Leon M. Lederman, The God Particle: If the Universe Is the Answer, What Is the Question? 1993). Dr. White ist als Elementarteilchenphysiker Spezialist für Quantenchromodynamik. Er war Professor an der Rockefeller-Universität in New York und leitete das RHIC Zero Degree Calorimeter Project am Brookhaven National Laboratory (USA), bevor er 2006 als Projektleiter für das Zero Degree Calorimeter Experiment im Rahmen der ATLAS-Kollaboration zum CERN kam. Sebastian White lebt in Genf und bei New York und ist neben seinen Tätigkeiten am CERN am Center for Studies in Physics and Biology der Rockefeller-Universität in New York beschäftigt.

White schreibt in einem FoxNews-Beitrag über seine Arbeit am CERN:

»Benjamin Franklin, der fließend französisch sprach und als Physiker zum Mitglied der Royal Society in London ernannt wurde, hätte seinen Spaß am CERN in Genf gehabt. Gut möglich, dass es niemals wieder einen solchen Ort wie CERN geben wird, wo – ein Erfolg internationaler Politik – so viele Leute zusammen arbeiten, die vordringlich an Grundlagenforschung interessiert sind.«

Wo Menschen und Teilchen aufeinanderstoßen. Erste Auflage. Michael Krause.
© 2013 WILEY-VCH Verlag GmbH & Co. KGaA.

Sebastian White (© Michael Krause).

Wo befinden wir uns hier?
White: In diesem Gebäude wurden die Magnete des PS (Proton Synchrotron) zusammengebaut. Das PS ist das Arbeitspferd des CERN, es liefert heute noch die Protonen für das Super Proton Synchrotron, das SPS, für den LHC und für noch weitere Beschleuniger. Jetzt ist in diesem Gebäude das ALICE-Experiment untergebracht. Hier wird daran gearbeitet, die Zeit besser messen zu können, die einzelne Partikel nach den Kollisionen unterwegs sind. Das wird ganz heiß gehandelt am CERN. Wir wollen die Zeitstruktur innerhalb eines Teilchenpakets während der Kollisionen genauer messen können, denn alles passiert während dieses Vorgangs innerhalb von einer Nanosekunde [10^{-9} s]. Wir werden bald die einzelnen Kollisionen besser bestimmen und besonders die Überreste nahe am Strahl besser messen können.

Wie reagierte Ihre Familie darauf, dass Sie Wissenschaftler werden wollten?
White: Ich bin auf beiden Seiten meiner Familie der Erste, der Wissenschaftler geworden ist, ja sogar der Erste mit einem höheren Universitätsabschluss. Meine Tante väterlicherseits hat einen Doktortitel aus Harvard in englischer Literatur, danach wurde sie allerdings Nonne. Also auf dieser Seite gibt es nicht viel in Richtung Wissenschaft. Auf der Seite meiner Mutter hingegen – meine Mutter stammt aus Holland – ihre Schwester, also meine Tante, war mit dem Schriftsteller Aldous Huxley[1] verheiratet. Diese Familie war immer nahe an der Wissenschaft, bis heute. Aldous Huxleys Enkel, Trevor Huxley, ist ein guter Freund von mir.

1) Autor von »Brave New World«

Quadrupol-Magnet in der Fertigung, CERN, 1969 (© 1969 CERN, CERN-AC-6912088).

Seit wann interessieren Sie sich für Physik?
White: Ich weiß es nicht. War es Strahlung – oder ist es eine genetische Manipulation? Spaß beiseite, das ist schwer zu erklären, aber am einfachsten geht es so: Irgendwann findet man sich in einer Bücherei wieder, weil man neugierig ist und etwas sucht und dann kann man nicht mehr damit aufhören.

Worauf waren Sie besonders neugierig?
White: Ich weiß nicht in welcher Reihenfolge es passiert ist. Entweder ich interessierte mich für Radios und wie sie funktionieren und wurde dadurch Radio-Amateur oder ich wollte Radio-Amateur werden und interessierte mich deshalb dafür, wie Radios funktionieren. Und dann interessierte ich mich dafür wie Radiowellen funktionieren und wie sich das Licht fortbewegt und so weiter. Ich weiß eben nicht, was zuerst da war. Ich habe mich aber immer für Radios interessiert, so mit 12, und damals habe ich auch Bücher über Tesla und Pupin gelesen.

Was hat Sie an Nikola Tesla interessiert?[2]

White: Tesla war einer der vielen Leute wie Heinrich Hertz und all die anderen Pioniere. Ich habe mich nicht für sein persönliches Leben interessiert, obwohl ich seine Autobiografie gelesen habe. Ich habe mich für ihn interessiert, weil er an derselben Sache interessiert war, mehr nicht. Aber er war eben ein Pionier wie Heinrich Hertz oder Michael Faraday. Diese Typen fand ich damals besonders interessant.

Wanderer am Weltenrand

Flammarions Holzstich, Wanderer am Weltenrand, in: L'Athmosphère, Meteorologie populaire, Paris 1888.

2) Nikola Tesla (1856–1943) erfand das noch heute weltweit genutzte Wechselstromsystem. Er war ein Pionier der Radio- und Röntgentechnologie und erfand die Tesla-Spule, mit der man auf einfache Weise sehr hohe Spannungen erzeugen kann. Dr. Masaki Hori arbeitet mit Tesla-Spulen, um Anti-Materie vom Kontakt mit Materie abzuschirmen.

Der Holzstich stammt von einem unbekannten Künstler und wurde erstmals vom französischen Astronomen und Verfasser populärwissenschaftlicher Schriften Camille Flammarion (1842–1925) veröffentlicht. Das Werk gilt als exemplarische Darstellung für die mittelalterliche Vorstellung von der Erde als Scheibe und dem darüber befindlichen Himmelsgewölbe: Ein Wanderer (»Pilger«) durchdringt die Himmelssphäre und erblickt die Mechanik der Welt dahinter, die Urbilder eines himmlischen Mechanismus im Universum. Der Mensch wird als Entdecker der Mechanik des Universums dargestellt. Er befindet sich retrospektiv betrachtet am Beginn eines Weges, der ihn zu den heutigen Erkenntnissen über das Universum und die Quantenmechanik führen wird. Camille Flammarion gründete 1887 die Französische Gesellschaft für Astronomie und wurde deren erster Präsident. Er setzte sich darüber hinaus mit Parapsychologie auseinander und war Mitbegründer der französischen Theosophischen Gesellschaft.

Tesla interessierte sich für die Energiequelle des Universums. Interessiert Sie das auch?

White: Daran sind wir alle interessiert. In der Kosmologie herrscht darüber große Verwirrung, über Dunkle Energie zum Beispiel. Es gibt viele mysteriöse Sachen, Vakuumenergie und was nicht alles. Ich glaube, dass wir diese ganzen Sachen gar nicht verstehen. Wenn die Frage lauten würde: Können wir die Vakuumenergie anzapfen und damit unsere Autos antreiben, dann wäre meine Antwort: Nein, das glaube ich nicht.

Wann haben Sie sich dazu entschieden Teilchenphysiker zu werden?

White: Merkwürdigerweise geschah das ziemlich spät, obwohl ich mich schon sehr früh für die Wissenschaft interessiert hatte. Ich war in einem guten Schulsystem in New York und liebte Mathematik und Radios. Aber dann kam ich mit 14 in die Schule, die meine Familie in New Hampshire gegründet hatte. Die Schule fußt auf den Ideen von Thomas Morus. Alle Lehrer an der Schule waren katholische Laien[3]. Für mich gab es dort nicht viel zu lernen außer dem, was ich selbst las. Als ich dann nach Harvard ging, wusste ich nicht, dass ich Wissenschaftler werden würde. Ich wusste nicht, was es heißt ein Wissenschaftler zu sein. Also belegte ich eher Kurse in Philosophie als in wissenschaftlichen Fächern. Nach meinem zweiten Jahr an der Universität ging ich zu einem der Lehrer und sagte ihm, ich wollte ein bestimmtes Experiment machen. Der Lehrer entgegnete, dass die Kurse nur mit festen, vorgeschriebenen Experimenten durchgeführt würden.

3) Thomas More College of Liberal Arts.

Ich bestand aber darauf, genau dieses erst kürzlich durchgeführte Experiment zu machen. Es handelte sich um den AC-Josephson-Effekt, den Tunneleffekt bei Supraleitern. Damit kann man viele interessante Sachen machen, man kann damit gewisse Naturkonstanten sehr genau messen und so weiter. Er sagte: »Okay, machen Sie das. Nehmen Sie sich so viel Zeit wie Sie brauchen. Fragen Sie die Graduiertenstudenten, wenn Sie Hilfe brauchen und nutzen Sie alles, was Harvard Ihnen geben kann.« Und genau das habe ich gemacht. Ich habe ein ganzes Semester daran gearbeitet, und es hat funktioniert. Dann machte dieser Lehrer ein Experiment am damaligen Beschleuniger in Harvard, also wurde ich dort so eine Art Groupie. Ich ging da einfach nachts hin und redete mit den Leuten. Und so dauerte es eben fast bis zum Ende meines Studiums bis ich wusste, was ich machen wollte.

Sie haben gesagt, dass Sie damals nicht wussten, was ein Physiker ist.
White: Es müsste besser heißen, was *für eine Art von Leben das ist.* Ich habe darüber mit einem Freund gesprochen, der gerade ein Buch über Harvard in jenen Jahren schreibt. Er meint, dass meine Erfahrung nicht ungewöhnlich ist. Harvard ist ein schwieriger Ort, immer schon. Harvard kümmert sich nicht um Sie. Man denkt wohl: Wenn Sie es bis hierher geschafft haben, dann müssen Sie schon ziemlich gut sein – also machen Sie alles schön alleine, wir brauchen Ihnen nicht zu helfen. Eine große Anzahl der Leute, die mein Freund für sein Buch interviewt hat, wussten nicht, was Sie werden wollten, bevor sie Harvard verlassen hatten oder kurz davor waren.

Auf dem College waren wir alle nur daran interessiert, was es wohl für ein Leben als Künstler, als Politiker oder als sonst jemand sein würde. Also, ich kann es nicht wirklich sagen, was einen Physiker ausmacht. Ich bin es doch jetzt, oder? Ich habe es irgendwie rausgekriegt, als ich mit den Wissenschaftlern am Cambridge-Elektronenbeschleuniger in Harvard[4] gearbeitet habe. Aber ich kann es nicht wirklich beschreiben.

Es gibt dazu ein bekanntes Zitat von Richard Feynman. Sie kennen doch Jogger? Viele Leute in Amerika lieben es zu joggen, sie mögen es zu schwitzen. Feynman sagte also: »Ich liebe es zu denken.« Das gilt im Prinzip für alle Wissenschaftler. Sie mögen es, etwas heraus-

---

4) Cambridge Electron Accelerators (CEA), 1962–1974

zukriegen und alles zusammen irgendwie zu verstehen. Ein weiterer Aspekt ist, ein wenig unverantwortlich zu sein. Einfach nur zu tun, was Sie wollen, das trifft auf viele Wissenschaftler zu. Irgendwie ist das wie Nichterwachsenwerden. Sie machen einfach nicht das, was Sie sollen, sondern Sie verfolgen nur Ihre Sachen. Wissenschaftler denken radikal. Wenn sie damit aufhören würden, wäre das das Ende der Wissenschaft.

Ist es so etwas wie Instinkt?
White: Es ist eine bestimmte Arbeitsweise, ich glaube nicht, dass es Instinkt ist. Vielleicht eine Art Instinkt, der Sie dorthin zieht. Aber nicht, dass Sie eine bestimmte Eigenschaft haben müssten. Man lernt es, aber Sie lernen es, weil es mit Ihrer Persönlichkeit übereinstimmt.

Ist es eine bestimmte Art zu denken?
White: Ich gebe Ihnen ein Beispiel. In meiner Community in Long Island lebt der berühmteste und erfolgreichste Hedgefonds-Manager aller Zeiten. Sein Name ist Jim Simons[5]. Er war Mathematikprofessor in Harvard, als ich dort studiert habe. Dann ist er in die Wirtschaft gegangen, so als kleines Experiment. Er fing mit einer kleinen Firma für Taschenrechner an, mit der er etwas Geld machte. Dann entschied er sich dazu, sein Geld in eine neue Firma zu investieren, und er hat dann Renaissance Technologies gegründet. Simons hat mir gesagt, er würde niemals einen professionellen Wall-Street-Händler oder eine Person aus dem Geldbusiness einstellen. Er stellt nur Mathematiker, Physiker, Astrophysiker und so weiter ein. Ich fragte ihn, warum. Er sagte, dass es sich für ihn und die Art und Weise seiner Firma Geld zu verdienen auszahle, dass Physiker komische Leute sind. Man kann Ihnen nicht so schnell ein X für ein U vormachen. Man kann Ihnen nicht vormachen, dass dies und das jetzt die heißesten Aktien sind, die man unbedingt kaufen muss. Sie fragen immer weiter. Für Jim Simons ist das das Geheimnis seiner Firma. Er hat damit ein persönliches Vermögen von 11 Milliarden Dollar gemacht. Ist das ein gutes Charakteristikum für einen Physiker? Ich weiß es nicht. Aber es ist auf jeden Fall eine gute amerikanische Eigenschaft und ein gutes Charakteristikum für einen Wissenschaftler.

Aber das gilt nicht immer. Es gibt da die Geschichte über die deutsche Atombombe während des 2. Weltkriegs unter Werner Heisen-

---

5) James Simons, Renaissance Technologies

berg. Einige Leute sagen, dass man damals in Deutschland zu sehr den leitenden Wissenschaftlern vertraut hat. Heisenberg hatte sich dabei verkalkuliert, wie viel Uran zum Bau einer Bombe nötig sein würde. Es gab damals nicht dieses ständige Hinterfragen, diese gesunde Sache, die sehr amerikanisch ist. Für mich als Wissenschaftler gilt: Das Gute in der Wissenschaft ist das ständige Hinterfragen. Das variiert von Kultur zu Kultur, aber es ist immer Grundlage der Wissenschaft.

Wissenschaftler können sich aber auch schwer auf eine Aussage einigen, oder?
White: Es ist so: Man kann Ihnen nur schwer den Kölner Dom verkaufen.

Aber hier am CERN arbeiten alle an einem großen Projekt – so etwas Ähnlichem wie dem Kölner Dom.
White: Am CERN ist das anders, mehr wie in einer Firma. Es schwankt natürlich von Mensch zu Mensch. Aber vielleicht weil CERN eine internationale Organisation ist, ist es hier weniger chaotisch – eine Sache, die manchmal sehr wichtig innerhalb der Wissenschaft ist. Das Manhattan-Projekt in Los Alamos war eine Ansammlung von eher sehr unabhängigen und sehr ehrfürchtigen Denkern. CERN ist mehr wie eine Firma.

Warum ist CERN so einzigartig auf der Welt?
White: Es wird wahrscheinlich niemals wieder so sein, dass man zehntausend Leute an einem Ort zusammen für ein – sagen wir mal – höheres Ziel arbeiten lässt. Es ist einzigartig, und es ist vielleicht nicht ganz richtig, wenn man sagt, dass CERN wie eine Firma ist. Denn jeder hier hat diese Motivation, dieses höhere Ziel. Die Motivation kommt von den Menschen selbst.

Wie würden Sie die wissenschaftliche Community am CERN beschreiben?
White: Hier arbeiten 10 000 interessante Menschen. Manche sind mehr, manche weniger interessant. Es ist eine ungeheure Chance, denn sie haben so viele Möglichkeiten hier am CERN. Sie können mit Leuten arbeiten, die sehr spezielle Fähigkeiten haben. Es ist eine Art intellektueller Spielplatz. Man hat herausgefunden, dass man viel mehr erreichen kann, wenn man die Ressourcen mehrerer Länder und vieler Universitäten zusammen bündelt. Wir kennen uns alle

und respektieren uns gegenseitig und haben alle ein gemeinsames Interesse.

Ein großes Thema in der Physik ist das ständige Hin und Her zwischen großen und kleinen Teams. Wenn Sie nur in kleinen Teams arbeiten, dann kann man daran verrückt werden und am Ende muss man das Feld räumen. Aber wenn Sie zwischen kleinen, intensiven und großen, internationalen Projekten wechseln, ist das okay. Für mich sind beide Seiten wichtig: kleine Teams und großes Teamwork. Aber es wird in meinem Feld heute immer schwieriger, in kleinen Teams arbeiten zu können.

Warum wird es heute immer schwieriger?
White: Weil wir heute so viel wissen. Wir können heute nicht das machen, was Curie, Hertz, oder Tesla in ihren Labors gemacht haben. Damit würde man heute nichts mehr erreichen. Wir wissen heute einfach zu viel, doch die großen Fragen sind eben auch schwer zu beantworten.

Was sind die großen Fragen?
White: Eine der großen Fragen ist die Dunkle Energie. Der Nobelpreis für Physik wurde 2011 für eine Arbeit über Ia-Supernovae vergeben. Man hatte sich das Licht verschiedener Supernovae angeschaut, manche von ihnen sind Milliarden Lichtjahre entfernt, manche vielleicht einige hundert. Aus all diesen Daten wollte man einen Trend ableiten. Der Trend könnte besagen, dass sich dieses ausdehnende Universum nach dem, was wir Big Bang nennen, irgendwann entweder verlangsamt oder zusammenkracht. Aber das zeigten die Messungen nicht. Scheinbar verlangsamt sich das Universum nicht, je weiter man weg geht. Das kann man unterschiedlich interpretieren, es kann auch etwas ganz anderes bedeuten als das, was die Leute sagen. Es könnte sein, dass wir ganz einfach die Schwerkraft nicht verstehen, wenn wir entferntere Dinge betrachten. Solange wir es nicht experimentell bewiesen haben, kann niemand sagen, dass die Schwerkraft in großer Entfernung so und so sein muss.

Aber die populärere Ansicht ist, dass es im Vakuum eine Energie gibt. Diese sogenannte Dunkle Energie treibt es auseinander. Es gibt also die Schwerkraft und diese treibende Kraft, die wir Dunkle Energie nennen. Die Dunkle Energie ist ein enormes Mysterium und ich glaube nicht, dass wir das jemals mit unseren Experimenten hier auf der Erde oder am LHC lösen werden.

Die andere große Frage, die vielleicht eher lösbar ist, ist die Dunkle Materie. Die Dunkle Materie wurde experimentell beobachtet. Sie können zum Beispiel die Rotationskurven bestimmter Sterne in den Außenarmen von Galaxien nicht ohne eine neue Kraft erklären, die zusätzlich zur Schwerkraft der umgebenden Sterne wirken muss. Viele Leute glauben, dass die Entdeckung dieser Kraft im Bereich des LHC liegen könnte. Was ist das für ein Zeug? Es sind auf jeden Fall keine Quarks, sondern irgendetwas Neues, das wir noch nicht kennen.

Der Krebsnebel – Supernova Typ II

Das Foto wurde mit der NASA/ESA Hubble Space Telescope Wide Field and Planetary Camera 2 (WPFC2) aufgenommen. Es ist aus 24 Einzelaufnahmen zusammengesetzt, und die Aufnahme des Krebsnebels mit der höchsten jemals erreichten Auflösung.

Der Krebsnebel (Crab nebula, Messier 1 [6], NGC 1952 [7]) befindet sich im Sternbild Stier. Er ist zirka 6300 Lichtjahre von der Erde entfernt. Dieser Nebel mit einem Durchmesser von 6 Lichtjahren ist der sich immer weiter ausdehnende Überrest einer Supernova-Explosion, dem spektakulären Ende eines Sterns. Dieses außergewöhnliche Himmelsereignis wurde im Juli 1054 von japanischen und chinesischen Astronomen beobachtet und verzeichnet.

Der Krebsnebel ist eine der bekanntesten und am meisten untersuchten Himmelsobjekte. Er erhielt seinen Namen von einer Zeichnung des irischen Astronomen Lord Rosse aus dem Jahr 1844, in der die Filamente des Nebels wie Krebsbeine aussehen.

Die faserartigen Leuchtfäden (Filamente) des heutigen Nebels sind die durch die Explosion zerrissenen Bestandteile des Sterns. Sie bestehen hauptsächlich aus Wasserstoff. Im Zentrum des Krebsnebels befindet sich ein kaum erkennbarer, winziger Neutronenstern. Dieser ultrakompakte Neutronenstern hat nach unterschiedlichen Angaben etwa 10 bis 30 Kilometer Durchmesser. Er strahlt pulsierend ungeheure Energiemengen über ein breites Wellenspektrum ab. Diese Art von Sternen wird als Pulsar bezeichnet.

Der Pulsar im Innern des Krebsnebels sendet etwa 30 Male pro Sekunde fast lichtschnelle Elektronen aus. Dieser hochenergiereiche Elektronenschauer bringt die Filamente des Nebels zum Glühen. Das Magnetfeld des Pulsars beträgt ca. 10^8 (100 Millionen) Tesla – zum Vergleich: Der LHC erreicht ein Magnetfeld von ca. 8,3 Tesla.

Der Krebsnebel ist zwar spektakulär und verdeutlicht die verheerenden Auswirkungen einer Supernova. Doch der Krebsnebel ist eine Supernova vom Typ II, bei der im Spektrum Wasserstofflinien nachgewiesen werden können. Bei Supernova Typ I sind keine Wasserstofflinien vorhanden. Der Mechanismus der Typ-I-Supernovae ist im Gegensatz zu Typ II (Krebsnebel) thermonuklear.

---

6) Im Messier-Katalog sind 110 astronomischen Objekte, hauptsächlich Galaxien, Sternhaufen und Nebel, aufgelistet.

7) New General Catalogue, Verzeichnis galaktischer Nebel, Sternhaufen und Galaxien.

Krebsnebel (Quelle: NASA/ESA, Jeff Hester/Davide de Martin)

Supernovae Typ Ia

Supernovae vom Typ Ia sind astronomische Ereignisse, die zur Entfernungsmessung innerhalb des Universums benutzt werden, weil sie als sogenannte Eich-Ereignisse immer mit gleicher Leuchtkraft strahlen. Mit ihrer Hilfe werden Wesen und Erscheinung der Dunklen Energie und die Expansionsrate des Universums untersucht.

Supernovae vom Typ Ia ereignen sich typischerweise, wenn Weiße Zwerge – der ausgebrannte, sehr kompakte Rest eines normalen, unserer Sonne ähnlichen

Sterns – immer mehr Material von ihrem Nachbarstern einsaugen und schließlich explodieren; sogenannte Doppelsternsysteme, zwei sich umkreisende Sonnen, sind im Universum eine durchaus übliche Erscheinung. Sternexplosionen vom Typ Ia haben immer gleiche, charakteristische Spektren, anhand deren Rotverschiebung die Geschwindigkeitszunahme mit zunehmender Entfernung genauestens ermittelt werden konnte. Die Forschungsergebnisse über Supernovae Typ Ia sind relativ neu (1999) und die Konsequenzen daraus

Supernova 1994D (SN1994D) am Rand der Galaxis NGC 4526, aufgenommen mit dem Hubble Space Telescope. Die Supernova ist der helle Fleck unten links (Quelle: NASA/ESA/The Hubble Key Project Team/The High-Z Supernova Search Team).

sind sensationell: Das Universum dehnt sich nach diesen Untersuchungen seit etwa 6 Jahrmilliarden – nach einer etwa 8 Milliarden Jahre dauernden Phase der Verlangsamung – unerwarteter Weise immer schneller aus.

Das CANDELS+CLASH Supernova Project (Cosmic Assembly Near-infrared Deep Extragalactic Legacy Survey and Cluster Lensing and Supernova Survey with Hubble) untersuchte die Supernovae Typ Ia im Verlauf der ca. 13,7 Milliarden Jahre Geschichte des Universums. Adam Riess (Johns Hopkins University) ist wissenschaftlicher Leiter des Projekts; Saul Perlmutter leitet das Supernova Cosmo-logy Project (SCP) am Lawrence Berkeley Laboratorium und lehrt und forscht als Professor an der Universität von Berkeley, USA. Die Teams unter Adam Riess und Brian Schmidt und das SCP-Team unter Saul Perlmutter veröffentlichten ihre Ergebnisse fast zeitgleich; sie erhielten den Nobelpreis für Physik 2011. Die miteinander übereinstimmenden Ergebnisse der Untersuchungen wurden sehr schnell in die heutige Kosmologie aufgenommen und bestimmen damit die Richtung weiterer Forschungen sowohl innerhalb der Astronomie und Kosmologie wie auch in der Elementarteilchenphysik.

*Die Dunkle Energie ist also ein Mysterium. Sind wir nicht neugierig genug,
auch dieses Mysterium zu erforschen?*

White: Das machen wir ja schon, aber bei einigen mysteriösen Sachen
wissen wir nicht, wie wir dahinterkommen können. Dunkle Energie – ich wüsste nicht, wie man damit umgehen sollte. Man könnte
ja durchaus sagen: na und? Denn wir haben ja die gesamte Physik,
die auf der Erde gilt, schon erklärt. Was soll es bedeuten, wenn es da
irgendeine andere Art von Materie gibt, die anscheinend mit nichts
anderem interagiert und die da draußen für die Schwerkraft sorgt?
Auf der Erde gilt sie nicht, nur in weiter entfernten Regionen, wo es
sehr viel davon gibt.

Man könnte zufrieden sein und sagen: Wir wissen jetzt genug, um
all den Fortschritt, den wir brauchen, machen zu können; in der Ener-
gieproduktion, in der verbesserten Bekämpfung von Krankheiten und
all diesen Sachen. Aber dann machen Sie sich Ihre Gedanken: Vielleicht ist das Zeug mit irgendeiner fundamentalen Sache in unseren
Theorien verknüpft, mit Supersymmetrie zum Beispiel.

Man kann auf sehr viele Sachen neugierig sein, aber das Interessanteste ist doch, wenn Sie ein Experiment machen können, mit
dem Sie definitiv weiterkommen. Man kann nämlich viel spekulieren
und damit gar nicht weiterkommen. Denn was ist Physik eigentlich?
Physik ist immer eine experimentelle Wissenschaft gewesen. Sie können alle Theorien der Welt haben, aber wenn die Theorie nicht damit
übereinstimmt, was Sie messen, dann taugt sie nichts, dann müssen
Sie sie in den Müll werfen. Wie zum Beispiel irgendeine alte griechische Theorie, dass sich die Sonne um die Erde bewegt – taugt nichts,
ab in dem Müll! Das ist das wirklich Wertvolle hier am CERN: Hier
werden Dinge möglich gemacht. Heute wissen wir immer besser, wie
man bestimmte Fragen beantwortet – und das kann dann durchaus
zu einer wirklich stimmigen Theorie führen. Es ist besser eine gute
Theorie zu haben als nur über etwas zu reden.

Was begeistert Sie an der Wissenschaft?

White: Es ist diese Kombination: herauszubekommen was wirklich
wichtig ist und dann diese Dinge zu erforschen. Die Frage »Was ist
eine Theorie?« hat damit zu tun, wie Sie die Dinge organisieren, die
Sie gelernt haben. Aber der andere wichtige Aspekt ist der, den ich
mit Verantwortungslosigkeit beschrieben habe. Niemand schreibt Ihnen doch vor, dass dies oder das der richtige Weg ist oder die richtige

Antwort beinhaltet. Wissenschaft ist für mich unabhängiges Denken. Das wird leider in der Presse nicht immer richtig verstanden. Es ist einfach nicht richtig zu sagen, dass man als Amerikaner jede Theorie aufstellen kann, ganz so wie Sie wollen. Das amerikanische Prinzip kommt von anderen amerikanischen Denkern wie zum Beispiel Thomas Jefferson. Das eindrücklichste amerikanische Charakteristikum ist Dinge zu hinterfragen. Dinge zu hinterfragen bedeutet, dass man nicht unbedingt ein Bild von der Welt hat, das auf Glauben basiert – es basiert eher auf Wissenschaft. Es gibt eine Art Ehre des Individuums innerhalb der Wissenschaft. Die Ehre des Individuums ist seine Fähigkeit Dinge zu verstehen, sie zu hinterfragen und wieder zusammenzusetzen. Das ist Wissenschaft für mich und das gibt einem große Kraft.

Die Welt ist nicht gerade im besten Zustand. Wie kann die Wissenschaft da helfen?
White: Da weiß ich gar nicht, wo ich anfangen soll. Ich weiß nicht, was man mit Fundamentalisten, Extremisten und so weiter machen soll. Aber ich weiß, dass viele Probleme technischer Natur sind, und um diese Probleme lösen zu können, brauchen Sie eine Kultur, die das Ingenieurswesen und den technisch-wissenschaftlichen Zugang zu Problemen respektiert. Andernfalls haben Sie die Ölkatastrophe im Golf von Mexiko oder Fukushima Daichi oder so etwas. Diese Dinge brauchen ewig. Und da haben wir in den USA – nicht so sehr in China – ein großes Problem, denn die Stärke unseres Ingenieurswesens lässt nach und damit unsere Fähigkeit, diese Probleme zu lösen. Wenn Sie eine Liste aller technischen Probleme auflisten würden und alle anderen Probleme daneben stellen würden, dann wären das im Vergleich gar nicht so viele. Energie, Alterskrankheiten und all die anderen Probleme könnten wir alle lösen.

Bill Gates gibt quasi sein gesamtes Vermögen für die Bekämpfung von Krankheiten aus. Er spendete auch eine Milliarde Dollar für die Energieforschung. Warum braucht man all dieses private Geld? Wie könnte man das auf internationaler Ebene politisch lösen?
White: Ich glaube nicht, dass man jemals vollkommen ohne Privatgelder auskommen wird, aber selbstverständlich sollte es eine koordinierte, gemeinsame Anstrengung der Länder werden. So etwas ist wahrscheinlich Bill Gates passiert: Man findet heraus, wie wenig Geld es wirklich bedarf, um enormes Leid abwenden zu können. Dann sa-

Sebastian White: Wissenschaftler denken radikal (© Michael Krause)

gen Sie sich: Das ist ja vollkommen lächerlich! Die Länder können einfach nicht die Probleme dieser Welt angehen. Wenn Sie so viel Geld wie Bill Gates haben, dann können Sie gar nicht anders, Sie müssen ihr Geld spenden. Aber man kann so nicht alle Probleme beheben, oder?

Aber es gibt ja noch andere Leute, die sich den Kopf über solch große Probleme zerbrechen, Energie, Umweltverschmutzung und so weiter. Die reden gerne über Verhaltensänderungen. Ich bin kein großer Anhänger dieser Idee, aber man sagt, man müsste den Leuten beibringen sich anders zu verhalten. Man soll also nur Wasser trinken, das aus einer vorher verschlossenen Flasche stammt, die sie dann an den Hersteller zurückschicken müssen. Aber kann man das Verhalten von sieben Milliarden Menschen auf der Erde ändern? Vielleicht ist es besser, das Verhalten von Regierungen und die Erziehung zu verändern? Sie können das Verhalten von Firmen ändern, damit sie sich verantwortlich verhalten und keine Ölpest im Golf von Mexiko verursachen. Das ist besser, und sie müssen nicht so viele Leute ändern.

Welche dieser drei Dinge repräsentiert für Sie am ehesten das Universum: Granatapfel, Zwiebel oder Walnuss?
White: Ich verweigere die Antwort auf diese Frage, denn man kann nicht über so etwas Komplexes wie das Universum reden und dabei an diese drei Dinge denken. Unmöglich, dabei kommt gar nichts heraus. Wo ist hier die Energie (Walnuss)? Es fällt ja sogar schwer, das Universum mit Worten zu beschreiben, aber so geht es wirklich nicht. (Granatapfel) Dies hier machen Sie auf, und dann sind da ein paar Kerne drin. Na ja ...

Sebastian White

- Vielleicht wird es niemals wieder einen solchen Ort wie CERN geben, wo so viele Leute zusammen Grundlagenforschung betreiben.
- Wenn die Frage lauten würde: Können wir die Vakuumenergie anzapfen und damit unsere Autos antreiben, dann wäre meine Antwort: Nein, das glaube ich nicht.
- Wissenschaftler denken radikal. Wenn sie damit aufhören würden, wäre das das Ende der Wissenschaft.
- Physik ist immer eine experimentelle Wissenschaft gewesen. Sie können alle Theorien der Welt haben, aber wenn die Theorie nicht damit übereinstimmt, was Sie messen, dann taugt sie nichts.

15
Die freundlichen Konkurrenten: Sebastian White und Albert De Roeck

ATLAS-Experiment und CMS-Experiment

Albert De Roeck promovierte an der Universität Antwerpen über ein CERN-Experiment (UA-Gruppe), das sich mit Hadron–Hadron-Interaktionen beschäftigte. Danach arbeitete Dr. De Roeck 10 Jahre lang am DESY in Hamburg über präzise Messungen von Quarks und Gluonen. Ende der 1990er Jahre kehrte Dr. De Roeck zum CERN zurück, wo er an Experimenten mit dem Large Elektron-Positron Collider (LEP) beteiligt war (OPAL). Albert De Roeck leitete die CMS-Analyse-Gruppe und war Deputy Spokesman des CMS-Experiments. Er ist Mitglied der Exotica- und der Higgs-Gruppe und seit 2011 Mitglied der CERN-MoEDAL Gruppe. Dr. De Roeck ist Professor für Physik an der Universität Antwerpen und hat an mehr als 400 wissenschaftlichen Veröffentlichungen mitgearbeitet. De Roeck arbeitet an der CLIC-Studie (Compact LInear Collider) für einen zukünftigen CERN-Linearbeschleuniger und an Szenarien für eine Verzehnfachung der möglichen Kollisionsenergie des LHC.

ATLAS und CMS – gesunder Wettbewerb

De Roeck: Von Anfang an und sicherlich auch zu Recht wurde von der CERN-Community das Programm verfolgt, dass es zwei sehr starke Experimente geben müsste, die sich natürlich auch an bestimmten Punkten ergänzen sollten.

White: Die physikalischen Gebiete, die wir mit diesen Experimenten sozusagen attackieren werden, überschneiden sich in sehr interessanten Komponenten. Beide Experimente, CMS und ATLAS, halten nach denselben Teilchen Ausschau.

Wo Menschen und Teilchen aufeinanderstoßen. Erste Auflage. Michael Krause.
© 2013 WILEY-VCH Verlag GmbH & Co. KGaA.

Albert De Roeck (links) und Sebastian White (© Michael Krause).

Inwieweit unterscheiden sich ATLAS und CMS?

De Roeck: Sie unterscheiden sich in den spezifischen Technologien, die sie benutzen, um diese neuen Teilchen zu jagen. Aber im Großen und Ganzen benutzen sie dieselben Technologien, und man wird, denke ich, sehr ähnliche Resultate damit produzieren. Das ist auch deshalb so wichtig, weil unterschiedliche Detektoren unterschiedliche Systematiken haben – so nennen wir das – die wir nicht alle total kontrollieren können. Wenn Sie also etwas beobachten, dann ist es sehr wichtig, dass es von beiden Experimenten beobachtet wird. Das würde uns sehr viel Sicherheit geben. Denn wie es wirklich aussieht, das können wir nicht vorhersagen. Wir haben da unsere Ideen, aber man muss das alles erst herausfinden. Das braucht Sicherheit, und deshalb ist es richtig, zwei parallele Unternehmungen zu haben wie hier mit ATLAS und CMS.

White: Das läuft so ab: Das eine Experiment entwickelt etwas und dann entwickelt das andere Experiment auch etwas. Es gibt eine große Aufregung und ein ungeheures Maß an technologischer Entwicklung. Im Laufe des Prozesses sieht man die technischen Schwierigkeiten, aber die Aufregung peitscht uns durch die schwierigen Zeiten. Am Ende kann man vielleicht sagen, dass beide Experimente an den Schwierigkeiten gewachsen sind.

De Roeck: Ein wichtiger Aspekt ist diese gesunde Art von Wettbewerb. Man möchte besser als der andere sein. Man möchte der bessere sein, aber auf eine freundliche Art.

White: Auf lange Sicht gesehen wird Ihnen das Labor, also CERN, einen Blick auf die Ergebnisse der anderen Gruppe ermöglichen. Man nimmt dann ein paar Drinks mit seinen Kollegen vom anderen Experiment und wünscht ihnen viel Glück, dass sie bald mit guten Ergebnissen aufwarten können und so weiter. Das Labor wird Ihnen also irgendwann anbieten, vor der Veröffentlichung einen Blick auf die Werte Ihrer Kollegen vom anderen Experiment zu werfen. Es kommt eben sehr viel mehr darauf an, richtig zu liegen als Erster zu sein.

Man möchte also spielen und auch gewinnen?
De Roeck: Ganz genau. Es ist wichtig Erster zu sein, aber man muss eben schon die richtigen Ergebnisse haben. Schließlich steht ja die wissenschaftliche Glaubwürdigkeit des gesamten Experiments auf dem Spiel.
White: Es ist das alte Spiel, wenn die Hunde nach Trüffeln suchen. Die Theoretiker sind die Hundebesitzer, und die Experimentalphysiker sind die Hunde. Die Theoretiker haben also so manch gute Idee, und die Experimentalisten, das sind die Hunde, sie suchen die Trüffeln. Sind es Hunde oder Schweine? Es sind Schweine; also: Die Schweine dürfen die Trüffel für einen ganz kurzen Moment halten, bevor die Theoretiker ihnen die Trüffel wieder wegnehmen.

Wo arbeiten Sie lieber, bei den experimentellen oder bei den theoretischen Physikern?
White: Ich möchte in der Mitte von allem sein. Mittendrin in der Suche, um dann vielleicht die ersten Anzeichen dieser neuen Partikel zu sehen, die wir alle suchen. Das geht wahrscheinlich jedem hier so.

Geht es Ihnen auch so?
De Roeck: Von Beginn an – ich begann hier wie viele als Sommerstudent, das ist mehr als 25 Jahre her – hat mich der CERN-Virus infiziert wegen all dem, was hier passiert. Damals wurden die berühmten W- und Z-Bosonen entdeckt. Ich war gar nicht einmal an dem speziellen Experiment beteiligt, aber allein schon hier am CERN zu sein war aufregend genug. Seitdem arbeite ich immer daran, die Forschung weiter voranzutreiben und neue Sachen zu entdecken. Messungen durchzuführen, die kein Mensch vor Ihnen gemacht hat, um zu sehen, was wir daraus lernen können und unser Verständnis der Materie zu vervollständigen und tatsächlich dadurch das Universum, dem wir entstammen, besser zu verstehen.

16

Rock 'n' Roll, Bier, Billard und Musik: Jonathan Butterworth

ATLAS Experiment

Jonathan Butterworth wuchs in Manchester auf und machte dort sein Abitur am Shena Simon College. Er studierte in Oxford, erhielt 1989 seinen BA in Physik und promovierte 1992 über Teilchenphysik. Danach ging Dr. Butterworth zum DESY (Deutsches Elektronen Synchrotron) in Hamburg, um an der Hadron–Elektron-Ring-Anlage (HERA) innerhalb des ZEUS-Experiments Elektron–Positron-Kollisionen zu untersuchen. Seit 1995 ist Dr. Butterworth Professor der Fakultät für Physik und Astronomie am University College London (UCL). Dr. Butterworth leitet die UCL-Gruppe im Rahmen des ATLAS-Experiments (http://twitter.com/jonmbutterworth).

Jon Butterworth schreibt den Blog »Life and Physics« für die britische Tageszeitung »The Guardian« (http://www.guardian.co.uk/profile/jon-butterworth).

»Man gibt heute in Großbritannien in einem Jahr mehr Geld für Banken-Rettungsaktionen aus als für die Wissenschaften seit Christi Geburt insgesamt.«

Professor Brian Cox, BBC-Interview, 6. Juli 2012

Jonathan Butterworth (© Michael Krause).

Schönheit ist dort, wo man sie findet

Wie hat alles angefangen? Ab wann wollten Sie Teilchenphysiker werden?
Butterworth: Es ist schwierig, das genau zu sagen. Aber als ich 8 oder 9 Jahre alt war, entschloss ich mich zusammen mit einem Freund ein Buch zu schreiben. Es sollte alles enthalten, was man jemals überhaupt über das gesamte Weltall wissen konnte. Das sagt Ihnen vielleicht etwas darüber, wie wir so waren ... Wir kamen natürlich nicht sehr weit. Aber es hat mir doch gezeigt, wie viel man darüber überhaupt wissen kann. Damals wussten wir gerade einmal etwas über Sterne, Planeten und Galaxien und so etwas – aber es hat mich dann doch auf irgendeine Art zur Physik gebracht.

In der Schule war ich gut in Mathematik. Ich erinnere mich an einen Moment, als ich ungefähr 15 Jahre alt war. Wir zeichneten Gradienten und maßen sie dann. Der Mathematiklehrer erklärte den besseren Schülern, dass das Differentialrechnung sei. Es war einfach unglaublich, dass all diese Gradienten und Messungen einer zugrunde liegenden mathematischen Regel unterlagen. Es war das erste Mal, dass ich merkte wie die Mathematik tatsächlich real mit dieser Welt verbunden ist. Das hat mich sehr beeindruckt. Es war das erste Mal, dass ich diese Art von Schönheit einer mathematischen Regel mit der wirklichen Welt verbinden konnte – das ist Physik für mich. Ich möchte Mathematik nur dafür anwenden, um das Universum zu beschreiben. Dafür mache ich Physik.

Was ist Physik für Sie?
Butterworth: Für mich ist Physik das Betrachten dieser Welt und dabei die ihr zugrunde liegenden Gesetze erkennen. Diese Gesetze, die dem Verhalten zugrunde liegen, sind oft sehr schöne und einfache mathematische Regeln. Warum das so sein soll, weiß ich nicht, aber so ist es eben. Sie ist schön und erweitert unser Verständnis des Universums, in dem wir uns befinden – und das ist auch meine eigene Motivation.

Was ist die Schönheit des Universums?
Butterworth: Schönheit ist dort, wo man sie findet, oder? Es ist doch einfach schön aus dem Fenster zu blicken und die Sonne am Himmel anzuschauen und zu beobachten, wie die Blätter an den Bäumen rascheln. Wenn man dann näher schaut, dann sieht man zum Bei-

spiel die Schönheit wie etwa Photonen mit Atomen interagieren und daraus diese Effekte entstehen. Für mich gibt es Schönheit auf vielen Ebenen des Universums. Die Physik, die wir hier betreiben, versucht diese Ebenen abzuschälen und zu schauen, was dahinter ist. Jedes Mal, wenn uns das gelingt, kommt noch mehr Schönheit zutage. Es zerstört nicht die Schönheit, wenn man weiter schält, sondern es fügt der Schönheit des Universums eine weitere Facette hinzu.

Wie weit haben wir schon gegraben, was haben wir schon gefunden?
Butterworth: Einer der Gründe den LHC zu bauen ist, dass wir die Brechung der elektroschwachen Symmetrie verstehen möchten. Das ist ein komplexer Ausdruck für eine wirklich schöne Eigenschaft des Universums, so wie wir es verstehen. Symmetrie ist für unser momentanes Verständnis des Universums sehr wichtig. Wir wissen, dass es eine Symmetrie zwischen der schwachen Kernkraft und der elektromagnetischen Kraft gibt, die in sehr hohen Energieregionen gilt, aber in unserer alltäglichen Welt nicht. Wenn man also annimmt, dass Symmetrien eine wichtige Rolle spielen in unserem Verständnis der Schönheit der Natur, dann dient die ganze Unternehmung hier am CERN dem Verständnis, warum diese Symmetrie irgendwie gebrochen ist und warum sie unter hohen Energieregimes doch gilt. Symmetrie spielt eine sehr große Rolle in unserem momentanen Verständnis von Grundlagenphysik, und das ist eben in gewissem Sinne sehr schön.

Wo würden Sie den LHC innerhalb der Geschichte der Physik ansiedeln?
Butterworth: Das ist eine schwierige Frage, denn wir wissen zwar woher wir kommen, aber nicht, wohin wir gehen. Deshalb wissen wir auch nicht, wie viel an neuer Physik da noch kommen wird. Manchmal scheint es so, als seien wir fast am Ende der fundamentalen Physik, dass wir ein fast vollständiges Modell haben – und dann erscheint etwas Neues und dann ist es wieder so, als seien wir erst am Anfang. Das Standardmodell der Physik wurde während meiner frühen Karriere recht gut verfestigt. Seit etwa 20 Jahren hatten wir in der Physik keine Revolution mehr. Wir haben zwar schon neue Sachen gefunden, aber nichts Fundamentales von dem, was wirklich abläuft.

Hier am CERN schauen wir jetzt gerade über eine Hecke, über eine Abgrenzung hinweg. Es ist viel mehr als eben mal mit höheren Energien zu arbeiten. Hier arbeiten wir in einem speziellen Energieregime der Natur, bei dem die schwache Kernkraft und die elektro-

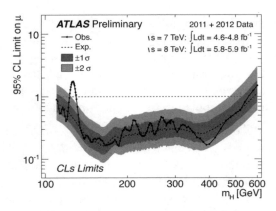

Masse des Higgs-Bosons lt. ATLAS-Daten bei ca. 125 GeV (© 2012 CERN, CERN ICHEP 1459545).

magnetische Kraft zusammengehen. Wir wissen, dass wir an einer Art Ereignishorizont arbeiten. Einige physikalische Dinge sehen hier am CERN komplett anders aus als bei niedrigeren Energien – wir wissen nicht, warum das so ist, diese Art von natürlichem Wechsel. Entweder wir finden es heraus, oder wir finden etwas anderes. Aber das Wichtigste ist, dass wir über eine Grenze schauen und dabei eine Art neuer Landschaft entdecken können. Das war auch schon oftmals in der Vergangenheit so. Wie weit wir sind, wie viel da noch zu entdecken ist, das weiß ich wirklich nicht.

Was, denken Sie, ist hinter der Hecke?
Butterworth: Ich würde sagen, dass der Higgs-Mechanismus die Hecke ganz gut beschreiben könnte. Aber was dahinterliegt, das weiß ich wirklich nicht. Ich bin Experimentalphysiker und ich würde es nur allzu gerne wissen. Es gibt da einige Kandidaten, aber ich denke, die sind alle falsch. Ich vermute, dass wir etwas anderes als erwartet finden werden. Aber alle Möglichkeiten sind offen. Auch Supersymmetrie könnte man entdecken. Wir könnten auch herausfinden, dass alle Teilchen, von denen wir glauben sie seien fundamental, dass die gar nicht fundamental sind. Vielleicht sind sie die energieärmeren Erscheinungsformen irgendeines tiefer gelegenen Verständnisses. All das ist möglich und möglicherweise ist einiges davon wirklich wahr; ich weiß es nicht. Deshalb schauen wir ja über die Hecke!

Was ist die Ursache Ihrer Neugier?

Butterworth: Unser Verständnis der Natur anhand der Natur selbst zu testen ist der einzige Weg, um sicherzugehen, dass wir überhaupt irgendetwas verstehen. Man kann natürlich viel dadurch verstehen, dass man andere Leute oder die Funktionsweisen der Gesellschaft studiert, das ist alles wirklich faszinierend. Aber was wirklich interessant ist, ist die Unmenschlichkeit des Universums. Natürlich ist es keine menschliche Konstruktion, dass es da draußen überhaupt etwas gibt. Niemand hat den Quantenphysikern gesagt, dass die Welt so mysteriös ist wie sie ist. Aber wenn Sie sich anschauen, was wirklich passiert, dann müssen Sie diese Sachen einfach akzeptieren. Ich liebe die Auseinandersetzung zwischen unseren Konzepten und der objektiven Realität, die es da draußen wirklich gibt. Sie ändert unsere Art zu denken und sie gibt uns ein vollständigeres Bild von unserer Welt. Ich kann mir keine bessere Art vorstellen meine Zeit zu verbringen.

Worüber unterhalten Sie sich mit Ihren Kollegen?

Butterworth: Der Wunsch zu verstehen, was um uns herum geschieht, dominiert fast alles, was wir tun. Das übersetzt sich natürlich in das Verlangen, einen Teil des Codes zu entziffern oder wenigstens etwas davon zu verstehen, einen bestimmten Detektor, eine bestimmte Gleichung oder so etwas eben. Man kann offensichtlich sehr viel Spaß am Probleme lösen haben, wie Sie auch Spaß beim Kreuzworträtsel lösen haben können.

Probleme zu lösen, das macht man in vielen Berufen. Der einzige Unterschied hier ist, dass unser Problemlösen direkt mit der Frage zu tun hat, warum wir hier sind. Wir sind nicht da, um Geld zu machen. Wir sind wirklich dafür da, die Dinge zu verstehen. Aber an manchen Tagen denke ich auch, dass der Job hier genau ist wie jeder andere Job, bei dem Sie Probleme lösen müssen. Es gibt ja nicht nur wissenschaftliche Probleme. Es gibt politische, kommerzielle, persönliche Probleme; das ist alles Teil des Ganzen. Aber am Ende wollen wir die Dinge verstehen lernen, und das ist letztendlich auch ein großer Teil der Motivation diesen Job zu machen.

Was sind Ihrer Meinung nach die wichtigsten Eigenschaften eines Physikers?

Butterworth: Ach, da gibt es viele. Fast so viele wie es Physiker gibt. Aber wenn ich sagen sollte, was unbedingt nötig ist, dann würde ich an allererster Stelle eine gewisse Art intellektueller Ehrlichkeit nennen. Ganz egal, auf was Sie aus sind. Es könnte natürlich besser für Ihre Karriere sein, wenn die Daten in diese Richtung und nicht in die andere Richtung zeigen würden. Aber Sie müssen eben absolut ehrlich sein und weder die Daten noch sich selbst, noch die Kollegen überstrapazieren. Das ist sehr hart, besonders wenn Sie in irgendeiner Konkurrenzsituation sind. Aber Sie sollten nicht sich selbst und die ganze Zunft betrügen. Wenn Sie das machen, dann betrügen Sie auch Ihre eigene Motivation als Physiker. Ich glaube, dass die Standards dieser Art intellektueller Ehrlichkeit recht hoch sind. Sollte sich das jemals ändern, dann wird es keine Physiker mehr geben.

Gibt es einen gemeinsamen Geist am CERN?
Butterworth: Darüber habe ich ehrlicherweise auch schon eine Weile lang nachgedacht. Es gibt einen gemeinsamen Geist; der beruht auf dem Verlangen zu verstehen. Es gibt hier die unterschiedlichsten Persönlichkeiten. Das hier ist keine Utopie. Eine ganze Reihe von Leuten kommt überhaupt nicht miteinander klar. Aber am Ende verbindet uns diese Basis miteinander: Wir wollen, dass unsere Experimente uns die Wahrheit über die Natur sagen können. Das ist glaube ich der Schlüssel dazu, dass so viele verschiedene Kulturen und Persönlichkeiten miteinander effektiv arbeiten können: der alle verbindende Zweck unserer Aufgaben. Es ist auch nicht ein alleiniger Grund wie zum Beispiel: »Lass uns das Higgs finden!« Wir wollen das Universum um uns herum verstehen. Das hält die Leute am CERN zusammen, das hält unsere gemeinsame wissenschaftliche Kultur aufrecht und lässt uns erfolgreich weiterarbeiten.

Es gibt sehr große Probleme in der heutigen Welt. Wie kann CERN zur Lösung einiger dieser drängendsten Fragen beitragen?
Butterworth: Ich glaube es wäre vermessen zu sagen, dass Fragen innerhalb der Elementarteilchenphysik irgendwie dazu beitragen könnten, einige dieser drängenderen Fragen zu beantworten. Das können sie nicht. Nichtsdestotrotz haben die Aktivitäten hier am CERN schon mit diesen Fragen zu tun. Die Technologien, die hier während der gesamten Bauphase entwickelt worden sind, die Experimente – all das hatte eine Menge Spin-offs, zum Beispiel in der Energieerzeugung, innerhalb der Kommunikation. Das World Wide Web ist eine der Sachen, die jeder kennt. Das Web wurde hier am CERN entwickelt. Viele andere Erfindungen am CERN haben die Kommunikati-

on und die Unabhängigkeit verbessert. Das Modell dieser Organisation beschreibt, dass man irgendwo auf der Welt zu einer gemeinsamen Zielverwirklichung zusammenkommen kann. Dieses Modell kann man vielleicht auch dazu verwenden, einige dieser anderen Probleme anzugehen – in dem Umfang wie es nötig ist.

Sie haben den Begriff der »kulturellen Unterhaltung« gebraucht. Was meinen Sie damit?

Butterworth: Wissenschaft wird oftmals als so etwas wie eine Gemeinschaft von Priestern angesehen; von Leuten, die anders sind als der Rest der Gesellschaft. Das ist nicht so. Wenn ich einmal sehr zynisch sein darf: Wenn ich mir die englischen Zeitungen anschaue, und dabei meine ich nicht die Billigblätter, sondern die besseren, da gibt es Seiten über Seiten Buch- und Theaterkritiken, über Kunst, Philosophie, nicht zu vergessen Politik und Wirtschaft. Es hat mich immer gestört, dass es da ein gewisses Ungleichgewicht gibt. Es gibt doch genügend Interesse für die Wissenschaften, sogar auf höherem Niveau. Ich denke, dass die Wissenschaftler nicht genügend daran teilgenommen haben; und wenn sie es getan haben, dann vielleicht etwas zu lehrmeisterhaft.

Ich glaube auch, dass die Zeitungsherausgeber, die meistens keinen wissenschaftlichen Hintergrund haben, den Markt für die wissenschaftliche Diskussion unterschätzen. Es gibt jetzt eine große Chance durch das Internet, das wir ja selbst mitentwickelt haben. Im Netz können Sie die Leute ja genau dort treffen, wo sie getroffen werden wollen. Sie wollen vielleicht keine langatmige Erklärung über Quantenphysik an Ihrem Frühstückstisch lesen, aber manche wollen es eben doch. Wenn Sie wirklich mehr finden wollen, dann können Sie das heute, denn die Zeitung hat wahrscheinlich eine Webseite und dort gibt es dann einen Blog und der erklärt Ihnen dann noch mehr. Das führt Sie zu den Originalartikeln, und das können Sie solange weiterverfolgen, bis Sie genug haben. Das ist ein ungeheurer Fortschritt in der Art und Weise, wie Information zugänglich gemacht wird.

Die Wissenschaftler sollten mehr darin eingebunden werden, Informationen zu liefern und die Zeitungen sollten die Leser dorthin führen, wo sie diese Informationen finden. Wenn Sie das nicht wollen, okay. Aber wenn Sie es wollen, dann sollten Sie es finden können. Diese Richtung entwickelt sich sehr gut. Ich zum Beispiel schreibe regelmäßig für die Website des britischen Guardian und es gibt offensichtlich eine Menge Leute, die so etwas lesen wollen. Es sind oftmals nicht einmal neue Sachen. Es sind Neuigkeiten für die Leute, die es lesen. Nicht für Physiker, da ist es schon bekannt, aber eben nicht allgemein.

Was wollen Sie mit Ihrem Blog erreichen?
Butterworth: Mein Ziel dabei betrifft nicht wirklich die Physik. Es geht mir darum, den Leuten verständlich zu machen wie Wissenschaft funktioniert. Was es bedeutet Wissenschaftler zu sein, denn manchmal ist die Wahrnehmung von Wissenschaft irgendwie unrealistisch. Sie wird als eine Art Religion oder so etwas betrachtet, mit stark fixierten Vorstellungen und Ideen, und manches an dieser Kritik trifft ja auch auf manche Leute zu. Aber im Allgemeinen ist das eine Fehlinterpretation. Wissenschaft versucht wirklich herauszubekommen wie die Welt tickt. Sie versucht das mit neuen Ideen zu belegen oder ordentlich zu widerlegen. Ich würde es wirklich gerne sehen, wenn die Menschen diesen Prozess beobachten könnten. Der Large Hadron Collider findet zumindest in den Medien in Großbritannien eine große Beachtung. Das ist eine große Chance, von diesem »Haben wir nun das Higgs gefunden oder nicht?« wegzukommen. Momentan wissen wir es nicht genau. Die große Chance ist, dass aus diesem wissenschaftlichen Zweifel und dem Fehlen von Wissen manchmal Wissen entsteht.

Was war bisher Ihre größte Herausforderung?
Butterworth: Ich war Leiter eines Experiments am DESY in Hamburg. Ich habe das wirklich genossen und ich hatte eine Menge Spaß dabei. Ich kannte jeden im Experiment und es machte großen Spaß bei den Veröffentlichungen mitzuarbeiten. Und dann kam ich hierher zum CERN, und ich war plötzlich ein total Unbekannter. Das war irgendwie natürlich auch gut, wieder neu anzufangen. Es war eine ziemliche Herausforderung und es hat auch irgendwie Spaß gemacht.

Und was war Ihre größte Herausforderung auf technischem Gebiet?
Butterworth: Als wir wegen eines gebrochenen Kabels keinen Zugang mehr zu den Daten hatten. Es gab viel, viel mehr technische Probleme während der Entwicklung des Detektors, aber das war für mich persönlich das Schlimmste. Ich habe eine Weile gelitten und dann haben wir es wieder in Gang gebracht.

Was ist Ihre Vision?

Butterworth: Mir würde es gefallen, wenn wir hier etwas komplett anderes finden würden. Ich habe das Gefühl, dass da etwas anderes auf uns wartet. Die Natur wird irgendwie ihren Weg gegangen sein genauso wie wir von der klassischen Mechanik über die Quantenmechanik zur Quantenfeldtheorie gegangen sind. Als Fundamentalphysiker denken wir in Begriffen aus der Quantenphysik: Leute haben sich auch mit der String-Theorie und anderen Sachen beschäftigt und versucht etwas vorauszusagen. Vielleicht müssen wir noch eine Runde weiter, vielleicht ist es die String-Theorie, vielleicht etwas anderes. Aber ich würde es schon gerne sehen, wenn Daten dabei herauskämen, die überhaupt nicht in dieses alte Szenario hineinpassen. Das würde unsere Art die Dinge zu betrachten schon erheblich verändern. Aber das ist keine wirkliche Vision. Ich glaube, ich bin kein Visionär. Ich bin in Wirklichkeit ein Entdecker. Ich habe keine Vorstellung von dem, was ich finden werde. Ich will einfach nur wissen, was da draußen ist.

Was wäre, wenn kein Higgs gefunden wird?

Butterworth: Wenn es kein Higgs geben sollte, dann gibt es bestimmt andere Prozesse, die der LHC finden wird. In unserer bestehenden Theorie gibt es dafür keine Vorhersagen. Der einfachste Weg dieses Problem zu bewältigen ist, dass man eine komplett neue Fundamentalkraft einführt und eine ganze Reihe neuer Bestandteile. Vielleicht ist es auch so, aber das wäre ein Riesenschritt.

Wäre das eine Weiterentwicklung des Standardmodells oder wäre es eine Art Neue Physik. Wo stehen wir?

Butterworth: Das macht mich ganz schön aufgeregt, denn ich weiß es nicht. Wenn es jetzt nur das Higgs-Boson ist, was wir finden, dann wäre das innerhalb des Standardmodells eine gewisse Weiterentwicklung. Wenn man aber eine Art neuer Kraft oder etwas Ähnliches finden würde, die für die Masse der Teilchen verantwortlich wäre, das wäre wirklich eine völlig neue Zwiebelschicht, wenn Sie so wollen. Es gibt da möglicherweise eine völlig neue Reihe an Kräften und Teilchen, von denen wir bisher überhaupt nichts wissen. Aber um das herauszukriegen, machen wir ja die Experimente.

Als Laie verstehe ich eins: Keiner weiß, was die Schwerkraft ist.

Butterworth: Schwerkraft – das ist eine der Sachen, die uns für eine große »Theorie von allem«[1] noch fehlt, mit der wir das ganze Universum in einer einzigen Formel erfassen können. An diese Idee glaube ich sowieso nicht so richtig. Aber allein schon die Tatsache, dass die Schwerkraft überhaupt nicht in unserem Bild der Natur vorkommt, sagt einem doch, dass wir noch einen weiten Weg vor uns haben. Wir wissen zum Beispiel, dass es Dunkle Materie geben muss, aber wir wissen nicht, was es ist. Es gibt noch viele andere Dinge, die Ihnen einfach sagen, dass noch sehr viel getan werden muss in Richtung Verständnis der Natur. Ich hoffe, dass irgendwann die Stichwörter in diesem Kreuzworträtsel zusammenkommen werden und wir noch einige Leerstellen ausfüllen können. Aber ich kann nicht sagen wie groß das Kreuzworträtsel ist.

Gibt es da irgendwo noch einen Platz für Gott?

Butterworth: Wenn Sie ihn irgendwo dabei haben wollen, dann ist sicherlich auch Platz dafür da. Ich selbst brauche ihn da nicht. Aber wir werden hier am CERN niemals Gott widerlegen wollen, das haben wir gar nicht vor. Wenn Sie es also vorziehen, das Universum durch die Augen Gottes zu interpretieren, dann können Sie das hier bestimmt auch weiterhin so machen.

Hat das mit dem Ausdruck »Gottespartikel« für das Higgs-Boson zu tun?

Butterworth: Das ist ein wenig blödsinnig, aber Sie können natürlich Analogien zwischen Gott und dem Higgs aufstellen. Das Higgs-Boson ist die Manifestation eines bestimmten Feldes, das das gesamte Universum ausfüllt. Ohne dieses Feld funktionieren unsere Theorien nicht. Wenn Sie also ein religiöser Mensch sind, dann denken Sie vielleicht, das Higgs-Teilchen sei ein Attribut Gottes: Er ist überall, ohne es macht alles keinen Sinn. Aber ich glaube das nicht. Das Higgs als Gottespartikel ist nur eine Analogie, die mit Gott nichts zu tun hat.

Was werden die Eckpfeiler der Physik in 20 Jahren sein?

Butterworth: Das wissen wir nicht. Das macht die Leute auch etwas nervös, denn wir müssen ja planen, an welcher »Energiefront« wir in Zukunft arbeiten wollen. Es ist überhaupt nicht klar, wie die nächsten Experimente aussehen sollen, bis dieses Experiment hier am LHC

---

1) Theory of Everything

uns den Weg gezeigt hat, aber dafür haben wir bis jetzt noch nicht genügend Daten. Es gibt Vorschläge für neue Maschinen, Linearbeschleuniger, Myonen-Beschleuniger und solche Sachen. Es ist nicht klar, ob irgendeiner dieser Vorschläge überhaupt technisch machbar ist, ob man das dann überhaupt bezahlen kann und ob man damit überhaupt die richtigen Fragen stellt. Wir kriegen ja gerade erst heraus, was die richtigen Fragen sein werden, denn wir haben die Antworten des LHC ja noch nicht.

Ich war in der vergangenen Woche auf einer großen Konferenz in Mumbai, und es geschehen gerade wirklich viele interessante Dinge überall, am Fermilab in den USA, in Japan, in Großbritannien. In Großbritannien experimentieren wir gerade, wie Neutrinos sich verhalten und was ihre Masse ist. Damit kann man Hinweise auf die Entstehung des Universums erlangen und wie die Gesetze zu diesem Zeitpunkt gewesen sein müssen. Das können Sie sehr gut mit dem zusammenbringen, was wir hier am CERN herausbekommen werden.

Die momentanen Experimente müssen erst einmal genügend Daten geliefert haben, bis wir entscheiden können, was die nächsten Schritte sein werden. So ist Wissenschaft eben. Es gibt sehr wenige Felder in der Wissenschaft, in denen Sie den Fortschritt innerhalb der nächsten 20 Jahre vorhersagen könnten. Wenn Sie das wüssten, dann wäre es doch auch ein bisschen langweilig. Wir erkunden gerade eine neue Grenze und wir werden das Beste versuchen, um die richtigen Fragen, die sich aus diesen Experimenten am LHC ergeben, stellen zu können. Der LHC wird noch für weitere 20 Jahre interessante Daten liefern. Alles, was parallel dazu vor sich geht und was dann kommen wird, ist von diesen Daten abhängig.

Kolumbus wollte den Seeweg nach Indien entdecken. Wo ungefähr befinden wir uns auf der Reise mit dem LHC?
Butterworth: Nach dieser Analogie mit Kolumbus sind wir ungefähr in Sichtweite der Küste. Wir sind nahe genug heran, um sagen zu können, ob direkt hinter der Küste hohe Berge sind, irgendwelche Vulkane oder so etwas. Bis jetzt sieht alles genau so aus, wie wir es erwartet haben. Aber wir sind noch nicht an Land gegangen und wir haben deshalb natürlich auch noch nicht mit unserer Suche nach anderen Kulturen, Zivilisationen, Mineralien und anderen Quellen begonnen.

Vielleicht ist es zu hart zu sagen, dass wir noch nicht an Land gegangen sind. Wir sind vielleicht schon am Strand und schlagen gerade unsere Zelte auf. Also, der Sand sieht genauso aus wie wir das erwartet haben. Wir sehen keine großartigen Vulkane in unmittelbarer Nähe, aber wir schicken schon unsere Suchtrupps in alle Richtungen aus, um das neue Gebiet zu erkunden.

Hat das Universum ein Ende?
Butterworth: Die Thermodynamik sagt uns, dass das Universum am Ende wahrscheinlich keine Wärme mehr haben wird. Diese Idee von Dunkler Energie, dass sich das Universum beschleunigt ausdehnt, das überrascht uns alle. Ich weiß auch nicht, ob ich das komplett glauben soll. Aber die Entdeckung der Dunklen Energie sagt uns etwas darüber, wie wenig wir über das Schicksal des Universums eigentlich wissen.

Dehnt sich das Universum etwa nicht aus?
Butterworth: Doch sicher, den Beweis dafür haben wir ja. Unglücklicherweise werde ich nicht dabei sein, wenn es dann wirklich zu Ende geht.

Gibt es genügend Beweise für Dunkle Materie oder könnte es auch alles ganz anders sein?
Butterworth: Die Frage »Gibt es genügend Beweise?« geht immer darum, wie weit man gehen will. Aber es gibt echte Beweise dafür, dass Dunkle Materie existiert und dass es irgendeine uns noch unbekannte Form von Materie ist. Wir sehen das zum Beispiel anhand von Gravitationsgeschwindigkeiten und Bildern von kollidierenden Galaxien. Es gibt also viele Beweise dafür, dass es Materie ist, aber es ist nicht 100 Prozent bewiesen und wir wissen es wirklich nicht genau, was es ist. Es wird immer genügend Gründe für Zweifel geben, aber ich würde sagen: Es gibt hinreichend Beweise dafür, dass es da draußen Dunkle Materie gibt.

Kann das Higgs-Boson Teil der Dunklen Materie sein?
Butterworth: Nein, nicht wirklich. Das Higgs-Boson ist dafür verantwortlich, dass die Teilchen ihre Masse bekommen. Es zerfällt sehr schnell und es ist nicht einfach so im Universum als Dunkle Materie vorhanden. Wenn die Teilchen der Dunklen Materie schwach wechselwirkende massive Teilchen sind – die meisten Leute nehmen das an – dann wird das Higgs-Teilchen damit interagieren und ihm Masse

Gezeichnete Erklärung für das Higgs-Boson von David Miller. 1993 stellte der britische Wissenschaftsminister William Waldegrave den britischen Experimentalphysikern die Aufgabe, in nicht mehr als einer DIN-A4-Seite zu erklären, was das Higgs-Boson ist, um zu wissen, warum man so viel Geld für den LHC ausgeben sollte. Die Erklärung von David Miller ist die bekannteste sowohl für den Higgs-Mechanismus wie auch für das Higgs-Boson (© 1996 CERN, CERN-MI-9603021).

verleihen. Insofern spielt es eine Rolle, aber das Higgs-Teilchen direkt ist keine Dunkle Materie.

Gibt es noch ein besseres Bild für das Higgs-Boson als das eines Teilchens, das sich durch eine Art Schaum hindurchbewegt und dadurch schwer wird?

Butterworth: Das Bild ist gut genug, ohne dass man die Mathematik bemühen muss. Es gibt dieses Bild einer Cocktail-Party – das hat ein Kollege von mir erfunden. Da geht also eine bekannte Person, ein Star, auf eine Cocktailparty. Die Leute sammeln sich um den Star, der Star kann sich nur noch langsam fortbewegen. Die Leute sind das Higgs-Feld. Jemand, von dem Sie noch nie gehört haben kommt ungehindert durch; aber so jemand wie das Top-Quark ist ebenfalls eine Bekanntheit und interagiert heftig mit dem Feld, also den umgebenden Leuten. Das Higgs-Boson selbst ist in dieser Analogie das Getuschel, das dem Star vorausgeht. Also, es gibt da keine Person; es gibt da einfach eine Welle innerhalb eines Feldes, eines Haufens von Leuten, die sich unterhalten. Diese Welle bewegt sich mit dem Star durch den Raum. Es ist wirklich eine gute Analogie ohne mit Mathematik anzufangen.

Ist das Higgs-Boson ein Feld oder ist es Materie?
Butterworth: Es ist ein Feld. Nun ja, Materie ist ein Feld. Innerhalb der Quantenfeldtheorie gibt es da einen keinen großen Unterschied. Das Higgs ist ein Feld, ein bosonisches Feld. [2]

Das Higgs-Boson ist besonders, es hat im Gegensatz zu den anderen Bosonen keinen Spin. Warum nicht?
Butterworth: Das wissen wir nicht. Aber um seiner Rolle innerhalb des Standardmodells gerecht zu werden, darf es keinen Spin haben. Wenn Sie es mit einem Spin ausstatten würden, dann würde es nicht funktionieren.

Heißt das, dass es sich nicht bewegt?
Butterworth: Die Higgs-Bosonen bewegen sich in einem Feld. Der einzige Beweis für dieses Feld ist, dass es mit Teilchen interagiert. Das Higgs-Boson gibt den Teilchen Masse, das ist die Hypothese. Der einzige Beweis für das Feld sind die Wellen im Feld, die beweisen, dass das Feld da ist.

Ist das Higgs-Boson so etwas wie Klebstoff?
Butterworth: Man sollte mit solchen Analogien sehr vorsichtig sein. Die Natur in diesen sehr kleinen Maßstäben lässt sich nicht mit gesundem Menschenverstand verstehen, dafür brauchen Sie die Quantenfeldtheorie. Aber alles, was wir uns in Bildern vorstellen, kann funktionieren. Also, warum kann das mit diesem Honig- oder Klebstoffvergleich funktionieren? Weil die Moleküle miteinander reagieren. Warum reagieren sie miteinander? Weil die Elektronen und die Protonen miteinander reagieren. Warum reagieren sie miteinander? Weil die Quarks und Gluonen in den Protonen miteinander reagieren. Wie bekommen die Quarks Masse? Weil sie mit dem Higgs-Feld interagieren! Wenn Sie so weit sind, dann sind Sie schon sehr weit von diesen Vergleichen mit Honig und Klebstoff entfernt. Diese Bil-

---

2) Bosonen sind nach dem indischen Physiker Satyendra Nath Bose (1894–1974) benannt. Der Brite Paul Dirac (1902–1984, Nobelpreis für Physik 1933) schlug diese Benennung für diejenigen Teilchen vor, die die Bedingungen der Bose-Einstein-Statistik erfüllen. Sie können sich bei sehr niedrigen Temperaturen auf ein und demselben Energieniveau aufhalten, anders als Fermionen. Fermionen sind die Teilchen, aus denen die Materie aufgebaut ist. Sie haben halbzahligen Spin. Bosonen sind die Teilchen, die die Kräfte zwischen den Materieteilchen (Fermionen) übermitteln. Sie haben ganzzahligen Spin.

der funktionieren in diesen Größenbereichen nicht. Am Ende ist es ein Quantenfeld, ein Feld potenzieller Energie, das mit den Quarks reagiert.

Wenn Sie drei Wünsche frei hätten, welche wären das?

Butterworth: Die drei Hexen der Physik! Ich würde mir wünschen, dass wir hier am LHC etwas finden würden, das sehr unerwartet wäre und nicht wirklich in unser schon relativ festes Physikbild passen würde. Es sollte nicht etwas aus dem Baukasten sein. Ich würde mir wünschen, dass diese Entwicklung unser Verständnis des Universums fundamental ändern würde und dass diese Weiterentwicklung sehr schnell unerwarteten praktischen Einfluss hat.

Sie haben in Ihrem Blog über die »Unmenschlichkeit des Universums« geschrieben. Was meinen Sie damit?

Butterworth: Es ist sicherlich nicht ganz einfach, unseren Platz innerhalb des Universums zu bestimmen. Es ist ja noch nicht einmal sicher, dass wir einen haben. Es ist auch unsicher, ob sich das Universum um uns schert. Dennoch glaube ich, dass unsere Erforschung des Universums uns selbst einen gewissen Wert verschafft. Das allein ist schon die ganze Unternehmung wert. Also, ich denke das Universum ist insofern unmenschlich, weil wir darin keinen bestimmten Platz haben. Auf der anderen Seite sind wir ein Teil davon, also in diesem Sinne ist es auch menschlich. Wir sind der menschliche Teil des Universums.

Wir entdecken Dinge und glauben, dass sie in unsere Vorstellung passen. Tun sie das wirklich?

Butterworth: Wir versuchen das Universum durch Analogien zu verstehen, die auf unseren eigenen Erfahrungen beruhen. Das ist immerhin ein guter Weg, um die Dinge im Kopf zu simulieren. Aber es ist manchmal eben auch enttäuschend, denn es gibt keinen Grund dafür, dass das Universum auf allergrößter oder allerkleinster Ebene sich in einer Art und Weise verhält, die vergleichbar ist mit den Dingen unseres alltäglichen Lebens, die wir rein intuitiv erfassen können. Nur allzu oft greifen wir auf diese Art von Verständnis für eine mathematische Beschreibung zurück, aber dadurch ein richtiges Bild über die Mathematik hinaus zu bekommen ist sehr, sehr schwierig. Dann gewöhnt man sich an seine Vorstellung und ändert sie auch manchmal. Das führt in einer gewissen Art zu der Illusion, dass man wirklich etwas versteht. Aber dass man nun über Wellen so denkt wie über Wellen im Wasser oder sich bei Teilchen einen Fußball vorstellt – das funktioniert nicht wirklich im Bereich der Quantenphysik.

In der Physik sagt man gerne, dass eine Erklärung oder Gleichung sehr einfach sein muss, damit sie auch sehr gut ist.

Butterworth: Wir haben wirklich das Konzept von Einfachheit und Symmetrie und Schönheit und Natürlichkeit, wenn man so sagen darf. Aber es gibt eben auch Theorien, die schleppen irgendwie zu viele »Extras« mit sich herum und beruhen eben nicht auf einem einfachen zugrunde liegenden Prinzip. Diese Theorien wurden so lange gedreht und gewendet, bis sie zu den Daten gepasst haben. Das ist oft ein Zeichen dafür, dass der ursprüngliche Gedanke falsch gewesen ist. Oft gibt es dann einen anderen Gedanken, den man nicht drehen und wenden muss. So ungefähr denken wir über Fortschritt und Theorien nach, wie man nämlich mit Experimenten Theorien manifestieren kann. Wir müssen allerdings immer daran denken, dass es keine Garantie gibt. Manches war in der Vergangenheit richtig, aber das heißt nicht, dass es so bleiben wird. Wir müssen immer darauf gefasst sein, dass das Universum möglicherweise sehr kompliziert sein kann.

Sie sagten auch: Schönheit ist da, wo man sie findet. Wo finden Sie diese Schönheit?

Butterworth: Ich finde Schönheit während eines sonnigen Tages mit blauem Himmel. Aber ich finde Schönheit auch in dem Wissen, wo dieses Sonnenlicht herkommt und warum der Himmel blau ist und in all den vielen Milliarden Dingen, die einer ganz und gar menschlichen Erfahrung zugrunde liegen. Das zu verstehen und genauso all die anderen Prinzipien, die dorthin führen, das alles verschafft dieser Schönheit eine weitere Nuance. Ich habe irgendwie keine Geduld mit Leuten, die einem klar machen wollen, wie eine Blume funktioniert. Das lenkt doch nur von der Schönheit und von der Blume ab. Schönheit ist eben oftmals etwas, von dem man beim oberflächlichen Betrachten erst einmal überwältigt ist. Und dann entdeckt man Schicht um Schicht um Schicht und man versteht immer mehr. Und das trifft auch für die Art von Physik zu, die wir hier mit dem LHC verfolgen. Einige der Theorien und Gesetze, die man hier alltäglich benutzt, sind wirklich sehr, sehr schön.

Das Nachtcafé, 1888, Vincent van Gogh (1853–1890) (Yale University Art Gallery).

Auf Ihrer Webseite gibt es ein Gemälde von Vincent van Gogh »Das Nachtcafé«. Warum haben Sie gerade dieses ausgesucht?
Butterworth: Es gibt einen sehr einfachen Grund dafür: Ich mag dieses Bild. Zweitens: Zu Beginn des Internets – Anfang der 1990er Jahre, ich arbeitete damals in Hamburg – war eine der ersten Webseiten mit einigermaßen guten Bilder die Seite des Louvre. Dieses Bild war auf der Seite, und ich mochte es sofort. Aber der Grund, warum ich das Bild auf meine Seite gestellt habe, war ein Pool-Match am DESY. Ich habe schon während der Schulzeit mit meinen Freunden Pool gespielt. Wir haben jeden Sonntag gespielt, jahrelang. Ich glaube, einer meiner Freunde mochte Pool, und so bin ich mitgegangen. Das Pool spielen ist bei mir bis heute geblieben. Pool ist irgendwie nicht so seriös, man trinkt dabei viel Bier und es ist eine gute Art zu entspannen.

Woher stammt Ihre Faszination für Musik?
Butterworth: Ich würde nicht sagen, dass ich von Musik fasziniert bin. Manche Leute fragen auch danach, ob Musik und Wissenschaft miteinander zusammenhängen. Ich persönlich glaube das nicht. Ich

denke, dass es eher Gegenpole sind – so wie mit dem Pool und dem Bier. Ich bin keiner dieser Wissenschaftler, die in ihrer Freizeit Schach spielen und irgendwie ernsthafte Bücher lesen. Ich lese lieber Comics, spiele Rock'n'Roll, trinke Bier, spiele Pool. Das ist meine Art, Energie für die Physik aufzusparen (lacht).

Warum haben wir heute das »Goldene Zeitalter der Kosmologie«?
Butterworth: Irgendwie kommen die Dinge heute zusammen ... insofern, als dass die fundamentalen physikalischen Gesetze, die wir zu einem gewissen Teil verstehen und nutzen können, die astronomischen Beobachtungen in einer fantastischen Art und Weise stützen. Die kosmische Hintergrundstrahlung[3] und damit die großflächige Verteilung von Galaxien innerhalb des Universums sind von einer solchen Präzision wie sie die Kosmologie niemals zuvor hatte. Das führt zu eindeutigen Fortschritten momentan in diesem Feld.

Wie hat die Erforschung der kosmischen Hintergrundstrahlung unser Bild des Universums verändert?
Butterworth: CMB und die tatsächliche Verteilung der Galaxien im Universum ist sehr spannend. Unterschiedliche Arten von Dunkler Materie ergeben eine andere Art von Struktur des Universums. Erst kürzlich hat man entdeckt, dass das Universum sich nicht nur ausdehnt, sondern dass es sich mit zunehmender Geschwindigkeit ausdehnt. Als verantwortlich dafür wird die Dunkle Energie genannt, wobei das nur eine Art Markenzeichen für etwas ist, das wir momentan überhaupt noch nicht verstehen. Aber wir wissen, dass sie da ist. Es gibt so eine Art kosmologisches Standardmodell, bei dem all diese Sachen miteinander zusammenhängen. Dieses Modell ist nicht so präzise und so komplett wie das Standardmodell der Teilchenphysik, aber es verbindet die unterschiedlichsten Beobachtungen miteinander, und es gibt uns weitere Einsichten in die Art und Weise, wie das Universum entstanden ist, wie es sich entwickelt hat und welche Zukunft es möglicherweise hat.

Über Dunkle Materie und Dunkle Energie haben Sie doch gesagt, dass Sie sich dabei nicht ganz sicher sind. Warum?
Butterworth: Innerhalb der Wissenschaften gibt es immer die Quantifizierbarkeit. Es gibt sehr wenige wissenschaftliche Beobachtungen,

---

3) Cosmic Microwave Background, CMB

Zwei Galaxien kollidieren (Quelle: NASA/ESA and The Hubble Heritage Team, STScI).

die Sie zu 100 Prozent glauben. Aber bei 99,9 Prozent sagen Sie sich: Okay, das muss wahr sein. Die meisten Dinge innerhalb der Elementarteilchenphysik sind so. Wir wissen also, dass es ein W- und ein Z-Boson gibt und solche Sachen. Wir wissen auch wie schwer sie sind. Die Daten, die wir aus der Astronomie her kennen, sind nicht so präzise. Also obwohl es ziemlich erdrückende Beweise für die Existenz von Dunkler Materie gibt – man sieht es am besten daran, wie Galaxien rotieren oder wenn sie miteinander kollidieren – ist es eben nicht dieselbe Sicherheit, mit der ich mir sicher bin, dass es da ein Z-Boson gibt. Bei Dunkler Energie genauso. Dunkle Energie basiert auf der Beobachtung von Supernovas und dem kosmologischen Standardmodell, dass das Universum sich tatsächlich ausdehnt. Dass es sich nun immer schneller ausdehnt, ist der Beleg für etwas, das wir Dunkle Energie nennen. Ich will sagen: Es ist ziemlich sicher, dass es sich ausdehnt und dass es sich immer schneller ausdehnt. Aber ob ich das nun Dunkle Energie nennen soll und was das dann wieder bedeutet, darüber bin ich mir nicht so ganz sicher. Ich denke, es ist eher ein Label für eine eher noch offene Frage als eine Antwort.

Dr. Jonathan Butterworth

- Unser Verständnis der Natur anhand der Natur selbst zu testen ist der einzige Weg, um sicherzugehen, dass wir überhaupt irgendetwas verstehen.
- Manchmal scheint es so, als seien wir fast am Ende der fundamentalen Physik. Dann erscheint etwas Neues, und dann ist es wieder so als seien wir erst am Anfang.
- Hier am CERN schauen wir jetzt über eine Hecke, über eine Abgrenzung hinweg. Wie weit wir sind, wie viel da noch zu entdecken ist, das weiß ich wirklich nicht.
- Wir sind nicht da, um Geld zu machen. Wir sind wirklich dafür da, die Dinge zu verstehen.
- Es ist sicherlich nicht ganz einfach, unseren Platz innerhalb des Universums zu bestimmen. Es ist ja noch nicht einmal sicher, dass wir einen haben.

17
Das Higgs – und wie weiter?

Am 4. Juli 2012 wurde am CERN die Existenz eines Higgs-ähnlichen Teilchens mit einer Wahrscheinlichkeit von 5 Sigma bestätigt. 5 Sigma ist die Goldmedaille in der Wissenschaft. Die Wahrscheinlichkeit beträgt demnach mehr als 99,999 Prozent oder 1 zu 3,5 Millionen, dass die CERN-Daten richtig sind. Dass das nun bewiesene Higgs-ähnliche Teilchen auch wirklich genau das Higgs-Boson ist, nach dem man gesucht hat, bedeutet es nicht. CERN hatte für die historische Präsentation sämtliche Messungen aus den Jahren 2011/12 ausgewertet – und man hatte Grund zur Eile: Zwei Tage vor der CERN-Pressekonferenz, am 2. Juli 2012, erklärte das Büro der US-Konkurrenzinstitution Tevatron, dass man schon längst die Existenz des Higgs-Bosons bestätigen könne, allerdings nicht mit so großer Sicherheit wie am CERN, mit nur 3 Sigma. Die Haltung der amerikanischen Institution gegenüber dem CERN hat möglicherweise damit zu tun, dass CERN die Higgs-Präsentation auf den 4. Juli, den amerikanischen Unabhängigkeitstag – als solcher den amerikanischen Bürgern hoch und heilig – gelegt hatte.

Die Medien berichteten überschwänglich über die wissenschaftliche Sensation, der Umfang des Lobgesangs war groß. Der britische »Guardian«, für den einer der Protagonisten dieses Buchs, Jonathan Butterworth, einen vielbeachteten Blog schreibt, verglich die Higgs-Präsentation in ihrer historischen Bedeutung mit der Mondlandung. Der »Economist« nannte die Entdeckung des Higgs-Bosons »einen Triumph der Menschheit«. Die New York Times schrieb sogar davon, dass man mit dieser Entdeckung nun endlich das Universum erklären könne. In Frankreich war man stolz auf die Gemeinsamkeit der Leistung dieser grandiosen internationalen Kollaboration, die »Liberation« bezeichnete den LHC als den modernen »Tunnel von Babel«. In Polen sah man in der Higgs-Geschichte einen großen Tri-

Peter Higgs, nach dem das Higgs-Teilchen benannt wurde (© 2012 CERN).

umph des menschlichen Geistes (»Gazeta Wyborcza«). Spanien (»EL
PAIS«) attestierte, andere sollten sich ein Beispiel an dieser Zusammenarbeit nehmen. Die deutsche Bundesministerin Schavan sprach
zurückhaltend schlicht von einer »wissenschaftlichen Sensation«.
CERN-Generaldirektor Rolf-Dieter Heuer nannte die Entdeckung
einen »historischen Meilenstein« und ein amerikanischer Blogger
(»Borowitz-Report«) empfahl dem CERN fröhlich und marketing-
orientiert die Herstellung einer neuen Parfumreihe Marke »Hugo
Boson«.

Die Weltpresse war sich genauso sicher wie alle Beteiligten: Diese Entdeckung ist ein riesiger Schritt in der Wissenschaftsgeschichte
der Menschheit. Mit der Entdeckung dieses Teilchens ist der letzte
Eckpfeiler des Standardmodells der Teilchenphysik bewiesen. Peter
Higgs, der an der CERN-Präsentation ebenso wie seine Kollegen, die
zu ähnlichen Lösungen wie er gekommen waren, teilnahm, ist ein
sicherer Kandidat für den nächsten Nobelpreis für Physik. Dr. Peter
Higgs ist einer der sechs Physiker, die im Jahr 1964 in drei unabhängigen Gruppen die Existenz eines Feldes postulierten, das heute
als Higgs-Feld bezeichnet wird. Die anderen Wissenschaftler waren
Tom Kibble (Imperial College London), Carl Hagen von der University of Rochester, Dr. Guralnik (Brown University Rhode Island) sowie
François Englert und Robert Brout von der Université Libre de Bru-
xelles.

> »Ich habe nicht geglaubt, dass dieses Teilchen innerhalb meiner Lebens-
> zeit entdeckt werden würde.«
>
> *Peter Higgs, 4. Juli 2012*

Die begeisterten Reaktionen auf die Entdeckung des Higgs-Bosons haben das Interesse der Welt am ansteckenden Enthusiasmus der CERN-Wissenschaftler und an ihren Experimenten und Entdeckungen bewiesen. Mit diesem Buch soll der Welt der wissenschaftlichen Forschungen am CERN ein persönliches Gesicht verliehen werden. Wir lernen die Protagonisten dieses wissenschaftlichen Krimis – »to be Higgs or not to be Higgs« – als Menschen kennen. Ihr Optimismus ist ermutigend. Der offene, klare Blick auf sich selbst ebenso wie auf ihre Arbeit und Aufgaben am CERN gewährt Einblicke, wie moderne Wissenschaft auf menschlicher Ebene heute funktioniert und welche Beispiele und Anregungen CERN liefern kann. Die Bedeutung der internationalen Gemeinschaft am CERN gilt auch für das Rollenmodell, das es liefert. CERN zeigt uns den Weg in eine immer verständnisvollere Welt und was es heißt, im Namen der Erkenntnis mutig und aufrecht immer weiterzugehen.

Alle Menschen interessieren sich irgendwann für die großen Fragen unseres kurzen Daseins: Woher kommen wir, wer sind wir und wohin gehen wir? Deshalb unternehmen wir große Reisen, große Unternehmungen, große Abenteuer. In der heutigen Physik, auf dem Weg möglicherweise zu einer Neuen Physik, hat das Abenteuer mit der Entdeckung des Higgs-Bosons erst richtig begonnen. Ist das Higgs allein oder ist es Teil einer größeren »Familie«? Welche Eigenschaften hat es? Hat es Einfluss auf die Dunkle Materie? Gibt es Dunkle Energie wirklich, braucht man sie überhaupt? Gibt es supersymmetrische Teilchen? Wo ist all die Antimaterie, die es beim Big Bang gegeben haben muss? Warum uns das alles interessiert? Weil wir neugierige Menschen sind und Teil des Universums. Wir bestehen alle aus denselben elementaren Teilchen, deren Ursprung in den Weiten des Weltalls liegt. Wir wollen wissen, wie das alles zusammenhängt – und deshalb hat man am CERN das Higgs-Boson gesucht und gefunden.

Literaturnachweis

Amaldi, E., Felix Bloch, First Director-General of CERN, 1954–1955, Genf, o. J.

Amaldi, E., 20th Century Physics: Essays and Recollections, London, 1998.

Biagioli, M., Galileo's Instruments of Credit, Chicago, 2006.

Bryant, P. J., A brief history and review of accelerators, Genf, o. J.

Bryson, B., Seeing further, London, 2010.

Capek, M., The philosophical impact of contemporary physics, Princeton, 1961.

Capra, F., The Tao of Physics, Berkeley, 1975.

CERN, LHC – the guide, Genf, 2010.

CERN, Scientific Policy Committee, Progress reports, Genf, 1952 ff.

Charpak, G., Evolution of some particle detectors based on the discharge in gases, Genf, o. J.

De Roeck, A., Early physics with ATLAS and CMS, Geneva, 2009.

Der Spiegel, 24/1952, Strahlen aus dem All, S. 26.

European Organization for Nuclear Research (CERN), press release PR 1–10 (1954) ff.

Evans, L., The Large Hadron Collider, Geneva, 2012.

L., Bernardini, G., Galileo and the scientific revolution, New York, 1961.

Feynman, R., QED, The strange theory of light and matter, Princeton, 1985.

Feynman, R., Was soll das alles? München, 1999.

Finance Committee, CERN, 1952 ff.

Fraser, G., The Quark machines, London, 1997.

Ginter, P., Heuer, R.-D., LHC: Large Hadron Collider, Baden, 2011.

Giudice, G., Odyssee Im Zeptoraum: Eine Reise in die Physik des LHC, Berlin, Heidelberg, 2012.

Giudice, G., Fifty years of research at CERN, from past to future, Genf 2006.

Gooding, D., Pinch, T., The Uses of Experiment: Studies in the Natural Sciences, Cambridge, 1989.

Hermann, A., Belloni, L., Krige, J., Mersits, U., Pestre, D., History of CERN, Amsterdam, 1987.

Heuer, R.-D., The future of the Large Hadron Collider, Geneva, 2012.

Holton, G., Thematic origins of scientific thought, Cambridge, 1974.

Jungk, R., Die große Maschine, München, 1985.

Kosso, P., An Introduction to the philosophy of physics, New York, 1998.

Lederman, L., The God Particle, Boston, 1993.

Mach, E., Die Mechanik in ihrer Entwicklung, Leipzig, 1883.

Papaefstathiou, A., Phenomenological aspects of new physics at high energy hadron colliders, Diss. Cambridge, 2011.

Penrose, R., The road to reality, New York, 2004.

Petitjean, P., Pierre Auger and the Founding of CERN, Paris, o. J.

Rammer, H., Two new caverns for LHC experiments, Geneva, o. J.

Randall, L., Warped Passages, New York, 2005.

Randall, L., Knocking on heaven's door, New York, 2011.

Regenstreif, E., The CERN Proton Synchrotron, Geneva, 1960.

Salaam, A., Gauge unification of fundamental forces, London, 1980.

Sammet, J., LHC-Beschleuniger, o. O., 2008.

Schopper, H., Ein Licht der Hoffnung, Physik Journal No. 3, 2004.

Scientific Policy Committee, CERN, 1952 ff.

Smith, C.L., The Large Hadron Collider, Oxford, 2012.

Taylor, L., Functions and Requirements of the CMS Centre at CERN, Genf, 2007.

UNESCO, Records of the general conference, Sixth Session, Paris, 1951.

UNESCO and its Program XI, European Cooperation in Nuclear research, 1954.

Watson, W. H., Understanding Physics today, Cambridge, 1963.

Weinberg, S., The first three minutes, New York, 1977.

Weisskopf, W., Knowledge and Wonder, Cambridge, 1979.

Westphalen, T., Proton-Synchrotrons & Collider, o. O., 2004.

White, S., Heavy Ion Physics with the ATLAS Detector, Breckenridge, 2005.

Zajonc, A., The new physics and cosmology, Oxford, 2004.

Glossar

Amaldi, Edoardo (1908–1989) wurde am 5. September 1908 in Carpaneto (Provinz Piacenza, Italien) geboren. Amaldi war einer der herausragendsten Physiker des 20. Jahrhunderts und einer der Gründungsväter des CERN. Er gehörte in den 1920er Jahren den »Jungs von der Via Panisperna« (u. a. Fermi, Pontecorvo, Segre, Majorana) an, einer Gruppe junger Teilchenphysiker an der Universität von Rom, an der Amaldi 1929 promoviert wurde. Amaldi unterstützte den späteren Nobelpreisträger (1938) Enrico Fermi bei dessen Forschungen zur Radioaktivität und den Eigenschaften des Neutrons. 1952 wurde Amaldi erster Generalsekretär des CERN.

Antimaterie Antimaterie ist aus Antiteilchen aufgebaut, bei denen die Ladung der Teilchen entgegensetzt zur »normalen« Materie ist. Theoretisch gibt es außer der unterschiedlichen Ladung keinen Unterschied zwischen Materie und Antimaterie. 1995 ist es im CERN-Experiment LEAR erstmals gelungen, aus Positronen und Antiprotonen komplette Antiwasserstoff-Atome zu erzeugen. Antimaterie vernichtet sich innerhalb kürzester Zeit, wenn sie mit »normaler« Materie in Kontakt kommt (»Annihilation«). Warum es im Universums viel mehr Materie als Antimaterie gibt (»Asymmetrie«), ist ein ungeklärtes Rätsel (»CP violation«).

Antiproton Antimaterie-Äquivalent des Protons mit gleicher Masse, aber entgegengesetzter (d. h. negativer) elektrischer Ladung.

Atom Der Name stammt von griech. »atomos« = unteilbar. Im Zentrum des Atoms befindet sich der positiv geladene Atomkern, der aus Protonen und Neutronen besteht, die ihrerseits aus Quarks und Gluonen aufgebaut sind. Nach dem einfachsten Modell bewegen sich die negativ geladenen Elektronen auf ellipsenförmigen Bahnen um den Atomkern. Nach der Quantentheorie kann der genaue Aufenthaltsort der Elektronen nicht eindeutig bestimmt warden. Es kann nur der wahrscheinliche Aufenthaltsort mathematisch berechnet werden. Der Radius eines Atoms kann demgemäß ebenfalls nicht genau bestimmt werden, beträgt aber ca. 10^{-10} m. Der Atomkern im Zentrum ist ca. 10 000-mal kleiner.

ATLAS Größtes LHC Experiment, Abkürzung für »A Toroidal LHC AparatuS«. http://atlas.web.cern.ch/Atlas/Collaboration/

Ausschließungsprinzip Nach Wolfgang Pauli (1900–1958, Nobelpreis für Physik 1945): Zwei Teilchen mit gleichem Quantenzustand können nicht gleichzeitig am gleichen Ort existieren. Fermionen sind Teilchen, die diesem Prinzip unterworfen sind. Bosonen sind Teilchen, die diesem Prinzip nicht unterworfen sind.

Wo Menschen und Teilchen aufeinanderstoßen. Erste Auflage. Michael Krause. © 2013 WILEY-VCH Verlag GmbH & Co. KGaA.

Baryon Elementarteilchen, das aus drei Quarks aufgebaut ist. Die schweren Baryonen (vgl. Leptonen und Mesonen, leichte bzw. mittelschwere Teilchen) sind Hadronen, die der schwachen und der starken Kernkraft, der Gravitation und der elektromagnetischen Kraft unterliegen. Die Bestandteile des Atomkerns, Protonen und Neutronen, sind Baryonen.

Beam Teilchen, die sich in einem Beschleuniger, einem Speicherring oder einer Transferleitung, gebündelt zu einem Strahl, befinden.

BEBC Die große europäische Blasenkammer (Big European Bubble Chamber) ist seit 1973 am CERN in Betrieb. Edelstahlbehälter von 3,7 Meter Durchmesser, befüllt mit ca. 35 Kubikmeter Flüssigkeit (Wasserstoff, Deuterium oder ein Neon-Wasserstoff-Gemisch). Die BEBC war mit dem größten supraleitenden Magneten seiner Zeit ausgestattet und diente vor allem der Hadronen- und Neutrinoforschung. BEBC war bis 1984 in Betrieb und lieferte mehr als 6 Millionen Kollisionsfotografien. Sie ist auf dem CERN-Gelände als Ausstellungsstück zu besichtigen.

Beschleuniger Ein Teilchenbeschleuniger wie der LHC am CERN ist eine Maschine, die Teilchen auf hohe Geschwindigkeiten beschleunigen kann. Die Teilchen erhalten dadurch verglichen mit ihrer Ruhemasse eine höhere Energie.

Beschleunigermagnete Beschleunigermagnete werden in Teilchenbeschleunigern für verschiedene Zwecke eingesetzt, z. B. zum Beschleunigen und Bündeln (Fokussieren) von Teilchenpaketen. Es gibt Dipol-, Quadrupol-, Sextupol-, Kickermagnete.

Beschleunigung Im Prozess der Beschleunigung wird dem Teilchenstrahl (Beam) Energie durch Wechselströme im Radiofrequenz-Bereich zugeführt.

Big Bang Englischer Ausdruck für den Urknall. Danach entstand das Universums aus einer unendlich dichten und äußerst energiereichen »Singularität«, die im Big Bang explodierte und sich seitdem ausdehnt. »Big Bang Theory« ist die weltweit erfolgreichste Sitcom, die sich um eine Wohngemeinschaft von Atomphysikern dreht.

Blasenkammer Ein Typ mechanischer Teilchendetektor, bei dem eine Kammer mit einer Flüssigkeit (z. B. Freon) gefüllt ist, die nahe an ihrem Siedepunkt gehalten wird. Einfliegende Teilchen hinterlassen blasenartige Spuren in der Flüssigkeit. Mitte der 1980er Jahre wurden Blasenkammern durch die Entwicklungen in der Elektronik durch andere Detektorensysteme ersetzt.

Bohr, Niels Henrik David Dänischer Theoretischer Physiker (1885–1962), Nobelpreis für Physik 1922 »für seine Verdienste um die Erforschung der Struktur der Atome und der von ihnen ausgehenden Strahlung«. Mitbegründer der Quantentheorie, fand das erste Quantenmodell des Atoms.

Bosonen Benannt nach dem indischen Physiker Satyendranath Bose (1894–1974): Teilchen mit ganzzahligem Drehimpuls (Spin). Bosonen vermitteln die fundamentalen Wechselwirkungsprozesse (Kräfte) zwischen den Fermionen.

Bremsstrahlung Elektromagnetische Strahlung, die bei der Beschleunigung bzw. Abbremsung oder Umlenkung elektrisch geladener Teilchen entsteht. Eine besondere Form der Bremsstrahlung ist die Synchrotronstrahlung, die bei der Beschleunigung von Elementarteilchen in Synchrotronen entsteht.

CMS »Compact Muon Solenoid«; schwerster Teilchendetektor am LHC. »Solenoid« beschreibt den Magnettypen. Schwerpunkte der Kollaboration sind die Higgs-Forschungen, die Suche nach supersymmetrischen Teilchen und nach Bestandteilen Dunkler Materie.

Collider Beschleunigertyp, bei dem sich zwei Teilchenstrahlen (Beams) in gegenläufiger Richtung bewegen. Die Teilchenstrahlen werden an bestimmten Punkten zur Frontalkollisionen hoher Energien gebracht. Der LHC ist ein Collider.

Cyclotron Kreisförmiger Teilchenbeschleuniger, der aus zwei D-förmigen Kammern besteht, zwischen denen eine wechselnde Beschleunigungsspannung anliegt. Diese Spannung wird von elektrisch geladenen Teilchen (Ionen) immer wieder zyklisch durchlaufen. Sie werden dadurch immer weiter beschleunigt. Das Cyclotron kann nur mit nichtrelativistischen Teilchen (Protonen) verwendet werden (keine Elektronen).

Demokrit von Abdera Demokrit wurde ca. 460 v. Chr. in Abdera/Thrakien geboren und starb ca. 400 bis 380 v. Chr. Demokrit ging wie sein Lehrer Leukippos davon aus, dass Materie aus kleinsten, unteilbaren Teilchen (Atomen) zusammengesetzt ist.

Detektor Apparat, um die bei Kollisionen von Elementarteilchen entstehenden Teilchen aufzuzeichnen.

Dirac, Paul Adrien Maurice Britischer Physiker und Mathematiker (1902–1984), Nobelpreis für Physik 1933 zusammen mit Erwin Schrödinger. Zusammen mit Bohr und Heisenberg Begründer der Quantenmechanik. Laut seiner Dirac-Gleichung 1929 Postulation des Anti-Elektrons, des Positrons. Es wurde 1932 in kosmischer Strahlung von Carl David Anderson (1905–1991), Nobelpreis für Physik 1936, nachgewiesen.

Dunkle Energie In der Kosmologie hypothetisch geforderte Form der Energie, die den gesamten Raum ausfüllt und zur tatsächlich beobachteten, beschleunigten Expansion des Universums führt.

Dunkle Materie Materieform im Universum, die keine messbare Strahlung emittiert und nicht mit Materie interagiert. Aus Messungen der Umlaufszeiten von Sternen um das Zentrum ihrer Galaxis ergibt sich, dass ca. 90 % aller Materie einer Galaxis Dunkle Materie sein muss. Bis jetzt gibt es jedoch keinen direkten Nachweis Dunkler Materie.

Einstein, Albert Deutsch-amerikanischer Physiker (1879–1955), der die Physik mit seiner Relativitätstheorie revolutionierte. Einstein leistete wesentliche Beiträge zur Quantentheorie, z. B. durch die Erklärung des Photoeffekts. Nobelpreis für Physik 1921 »für seine Verdienste um die theoretische Physik und insbesondere für seine Entdeckung des Gesetzes für den photoelektrischen Effekt.«

Elektrische Ladung Die elektrische Ladung gibt an, wie stark ein Teilchen der elektromagnetischen Kraft ausgesetzt ist. Sie kann positiv oder negativ sein. Gleich geladene Teilchen stoßen sich ab, entgegengesetzt geladene Teilchen ziehen sich an. Die elektrischen Ladungen von Elektronen und Protonen stimmen bis auf die Vorzeichen vollkommen überein, die Atome sind elektrisch neutral. Warum das so ist – und damit die Welt, wie wir sie kennen möglich ist – ist nicht bekannt.

Elektromagnetische Wechselwirkung (Kraft) Die elektromagnetische Kraft ist eine der vier fundamentalen Wechselwirkungen (Kräfte). Sie hält die Elektronen auf ihren Bahnen um den Atomkern. Laut Quantenelektrodynamik erfolgt die elektrische Kraft über den Austausch von Wechselwirkungsteilchen, den Photonen.

Elektron Das Elektron ist das bekannteste Lepton (leichtes Teilchen) mit der elektrische Ladung –1. Es wurde 1897 als erstes fundamentales Teilchen (Elementarteilchen) von Sir Joseph John Thomson (1856–1940, Nobelpreis für Physik 1906) entdeckt. Elektronen sind elektrisch negativ geladen und bewegen sich innerhalb der Atome um den positiv geladenen Kern.

Das Elektron hat von allen elektrisch geladenen Teilchen die geringste Masse und gilt (wie das Proton) als absolut stabil.

Elektronenvolt Physikalische Maßeinheit, auch Elektrovolt, Energieeinheit bzw. kinetische Energiemenge. Ein Elektronenvolt ist die Energie, die ein Proton zusätzlich erreicht, wenn es durch ein elektrisches Feld von einem Volt beschleunigt wird. Der LHC beschleunigt Protonen auf eine Energie von bis zu 7 TeV (Teraelektronenvolt = 1 000 000 000 000 (1 Billion) Elektronenvolt).

Elektroschwache Wechselwirkung (Kraft) Grundlage einer vereinheitlichten Theorie aus elektromagnetischer Wechselwirkung und schwacher Kernkraft: Bei hohen Energien werden die schwache und die elektromagnetische Kraft eins. Die elektroschwache Theorie, Hauptbestandteil des heute gültigen Standardmodells der Elementarteilchenphysik, wurde von Sheldon Glashow, Abdus Salam und Steven Weinberg 1967 aufgestellt (Nobelpreis für Physik 1979). Experimentell wurde die Theorie 1973 durch die Entdeckung der neutralen Ströme und 1983 direkt durch den Nachweis der W- und Z- Austauschteilchen bestätigt (beides CERN).

Elementarteilchen Elementarteilchen sind die kleinsten uns bekannten Bausteine der Materie: Sechs Quarks, sechs Leptonen (u. a. das Elektron), die Eich- oder Vektorbosonen (Austauschteilchen) und das Higgs-Boson.

Event Engl. »Ereignis«. Kollision zweier Teilchen und deren Zerfall an einem Kollisionspunkt (z. B. ATLAS) eines Teilchenbeschleunigers (z. B. LHC).

Fermilab »Fermi National Accelerator Laboratorium« in der Nähe von Chicago (USA). Das Institut wurde nach Enrico Fermi, einem Pionier der Teilchenphysik, benannt. Jahrzehntelang Konkurrenz zu CERN, beschäftigt sich Fermilab heute besonders mit Forschungen zu Dunkler Energie.

Fermion Nach Enrico Fermi (1901–1954), Nobelpreis für Physik 1938. Sammelname für Teilchen mit halbzahligem Spin (1/2, 3/2, etc.). Alle Teilchen gehören entweder zur Gruppe der Fermionen oder der Bosonen. Fermionen gehorchen dem »Pauli-Auschließungsprinzip«. Fermionen sind die Teilchen, aus denen die uns bekannte Materie besteht (Elektronen, Protonen, Neutronen, Quarks, Leptonen).

Fokussierung Bei der Fokussierung werden die Teilchen in Teilchenbeschleunigern gebündelt oder »fokussiert«, um damit die Streuung der Teilchen zu vermeiden und die Wahrscheinlichkeit für Teilchenkollisionen zu erhöhen.

Gluon Austauschteilchen, das die starke Wechselwirkung (Kraft) bewirkt.

Gravitation Die Gravitation ist eine der vier Grundkräfte der Physik (lat. gravitas = Schwere). Gravitation ist die Wechselwirkung zwischen Teilchen, die durch deren Masse/Energie verursacht wird. Sie ist unbegrenzt wirksam und lässt sich nicht abschirmen. Eine Quantentheorie der Gravitation ist bis heute prinzipiell nicht vorhanden.

Graviton Austauschteilchen, das die Gravitations-Wechselwirkung bewirken soll. Das Graviton konnte bis heute nicht beobachtet werden.

GUT »Grand Unified Theory«: Vereinigung von drei der vier Wechselwirkungen (die elektromagnetische, schwache und starke Kraft) zu einer Grundkraft. Die Gravitation ist (wie im Standardmodell) nicht enthalten.

Hadron Griech. hadros = stark. Hadronen sind Teilchen, die durch Bestandteile aufgebaut sind, die der starken Wechselwirkung unterliegen, d. h. Quarks und Gluonen. Hadronen werden in Mesonen und Baryonen unterschieden. Mesonen haben ganzzahligen Spin und sind deshalb Bosonen;

Baryonen haben halbzahligen Spin und sind deshalb Fermionen.

Higgs, Peter Schottischer Physiker, der 1964 parallel mit anderen Teilchenphysikern die Existenz eines Teilchens postulierte (Higgs-Boson), das durch den Higgs-Mechanismus allen bekannten Teilchen Masse verleiht.

Higgs-Mechanismus Der Higgs-Mechanismus erklärt, wie alle Teilchen innerhalb des Standardmodells ihre Masse erhalten (s. S. 223).

Kosmische Strahlung Kosmische Strahlung kommt aus dem All. Sie besteht hauptsächlich aus ionisierten Atomkernen und Elektronen. Jeder Quadratmeter der äußeren Erdatmosphäre wird von 1000 dieser Teilchen pro Sekunde bombardiert (Höhenstrahlung). Die kosmische Strahlung diente den Teilchenphysikern vor dem Bau von Teilchenbeschleunigern zur Untersuchung hochenergetischer Teilchen.

Kosmologie Wissenschaft von der Entwicklung des Universums seit dem Urknall und seiner zukünftigen Entwicklung. Zahlreiche Schnittpunkte existieren zwischen Kosmologie und Teilchenphysik: Das Größte ist mit dem Kleinsten unabdingbar verbunden.

LEP Large Elektron Position Collider (Großer Elektronen-Positronen-Collider), kreisförmiger Protonen-Antiprotonen-Beschleunigerring mit 26 658 Meter Umfang, Radius 4242 Meter. Vorgänger des LHC, in Betrieb 1989–2000 mit ca. 45 000 beam crossings pro Sekunde. 4 Experimente mit 4 Detektoren: ALEPH, DELPHI, L3 und OPAL.

LHC Large Hadron Collider, das CERN-Flaggschiff. Teilchenbeschleuniger, Nachfolger des LEP. Kollisionsenergie bis zu 7 TeV (Center-of-mass-Energie ca. 14 TeV), in dem Protonen dazu benutzt werden, die Grenzen des Standardmodells zu erforschen: Higgs-Boson, Dunkle Materie, SUSY-Forschung. Seit 2008 in Betrieb, geplante Lebensdauer bis ca. 2030.

Lepton Im Gegensatz zu den Hadronen »leichte« Teilchen, die an der starken Wechselwirkung nicht teilnehmen. Elektrisch geladene Leptonen sind z. B. Elektronen. Elektrisch neutrale Leptonen sind die Neutrinos.

Lichtgeschwindigkeit Die Lichtgeschwindigkeit im Vakuum beträgt 299 792 458 Metern pro Sekunde. Nach der speziellen Relativitätstheorie (1905) von Albert Einstein ist die Lichtgeschwindigkeit das absolute Tempomaximum: Nichts kann schneller sein. Im Wasser beträgt die Lichtgeschwindigkeit ca. 75 %; unsere Sonne ist ca. 8 Lichtminuten entfernt, d. h. das Licht benötigt für diese Distanz von etwa 150 Millionen Kilometern ca. 8 Minuten.

Luminosität Anzahl der Teilchenkollisionen pro Zeiteinheit und Fläche, wichtigstes Merkmal für die Leistungsfähigkeit eines Teilchenbeschleunigers. Je höher die Luminosität, desto leistungsfähiger ist der Teilchenbeschleuniger. Der LHC hat eine Luminosität von bis zu $10^{-34}\,\mathrm{cm}^{-2}\,\mathrm{s}^{-1}$.

Masse Eigenschaft von Teilchen, Angabe innerhalb der Kernphysik in MeV/c^2 oder GeV/c^2. Nach der spezielle Relativitätstheorie können Masse und Energie ineinander überführt werden (Masse-Energie-Äquivalenz).

Materieteilchen Fundamentalteilchen, die (zusammen mit den Vektor-Bosonen) für die Zusammensetzung unseres Universums verantwortlich sind: Elektron, Elektron-Neutrino, Myon, Myon-Neutrino, Tauon, Tau-Neutrino, Up-Quark, Down-Quark, Strange-Quark, Charm-Quark, Bottom(Beauty)-Quark, Top-Quark.

Messier-Katalog Verzeichnis von 110 astronomischen Objekten. 1764–1782 zusammengestellt von Charles Messier (1730–1817). Grundlegendes Werk zur systematischen Erforschung des Kosmos.

Meson Mittelschwere, instabile subatomare Teilchen, die aus einer geradzahligen Anzahl von Quarks bestehen,

z. B. einem Quark und einem Anti-
quark, zusammengehalten von einem
Gluon. Mesonen haben ganzzahligen
Spin, sind damit Hadronen. Sie entstehen in hochenergetischen Teilchenkollisionen wie z. B. in kosmischer Strahlung oder in Teilchenbeschleuniger-
Experimenten, z. B. Pion oder Kaon.

Nebelkammer Teilchendetektor zum
Nachweis von ionisierender Strahlung bzw. von Kernreaktionen, 1912
von Charles Wilson (1869–1959), Nobelpreis für Physik 1929, entwickelt.
Wirkungsweise: In einer Nebelkammer kondensiert übersättigter Dampf,
wenn er von einem elektrisch geladenen Teilchen durchquert wird. Dabei
bilden sich Nebelspuren an den Teil-
chenbahnen. In einer Nebelkammer
entdeckte Carl Anderson 1931 das Positron. Nebelkammern werden heute
nur noch zu Demonstrationszwecken
eingesetzt, als Detektoren in modernen Forschungsanlagen sind sie völlig
bedeutungslos geworden.

Neutrale Ströme »Weak neutral currents« wurden erstmals 1973 in der
Gargamelle-Blasenkammer am CERN
nachgewiesen. Sie sind wichtiges Element der elektroschwachen Theorie
von Glashow, Weinberg und Salam
(1961–67).

Neutrino Fundamentales Teilchen
(»Kleines Neutron«) ohne elektrische
Ladung und mit sehr geringer Masse,
das nur der schwachen Wechselwirkung und der Gravitationskraft unterliegt. Mit normaler Materie gibt es
fast keine Wechselwirkung: Neutrinos
können die Erde ohne jegliche Interaktion durchqueren. Im Standardmodell gibt es drei Typen von Neutrinos:
Elektron-Neutrino, Myon-Neutrino,
Tau-Neutrino. Neutrinos wurden 1930
von Wolfgang Pauli postuliert, aber
erst 1956 direkt nachgewiesen.

Neutron Baryon, dessen elektrische Ladung gleich 0 ist. Zusammengesetzt
aus zwei Down-Quarks und einem Up-
Quark, durch Gluonen zusammenge-

halten. Das Neutron ist ein Bestandteil
der Atomkerne. Als freies Teilchen zerfällt es innerhalb von ca. 15 Minuten.
Isotope eines chemischen Elements
unterscheiden sich durch eine unterschiedliche Anzahl von Neutronen im
Kern. Das Neutron wurde 1932 von Sir
James Chadwick (1891–1974), Nobelpreis für Physik 1935, entdeckt.

Nukleonen Sammelbegriff für die Bausteine des Atomkerns: Protonen und
Neutronen. Beides sind Hadronen (Baryonen). Sie bestehen aus je drei
Quarks.

Photoeffekt Beim sogenannten Photoeffekt (Lichtelektrischer Effekt) werden
Elektronen aus einem Metall heraus-
geschlagen, das mit Licht einer bestimmten Frequenz bestrahlt wird. Die
Erklärung des Photoeffekts durch Albert Einstein im Jahr 1905 hat wesentlich zur Entwicklung der Quantentheorie beigetragen. Einstein erklärte, dass das Licht aus kleinen Energie-
paketen (Lichtquanten) zusammengesetzt ist. Diese Lichtquanten wurden
1926 vom amerikanischen Chemiker
Gilbert Newton Lewis (1875–1946) mit
dem Term »Photonen« benannt.

Photon Das Austauschteilchen, das die
elektromagnetische Wechselwirkung
bewirkt. Elektrisch geladene Teilchen
üben aufeinander Kräfte aus, indem
sie Photonen austauschen.

Planck, Max Deutscher theoretischer
Physiker (1858–1947), Nobelpreis für
Physik 1918 für die Entdeckung des
Planckschen Wirkungsquantums, Mit-
begründer der Quantentheorie.

Positron Antiteilchen des Elektrons.

Proton Bestandteil des Atomkerns. Hadron (Baryon) mit der elektrischen Ladung +1, betragsmäßig gleich derjeni-
gen des Elektrons. Protonen bestehen
aus zwei Up-Quarks und einem Down-
Quark, zusammengehalten von Gluonen. Der Kern des Wasserstoffatoms
ist ein Proton. Die Anzahl der Protonen im Atomkern bestimmt die Art eines chemischen Elements, ein Atom-

kern der Ordnungszahl X enthält X Protonen. Man hat noch nie den Zerfall eines Protons beobachtet. Es gilt als stabil.

QCD Quantenchromodynamik: quantenfeldtheoretische Beschreibung der starken Wechselwirkung von Quarks und Gluonen, den fundamentalen Bausteinen der Atomkerne.

Quadrupolmagnet Quadrupolmagnete bestehen aus vier Eisenkernen; mit ihnen werden durchfliegende, ionisierte Teilchen in den idealen Orbit innerhalb des Teilchenbeschleunigers gebracht. In einem Beschleuniger werden meistens zwei Quadrupolmagnete hintereinander und 90° zueinander verdreht angebracht, um den Strahl zu fokussieren.

Quant Die kleinste, diskrete Portion irgendeiner Menge von elektrischer Ladung, Impuls, Drehimpuls oder Ladung.

Quantenmechanik Eine Sammlung physikalischer Gesetze, die nur bei sehr geringen Distanzen Gültigkeit haben. Die Grundlagen der Quantenmechanik wurden in den 1920er Jahren von Niels Bohr, Paul Dirac, Werner Heisenberg, Erwin Schrödinger und Wolfgang Pauli geschaffen. Die Heisenbergsche Unschärfe besagt, dass Impuls und Aufenthaltsort eines Teilchens nicht gleichzeitig beliebig genau bestimmbar sind.

Quantenphysik Oberbegriff für alle Teilgebiete der Physik, die sich mit Quanten und dem Verhalten/Wechselwirkung von Erscheinungen befasst, die sich in Quanten verändern.

Quark Elementares Fermion mit elektrischen Ladungen von entweder +2/3 (Up-Quark, Charm-Quark, Top-Quark) oder −1/3 (Down-Quark, Strange-Quark, Bottom-Quark), das der starken Wechselwirkung unterliegt. Quarks unterliegen allen vier Elementarkräften. Aus Quarks sind u. a. die Bestandteile von Atomkernen (Protonen und Neutronen) zusammengesetzt. Drei Quarks bilden ein Proton oder Neutron.

Rabi, Israel Isaac Aus Galizien stammender amerikanischer Physiker (1898–1988), Nobelpreis für Physik 1944, MIT- und Manhattan-Project-Mitarbeiter. Rabi war maßgeblich am Aufbau des amerikanischen Kernforschungszentrums Brookhaven (BNL) beteiligt und sorgte als amerikanischer UNESCO-Deligierter für die Unterstützung der USA zur Gründung des CERN.

Radioaktivität 1896 entdeckte der französische Physiker Antoine Becquerel (1852–1908), dass Uran radioaktiv ist: Uransalz-Fotoplatten färbten sich schwarz, auch wenn kein Licht darauffiel. Becquerel ist die Einheit für die Aktivität einer radioaktiven Substanz.

Radio-Frequenzen RF, Wechselstrom mit hoher Frequenz, der den Strahl (Beam) in einem Teilchenbeschleuniger beschleunigt oder abbremst.

Relativitätstheorie Spezielle (1905) und allgemeine (1917) Relativitätstheorie von Albert Einstein. Raum und Zeit werden darin zur Raumzeit miteinander verknüpft. Nichts kann schneller als das Licht sein, das Universum ist flach.

Ruhemasse Ruhemasse (m) ist definiert durch die Energie (E) des ruhenden Teilchens, dividiert durch c^2.

Schwache Wechselwirkung (Kraft) Die schwache Wechselwirkung wirkt nur innerhalb sehr kleiner Abstände. Sie ist für alle Prozesse verantwortlich, bei denen sich der »flavour« der Reaktionspartner ändert. Sie wirkt vor allem bei Zerfällen oder Umwandlungen beteiligter Teilchen, etwa dem Betazerfall radioaktiver Atomkerne.

Spezielle Relativitätstheorie Die Spezielle Relativitätstheorie wurde 1905 von Albert Einstein postuliert. Lichtgeschwindigkeit ist darin die »spezielle« Größe, die immer absolut bleibt. Sie ist unabhängig vom Ort des Betrachters.

Masse und Energie können ineinander umgeformt werden.

Standardmodell Modell der Teilchenphysik über elementare Teilchen und ihre Wechselwirkungen, derzeit der weltweit akzeptierte Stand der Forschung. Danach üben Materieteilchen Wechselwirkungen (Kräfte) aufeinander über den Austausch von Wechselwirkungsteilchen (Vektorbosonen) aus. Der Higgs-Mechanismus erklärt, wie den Teilchen Masse durch das Higgs-Boson vermittelt wird.

Starke Wechselwirkung (Kraft) Auch starke Kernkraft, eine der vier Grundkräfte der Physik. Die starke Wechselwirkung erklärt die Bindung zwischen den Quarks in den Hadronen, ihre Austauschteilchen sind die Gluonen.

Stochastische Kühlung Die stochastische Kühlung reduziert die Abweichung des Teilchenstrahls in einem Beschleuniger von der idealen Flugbahn: Die Bewegung der Teilchen relativ zueinander wird vermindert, d. h. ihre Bewegung wird »abgekühlt«. Das Verfahren der stochastischen Kühlung wurde von Simon van der Meer am CERN entwickelt (Nobelpreis für Physik 1984).

Synchrotron Kreisförmiger Teilchenbeschleuniger, in dem elektrisch geladene Teilchen (Ionen) beschleunigt werden. Die Stärke der Magnetfelder muss mit zunehmender Energie der Teilchen erhöht (synchronisiert) werden.

Synchrotronstrahlung Die Synchrotronstrahlung entsteht, wenn geladene Teilchen (Elektronen) durch ein Magnetfeld abgelenkt werden und damit Energie verlieren. Durch spezielle Magnetanordnungen kann besonders intensive Synchrotronstrahlung erzeugt werden, z. B. für Forschungszwecke.

Teilchenbeschleuniger Ein Apparat, in dem geladene Teilchen, z. B. Protonen oder Elektronen (oder deren Antiteilchen) durch hochfrequente elektromagnetische Felder auf nahezu Lichtgeschwindigkeit beschleunigt werden.

Teilchendetektoren Bei früheren Experimenten genügten meist einfache Teilchendetektoren, um genügend präzise Messergebnisse über Flugbahn (Ort) oder elektrische Ladung (Energie) der Teilchen zu erhalten. Ernest Rutherford nutzte bei seinem Streuversuch 1910 einen einfachen Zinksulfid-Schirm zur Detektion der gestreuten Teilchen. Moderne Experimente in der Teilchenphysik dagegen erzeugen eine riesige Menge und Vielfalt an Teilchen. Sie bestehen deshalb aus einer Vielzahl an Schichten, um alle bei den Kollisionen entstandenen Teilchen mitsamt ihrer Eigenschaften (Energie, Impuls, Ort, Ladung) detektieren zu können.

Urknall Der Urknall ist vermutlich der Beginn unseres Universums. Mit dem Urknall kann erklärt werden, warum sich das Universum ausdehnt – es ist es vor ca. 13,7 Milliarden Jahren in einer gewaltigen Explosion aus einer Singularität entstanden und dehnt sich seitdem aus. 1999 entdeckten Perlmutter et al., dass sich das Universum seit ca. 6 Milliarden Jahren sich selbst beschleunigend ausdehnt; dafür verantwortlich soll die sogenannte Dunkle Energie sein.

W-Boson Das W-Boson ist ein schweres Elementarteilchen, das wie das verwandte Z-Boson die schwache Wechselwirkung innerhalb des Atomkerns übermittelt. Das W-Boson ist entgegen dem neutralen Z-Boson elektrisch geladen (W+/W–). Es ist für die sogenannten geladenen Ströme der schwachen Wechselwirkung verantwortlich. Es wurde wie das Z-Boson 1983 von Carlo Rubbia und Simon van der Meer am CERN nachgewiesen.

Welle-Teilchen-Dualismus Phänomen der Quantentheorie: Quanten können Teilchen sein oder Wellen.

WIMPs Weakly interacting massive particles. Hhypothetische Teilchen, die möglicherweise Kandidaten für die Dunkle Materie sind. WIMPs können nicht direkt beobachtet werden. Sie reagieren ähnlich wie Neutrinos nicht mit »normaler« Materie, sind aber wahrscheinlich bedeutend schwerer.

Z-Boson Von der UA1-Kollaboration am CERN unter der Leitung von Carlo Rubbia 1983 nachgewiesene Vektorbosonen, die die schwache Kernkraft übertragen.

Index

Wo Menschen und Teilchen aufeinanderstoßen. Erste Auflage. Michael Krause.
© 2013 WILEY-VCH Verlag GmbH & Co. KGaA.

Robert Cailliau, 58
Robert Millikan (1868–1953), 147
Rolf Wideroe, 22
Royal Institution, 146

S

Satyendra Nath Bose (1894–1974), 222
Saul Perlmutter, 200
schwache Kernkraft, 89
Schwerkraft (Gravitation), 89
Sheldon Glashow, 37
Simon van der Meer, 43
Sir Ben Lockspeiser, 23
Sir George Thomson, 15
Sir Humphry Davy (1778–1829), 146
Sir James Chadwick (1891–1974), 11
Sir John Cockcroft, 10
Sir William Crookes, 100
Sokrates, 470–399 v. Chr., 67
Solvay-Konferenz 1948, 4
SSC (Superconducting Super Collider), 49
Standardmodell, IX
Stanford Linear Accelerator (SLAC), 56
starke Kernkraft, 89
Stefan Rozental (1903–1994), 32
Steven Weinberg, 37
String-Theorie, 217
Super-Proton-Synchrotron (SPS), 42
Synchrotronstrahlung, 46

T

Tejinder Virdee, 85
TESLA Technology Collaboration, 62
Tevatron, XII
Theory of Everything (ToE), 129
Tim Berners-Lee, 58
Tycho de Brahe, 82

U

UNESCO, 6

V

Van-de-Graaf-Generator, 56
Victor F. Weisskopf (1908–2002), 39
Victor Weisskopf, XIII

W

weak neutral currents, 37
Werner Heisenberg, 4
Werner Heisenberg (1901–1976, Nobelpreis für Physik 1932), 15
Winston Spencer Churchill, 1
Wladimir Weksler, 57
Wolfgang Pauli, 4, 28
World Wide Web (WWW), 58

Y

Yukawa Hideki, 4

Z

Z-Boson, 37